Oskar Schaeffer

Atlas und Grundriss der Gynäkologie

Oskar Schaeffer

Atlas und Grundriss der Gynäkologie

ISBN/EAN: 9783744669290

Hergestellt in Europa, USA, Kanada, Australien, Japan

Cover: Foto ©berggeist007 / pixelio.de

Weitere Bücher finden Sie auf **www.hansebooks.com**

LEHMANN'S MEDICIN.
HANDATLANTEN.
BAND III.

Atlas und Grundriss

der

Gynäkologie

von

Dr. Oskar Schaeffer,

Privatdocent der Geburtshilfe und Gynäkologie an der
Universität Heidelberg.

Mit 173 farbigen Tafel-Abbildungen und 54 Textillustrationen.

München 1896.
Verlag von J. F. Lehmann.
Vertreter für die Schweiz: E. SPEIDEL in ZÜRICH.

Inhalt.

(Ausser dem hier verzeichneten fortlaufenden Text ist jeder Abbildung eine Beschreibung beigefügt.)

Gruppe I. Bildungsanomalien und Entwicklungs-Hemmungen.

Kap. I. Foetale Bildungsanomalien.

Seite
§ 1. *Aplasieen und Hypoplasieen der foetalen Anlage* . 1
§ 2. *Hyperplastische Bildungs-Anomalien der foetalen Anlage* 13

Kap. II. Entwicklungs-Hemmungen und Anomalien der infantilen und der Pubertäts-Periode 17
§ 3. *Die infantilen Bildungs-Anomalien* 17
§ 4. *Anomalien der Menstruation* 20
§ 5. *Sterilität* 25

Gruppe II. Gestalt- und Lageveränderungen.

Kap. I. Hernien.
§ 6. *Hernien und andere Gestaltsveränderungen der Vulva* 30

Kap. II. Inversion (Umstülpung) und Descensus bezw. Prolaps (Vorfall) 31
§ 7. *Inversio Vaginae et Uteri* 32
§ 8. *Prolapsus Vaginae et Uteri. Elevatio Uteri* . 37

Kap. III. Die pathologischen Positionen, Versionen und Flexionen des Uterus 46
§ 9. *Die pathologischen Positionen des Uterus und seiner Adnexa* 46
§ 10. *Die Anteversionen und — Flexionen des Uterus* . 49
§ 11. *Die Retroversionen und — Flexionen des Uterus* . 51

Gruppe III. Entzündungen und Ernährungsstörungen.

Kap. I. Entzündungen und ihre Folgen (erworbene Stenosen und Atresien. Organ-Schrumpfungen. Exsudattumoren) 60
§ 12. *Gonorrhoe* 61
§ 13. *Endometritis chronica. Erosionen und Ektropien des Muttermundes* 65
§ 14. *Metritis chronica (Uterusinfarct)* 72
§ 15. *Sepsis* 76

		Seite
	Puerperalfieber	79
	1) Ulcera vulvae, vaginae., portionis vaginal..	87
	2) Kolpitis, Endometritis acuta	88
	3) Acute Metritis	89
	4) Acute Parametritis septica (Parakolpitis)	90
	5) Acute Pelveoperitonitis (Metrolymphangitis, Salpingitis)	90
	6) Septicaemie und Sapraemie	91
	7) Metrophlebothrombose	92
§ 16.	Chronische Salpingitis	93
§ 17.	Chronische Oophoritis	95
§ 18.	Chronische Perimetro-oophoro-salpingitis und Pelveoperitonitis	98
§ 19.	Chronische Parametritis und -Kolpitis	102
§ 20.	Genitaltuberkulose	103
§ 21.	Venerische Erkrankungen	107
§ 22.	Blasenkatarrh und Cystitis und ihre Folgen	108
Kap. II.	Ernährungs- und Circulationsstörungen	116
§ 23.	Ernährungs- und Circulationsstörungen, Neurosen	117

Gruppe IV. Verletzungen und ihre Folgen.

Kap. I.	Defecte mit narbigen Veränderungen	122
§ 24.	Vulvaverletzungen (incl. Fissuren) und Dammdefecte. Incontinentia vulvae	122
§ 25.	Scheiden- und Cervixrisse (Lacerationen des Muttermundes)	127
§ 26.	Traumatische Stenosen und Atresien der Vulva, der Vagina und des Uterus	128
Kap. II.	Fisteln	130
§ 27.	Einteilung der Fisteln	131
	A. Fisteln der Harnorgane	131
	B. Darmfisteln	134
Kap. III.	Traumatische Blutergüsse	140
§ 28.	Haematoma vulvae, retro-, peri- oder ante-uterinum extraperitoneale	140
§ 29.	Haematocele retrouterina intraperitonealis	141
Kap. IV.	Fremdkörper im Genitalkanal und in der Harnblase	143
§ 30.	Fremdkörper	143

Gruppe V. Neubildungen. 146

Kap. I.	Gutartige Tumoren	148
§ 31.	Gutartige Tumoren der mit Plattenepithel bedeckten Schleimhäute	148
§ 32.	Gutartige Geschwülste der Gebärmutter	151
§ 33.	„ „ der Uterusadnexa	158

Kap. II. Tumoren von gutartiger Structur, welche unter bestimmten Bedingungen gefährlich verlaufen 161
§ 34. Die Fibromyome 161
§ 35. Die Ovarialkystome 173
Kap. III. Bösartige Geschwülste 188
§ 36. Maligne Tumoren der Vulva, Harnblase und Vagina 188
§ 37. Maligne Tumoren des Uterus 190
§ 38. Maligne Tumoren der Adnexa zumal der Ovarien 197
    I. Carcinom. 197
    II. Sarkom 198
Die in der Gynäkologie gebräuchlichen Arzneiverordnungen 199

I. Verzeichnis der Tafeln.

Tafel 1. Fig. Vulva einer nicht graviden Pluripara. Hymenanomalie (n. d. Natur.)
2. 1. Vulva-Phlebektasien, Analhaemorrhoiden (n. d. N.)
   2. Exulcerirtes Cancroid des labium majus dextrum.
3. 1. Elephantiasis vulvae und polypöse Schleimhautexcrescenzen am Ostium urethrale (Carunkeln.)
   2. Condylomata acuminata, Papillome (n. d. Natur.)
4. 1. Inversion beider Vaginalwände. Hernia inguinalis labialis dextra (n. d. Natur.)
   2. Abscedirende glandula Bartholiniana dextra.
5. 1. Histolog. Structur der weiblichen Vulvateile.
   2. Längenschnitt durch die Portio eines lange prolabirten Uterus. (Mikr.)
   3. Erosio portionis vaginalis simplex, papilloides et follicularis. (Mikr.)
6. 1. Elephantiasis vulvae.
   2. Condyloma acuminatum. (Mikr.)
   3. Vaginalsecret.
   4. Durchschnitt durch ein Ovulum Nabothi.
7. 1. Normale Uterinmucosa.
   2. Endometritis glandularis hyperplastica. Mikr.
   3. Adenoma malignum (Diff. Diagn.)
   4. Endometritis glandularis et interstitialis hypertrophica.
8. 1. Endometritis interstitialis acuta. Mikr.
   2. Endometritis interstitialis chronica.
   3. Endometritis post abortum.
9. 1. Speculumbild d. Portio vaginalis eines „infantilen" Uterus.
   2. Speculumbild d. doppelten Portio eines Uterus bicornis bicollis bei Vagina simplex.
10. 1. Portiobild bei Elevatio uteri.
    2. Leichte Congestivhyperämie d. Portio einer Pluripara. (Speculumbild).
11. 1. Bedeutende Congestivhyperämie und beginnende Erosio simplex. (Speculumbild).
    2. Sternförmige Laceration des äusseren Muttermundes. (Speculumbild).
12. 1. Bedeutendes Ektropion mit Ovula Nabothi.

      2. Altes Ektropion und Congestiv-Hyperämie der
         Portio vaginalis. (Speculumbild.)
13.   1. Commissur-Laceration.   ⎫
      2. Torsion der Portio vaginalis.   ⎬ Speculumbilder.
14.   1. Erosio follicularis.   ⎭
      2. Endometritis gonorrhoica (Pus) et Erosio simplex
         c. Ov. Nabothi.   ⎫
15.   1. Chronische Metritis c. Ov. Nabothi.   ⎬ Speku-
      2. Erosio simplex.   ⎬ lumbilder
16.   1. Schleimhautpolypen.   ⎬
      2. Erosio simplex c. Ov. Nab., Uterusfibroid.   ⎭
17.   1. Blick i. d. kleine Becken von oben bei Pelveo-
         peritonitis chronica; Follikelcysten des Ovarium.
      2. Dermoidcyste, in den Mastdarm perforirend.
18.   1. Salpingitis parenchymatosa katarrhalis acuta. ⎫
      2. Haematosalpinx.   ⎬ Mikr.
      3. Pyosalpinx.   ⎭
19.   1. Salpingitis parenchymatosa et interstitialis puru-
         lenta acuta.   ⎱ Mikr.
      2. Parametritis acuta lig. lati.   ⎰
      3. Oophoritis chronica mit oligocystischer Dege-
         neration. (Mikr.)
20.   1. Pelveoperitonitis, Perioophoritis, Perisalpingitis
         und Pyosalpinx dextra (n. d. Nat., Präp.)
21.   1. Impressio fundi uteri.   ⎫
      2. Inversio uteri part.   ⎬
      3. Gebärmutter ganz umgestülpt.   ⎬ Schema.
      4.   „   „   descendirt.   ⎭
22.   1. Inversio uteri. (Schema.)
      2. Prolapsus uteri retroflexi et vaginae completus.
         Entstehung und Anatomie des Prolapses.
      3. Prolapsus vaginae posterior; Rectocele; Descen-
         sus uteri retroflexi. (Schema).
      4. Prolapsus vaginae anterior; Anteflexio uteri; Des-
         census. (Schema).
23.   1. Prolapsus incompletus uteri retroversi; Inversio
         vaginae; Rectocele incipiens. (Schema).
      2. Prolapsus incompletus uteri retroversi; Rectocele;
         Inversio vaginae. (Schema).
      3. Prolapsus totalis uteri anteflexi et vaginae anterior
         cum Cystocele. (Schema).
      4. Prolaps. totalis uteri retroflexi et vaginae. (Schema.)
24.   1.   „   incompletus uteri ex Hypertrophia partis
         intermediae coll.; Inversio vaginae cum Cystocele.
      2. Elongatio colli partis supravaginalis; Cystocele.
      3. Repositio uteri prolapsi durch ein gestieltes
         Martinsches Pessar. (Schema).
      4. Hypertrophie d. vord. Muttermundslippe. (Schema.)

25. 1. Inversio vaginae durch Dammriss III. Grades. (n. d. Nat.
2. Inversio uteri completa (n. d. Nat.).
26. 1. Prolapsus completus uteri anteflexi. Erosio simplex.
2. Prolapsus incompletus uteri. Inversio vaginae.
27. 1. Prolapsus completus uteri retroflexi. Erosio simplex.
Prolapsus „ „ retroflexi cum Rectocele.

⎫
⎬ n. d. Nat.
⎭

28. Prolapsus incompletus uteri. Erosio simplex.
29. Artificieller Prolaps zu operat. Zwecke (Schema).
30. Prolapsus uteri completus; Cystocele (n. d. Nat.).
31. Retroversio uteri fixati. et Conglutinatio Cervicis (n. ein. Präp.).
32. Prolapsus incompletus uteri. Elongatio partis intermediae colli et Hypertrophia „circularis" portionis vaginalis. Inversio vaginae anterior; Cystocele (n. ein. Präp.).
33. 1. Abgekapseltes peritonitisches Exsudat im Douglas-Raum. Descensus et Antepositio uteri fixati.
2. Retropositio uteri.
3. Descensus et Retroflexio uteri I. Grades.
4. Retroflexio uteri I. Grades.
} Schema.
34. 1. Anteflexio uteri II. Grades durch hintere perimetritische Fixation.
2. Anteflexio uteri I. Grades.
} Schema.
3. „ „ infantilis cum Stenosi cervicali et Dysmenorrhoea.
4. Anteflexio uteri III. Grades.
35. 1. Anteversio uteri.
2. „ „ Aetiologie.
} Schema.
3. Myoma intramurale corporis uteri anterius.
4. Anteversio uteri fixati.
36. 1. Retroversio uteri fixati. Aetiologie
2. Retroflexio uteri I°.
} Schema.
3. Leichte Retroflexio und Descensus des puerperal. Uterus.
4. Retroversio uteri III. Grades.
} Schema.
37. 1. Retroversio uteri durch zwei intramurale Körpermyome (Schema).
2. Uebergang von Retroversio zu Retroflexio uteri durch intramurales Myom der vorderen Körperwand (Schema).
3. Retroflexio uteri III. Grades; Descensus.
4. „ „ III. „ inveterirt. Fall.
} Schema.
38.
39.
} Manuelle Reposition eines retroflectirten Uterus. Normale Lage, Stellung u. Grösse des Uterus!

40. 1. Bimanuelle Exploration. Normale Stellung.
    2. Retroflexio uteri. ⎫ Schemata aller 3 Grade.
    3. Retroversio uteri ⎭
    4. Anteversio und Anteflexio uteri durch Myome.
41. 1. Myoma haemorrhagicum intramurale submucosum posterius (n. ein. Präp.) Einteilung der Uterus-Myome!
42. 1. Freier Ascites. Chem. Beschaffenheit! ⎫
    2. Haematocele retrouterina intraperitonealis. ⎪ Anatomie derselben! ⎬ Schema.
    3. Haematoma retrouterinum extraperitoneale. ⎪
    4. Mächtiges Myoma subserosum posterius uteri. ⎭
43. 1. Parametritis sinistra et posterior. Anat. derselben!
    2. Kystoma glandulare multiloculare myxoides intraligamentarium et retroperitoneale Ovarii sinistri. Einteilung und Anatomie derselben! (Schema.)
    3. Pyosalpinx sinistra. (Schema.)
    4. Kystadenoma ovarii carcinomatosum. ⎫ Schema.
       Anatomie! ⎭
44. 1. Fibromyoma subserosum polyposum uteri n. e. Präp.
    2. Myomatose des Uterus; parametritische Schwellung neben dem Collum uteri und Vaginalgewölbe.
45. 1. Cancroid der Vulva. (Mikr.)
    2. Cancroide Papillargeschwulst der Portio vaginalis.
    3. Cancroide Zellperlen aus einem Cervixulcus. (Mikr.)
    4. Dermoidkystom. Anatomie! ⎫ Mikr.
46. 1. Schleimpolyp des Uterus. ⎭
    2. Schnitt durch die Uebergangszone eines Myomes.
    3. Lymphosarkoma vaginae. ⎫
47. 1. Angioma urethrae. ⎪
    2. Myxosarkoma uteri. ⎬ Mikr.
    3. Spindelzellensarkom des Uterus. ⎪
       Anatomie u. Einteilung derselben! ⎪
    4. Nekrotische Kystomwandung. ⎭
    5. Sediment aus einer Ovarialkystom-Flüssigkeit.
48. 1. Prim. Cystenbildung aus einem Myxoidkystom.
    2. Kystoma ovarii proliferum papillare. (Mikr.)
    3. Durchwucherung einer Kystomwandung durch ein malignes Adenom. (Mikr.)
49. 1. Cancroide Papillargeschwulst d. vorderen Muttermundslippe.
    2. Beginnendes Cancroid der Cervix. ⎫ Speculumbilder.
50. 1. Erosio papilloides. ⎭
    2. Cancroide Papillargeschwulst der hinteren Muttermundslippe.
51. 1.⎫ Cancroides Cervicalulcus. Speculumbild.
    2.⎭ „ „ Queraufriss des Präparates.

52. 1. Grössere cancroide Cervixknoten unter der Portioschleimhaut. (Speculumbild.)
2. Flachverlaufendes exulcerirendes Cancroid der Portio vaginalis. (Speculumbild.)
53. 1. Carcinom des Uteruskörpers. }
2. Sarkoma uteri.
54. 1. Cancroider Papillartumor.   N. ein. Präp.
2. Cancroides Cervixulcus.
55. 1. In die Blase perforirtes cancroides Cervixulcus.
2. Perforation eines cancroiden Cervixulcus nach Mastdarm und Blase. (n. ein. Präp.)
56. 1. Haemotocele retrouterina in Combination mit einem extrauterinen Fruchtsack. (n. ein. Präp.)
57. 1. Flach. Portiocancroid beid. Mm.'s-Lippen.
2. Cancroide Papillargeschwulst   -   - Schema.
3. Polypöse cancroide Papillargeschwulst.
4. Cancroider Papillartumor d. hint. Mm.'s-Lippe. (Sch.)
5. Zottenkrebs der Blase.
6. Mastdarmcarcinom.
58. 1. Cancroidknoten in der Cervix.   Schema.
2. Cancroides Cervixulcus.
3.   -   -   u. Körper-Ulcus.
4. Carcinomatöse Perforation nach d. Blase. (Schema.)
5. Cancroides Cervixulcus in die Blase perforirend.
6.   -   -   nach Blase und Mastdarm perforirend. (Schema.)
59. 1. Endometritis fungosa und Ektropion. (Halbschema.)
2. Cancroide Papillargeschwulst beider Mm.'s-Lippen.
3. Ovula Nabothi in ein. Schleimpolypen. (Halbschem.)
4. Fibröser Polyp, den Mm. auseinanderdrängend. .
60. 1. Repositio uteri retroversi mittels Kugelzange.
2.   -   -   -   Sonde. (Schema).
3. Einführung des elastischen runden Maier'schen Rings. (Schema).
4. Einführung des Hodge'schen Pessariums. (Schema.) Anwendung des Pessariums.
61. 1. Retroversio uteri. Ovariocele vaginalis. (Halbschm.)
2. Bimanuelle Exploration per rectum bei Vaginaldefect. Dilatatio urethrae.
62. 1.}
2.} Bimanuelle Exploration der Pyosalpinx. (Schema.)
3.   -   -   eines Ovarialkystom-Stieles.
63. Massage (Thure Brandt).
64. 1. Normaler Damm. Anatomie!
2. Dammriss III. Grades.
3.   -   I—II.
4.   -   III.   -   Inversion und Prolaps der hinteren Scheidenwand.

Text-Illustrationen.

Fig.		Seite
1.	Foetale Genitalien sagittal median aufgeschnitten. Uterusdefect.	2
2.	Uterus unicornis Hymen septus	5
3.	Atresia ani. Fistula recto-vaginalis congenita.	6
4.	Hypospadie	7
5.	Epispadie	7
6.	Fistula recto-vestibularis bei Atresia ani congenita.	7
7.	Atresia hymenalis. Haemato-Kolpos, -Metra, -Salpinx	8
8.	Atresia vaginalis durch Quermembran	8
9.	Atresia cervicalis uteri. Haemato-Metra, -Salpinx	8
10.	„ hymenalis bei Uterus u. Vagina duplex	8
11.	„ orificii externi uteri bicornis	8
12.	Müller'sche Fäden.	9
13.	„ Gänge excavirt	10
14.	„ „ zum Uterus vereinigt	10
15.	Genitalhöcker, Sinus urogenitalis, After	11
16.	Tiefertreten des Septum urogenitale	11
17.	Schema d. Genitalbildung im 5. Monate	12
18.	„ d. fertigen Genitalien	12
19.	Uterus bicornis bicollis bei Vagina simplex	14
20.	Vagina septa mit einem atretischen Kanal	15
21.	Uterus et vagina septa	16
22.	Uterus membranaceus	17
23.	Prolapsus uteri incompletus congenitalis	40
24.	Hodge's Hebelpessar bei Retroflexio	54
25.	Schultze's 8-Pessar fixirt die Portio	54
26.	Schultze's Schlittenpessar	55
27.	„ „	55
28.	Senile cirrhotische Ovarialatrophie	96
29.	Oligocystische Ovarialdegeneration	96
30.	Uretero-vaginal-Fistel	131
31.	Oberflächliche Vesico-vaginal-Fistel	131
32.	Blasen-Scheidengewölbe-Fistel	131
33.	Tiefe Vesico-vaginal-Fistel	131
34.	Vesico-Cervical-Fistel	132
35.	Vesico Cervico-Vaginal-Fistel	132
36.	Vesico-Uretero-Vaginal-Fistel	132
37.	Uretero-Vaginal-Fisteln	132
38.	Rechtsseitige Uretero-Cervical-Fistel	133
39.	Vesico-abdominal-Fistel	133
40.	Damm-Centralruptur	133
41.	Ileo-Vaginal-Fistel	133
42.	Anus praeternaturalis	134

Fig.		Seite
43.	Vesico-Uretero-Rectal-Fistel	134
44.	Ileo-Uretero-Vesical-Fistel	134
45.	Schleimhautpolyp d. fundus uteri	151
46.	Myomata intramuralia	152
47.	" " aus den Wandungen herauswachsend	152
48.	" " sich stielend, ausschälend	153
49.	Myxofibroma ovarii, lang gestielt	157
50.	Fibromyoma intramurale fundi uteri	164
51.	Multiple intramur. u. submuc. Myome des Ut. Fund.	164
52.	Fibromyoma intramur. fundi ut., eine Inversion hervorrufend	166
53.	Ovarialkystom, multiloculär. Stieldrehung	171
54.	Papilläres Ovarialkystom	173

Vorwort.

Dieser Atlas ist in der Voraussetzung entstanden, dass es trotz des Vorhandenseins von trefflichen, kürzeren Lehrbüchern und Compendien sowie von guten, umfangreichen Atlanten doch an einem Buche fehlt, welches dem Studirenden wie dem Praktiker Gelegenheit giebt, seine immerhin noch sparsamen Eigenbeobachtungen und Untersuchungen in Klinik und Ambulatorium möglichst klar und mannigfaltig zu ergänzen. Würde man nun in einem solchen Buche alles rein schematisch vorführen, so käme man damit dem Verständnis der meisten Leser vielleicht am weitesten entgegen; es ist aber nicht jedem von diesen gegeben die geschilderten Verhältnisse in vivam zu übertragen. Andererseits erschwert die stricte Wiedergabe nach anatomischen Präparaten erfahrungsgemäss die klare Vorstellung, welche das Wesentliche vom Unwesentlichen erst sichten soll.

Ich entschloss mich desshalb zu einer Combination beider Darstellungsmethoden, also zu einer naturgetreuen Darstellung von anatomischen Präparaten unter schärferer Hervorhebung der in Betracht kommenden Veränderungen. Ich suchte ferner jeden Gegenstand von möglichst vielen Seiten und von verschiedenen Gesichtspunkten aus darzustellen (also aetiologisch, in der Entwicklung, im secundären Einfluss, im Weiterschreiten und im Endstadium, resp. der Heilung) und erläuterte deswegen die Abbildungen von Präparaten wieder durch schematische und halbschematische Zeichnungen.

Dass ich fast ausschliesslich anatomisches und klinisches Originalmaterial hierfür verwerten konnte, danke ich meiner früheren Thätigkeit als Assistent der Münchener Frauenklinik und nicht zum wenigsten der gütigen Erlaubnis und anregenden Beratung des Herrn Geheimrat v. Winckel. Ihm sowohl wie Herrn Geh. Hofrat Kehrer, der mir in liebenswürdigster Weise sein klinisches Material zu benutzen erlaubte, sage ich an dieser Stelle meinen besten Dank.

Was den Text anbelangt, so habe ich denselben in zwei Teile getheilt: der fortlaufende Text ist ausschliesslich vom **praktischen** Gesichtspunkte aus verfasst; in dem Tafeltext hingegen habe ich die rein theoretisch **wissenschaftlichen**, die **anatomischen**, **mikroskopischen**, **chemischen** Notizen und solche von allgemeiner Bedeutung (über die Sonde, die Pessarien u. ä.) untergebracht, so dass beim Nachschlagen das Eine nicht störend auf das Andere einwirkt.

Da naturgemäss in meinem II. Atlas eine ganze Reihe normal anatomischer Dinge abgehandelt werden musste, da ferner die Geburtsvorgänge und die

Mehrzahl der gynäkologischen Erkrankungen in einem Wechselverhältniss stehen, so habe ich, um Wiederholungen in Bild und Wort zu vermeiden, Jene citirt, — überhaupt Bild und Wort sich in ergiebigster Weise ergänzen lassen.

Bei der **Gruppirung** des Stoffes habe ich, soweit nur irgend thunlich, das **aetiologische** Moment als Richtschnur gewählt; dieses allzu exact durchzuführen hätte wieder nur zu Weitläufigkeiten geführt. So entstanden die Kapitel über Sepsis, worunter ich zugleich die **Puerperal**fieber abhandelte, über Gonorrhoe. Genitaltuberculose und -Venerie. Der Cystitis, welche so häufig in den Bereich des Gynäkologen kommt, habe ich eine gesonderte Betrachtung gewidmet.

Ein Hauptaugenmerk habe ich auf die Erleichterung der Darstellung der **Differential-Diagnose** gerichtet; ich habe dafür die vergleichende und tabellarische Methode gewählt. Vgl. die §§ über Myome, Kystome, Carcinom, Douglas-Tumoren, anteuterine Tumoren u. ä.

Die in der Gynäkologie gebräuchlichen Arzneimittel sowie deren geeignete Verordnungsweisen, zumal als Bacilli, Globuli, Suppositorien, Bäder, Injectionen habe ich am Schlusse zusammengestellt.

Heidelberg, im November 1895.

O. SCHAEFFER.

Tab.

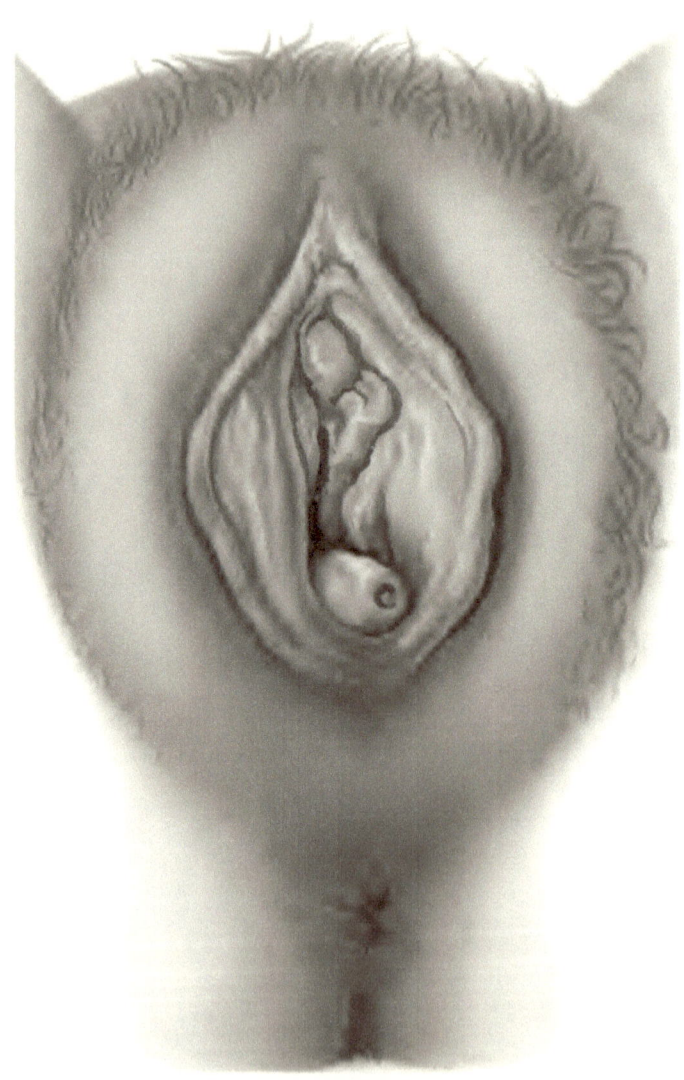

Zu Taf. 1: Die *Vulva* einer nicht graviden *Pluripara* (Orig. Aquar. eines Falles der Heidelb. Frauen-Klinik); grosse und kleine Labien auseinandergelegt. Zu den Resten des Hymen gehört ein an der hinteren Commissur sichtbarer ca. 1 cm tiefer blinder Kanal, der als angeboren zu betrachten ist. (Verf. fand analoge Gebilde schon bei Foeten; — vgl. Arch. f. Gyn. 37,2; Taf. VII, Fig. 19). Das Perinaeum ist intact.

Zu Taf. 2, Fig. 1: *Phlebektasien* der grossen Labien, der Clitoris und der Nymphen (Or. Aqu.); in dem rechten Labium majus ein *Haematom* (Thrombus vulvae); *Analhaemorrhoiden.* Dieses Bild findet sich am häufigsten bei Parturientes, bezw. Puerperae, wo die Varicen durch venöse Stase, der Bluterguss durch subcutane Gefässverletzungen sub partu entstehen; er kann aber auch durch Traumen ausserhalb der Gravidität zu Stande kommen.

Zu Taf. 2, Fig 2: *Exulcerirtes Cancroid des labium majus dextrum* (Or. Aqu.) besteht anfänglich aus einzelnen wenig gerötheten flachen Prominenzen und Knötchen. Am Rande ist der Tumor bläulich verfärbt und sehr derb; im Centrum baldiger Zerfall. Langsames Fortkriechen; baldige Metastasen in den Leistendrüsen! Die Scheide bleibt meist verschont.

Histiologische Structur aus Plattenepithelien (vgl. Taf. 45 Fig. 1) — sehr selten ist das fibröse Carcinom.

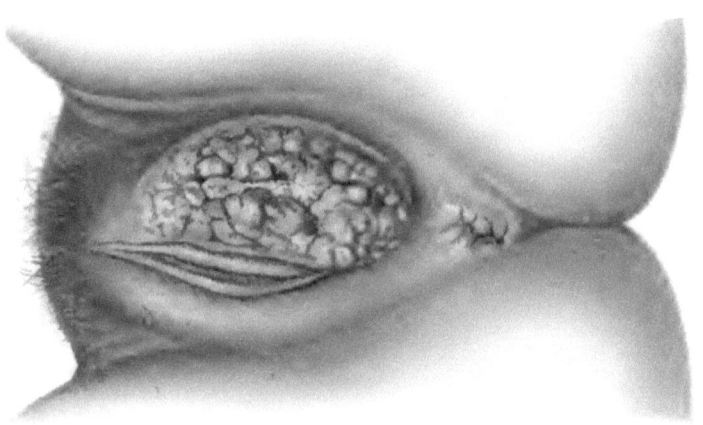

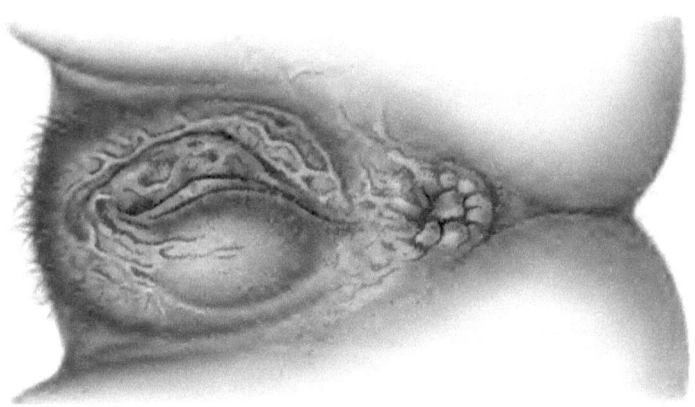

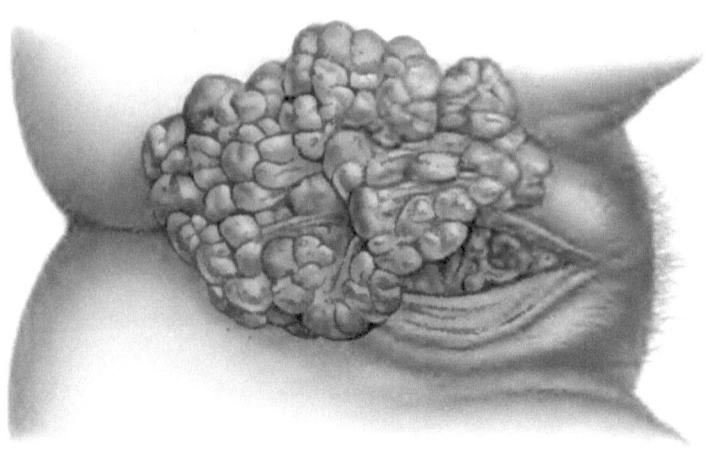
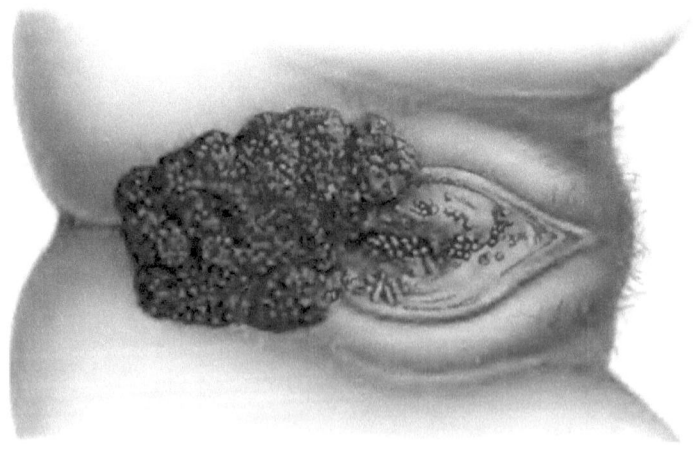

Zu Taf. 3, Fig. 1: Elephantiasis vulvae (Orig. Aqu., Fall der Münch. Frauenkl.), ausgehend vom labium majus dextrum, und *polypöse Schleimhautexcrescenzen am Ostium urethrale*. Erstere gehen meist vom tieferen Bindegewebe aus und bestehen aus gewucherten Lymph-Capillaren (vgl. Taf. 6 Fig. 1), theils neuromatisch (Czerny), theils durch Stase. Die Tumoren können äusserlich Papillomen gleichen, haben aber meist plumpere, plattere Excrescenzen (vgl. Taf. 3, Fig. 1 und 2). Zuweilen wuchern die Tumoren aus der ganzen Vulva hervor. Ihr Wachstum ist stets langsam und grossen Schwellungsdifferenzen unterworfen.

Die Schleimhautpolypen der Harnröhre kommen an der äusseren Mündung oder am Blasenhalse vor. Sie bestehen aus Bindegewebe; seltener enthalten sie Cystchen, entstanden aus Skene'schen Drüsen (vgl. Fig. 20 i. Text, die feinen Mündungen derselben in der Urethrawand) durch Retention des Secrets bei atretischem Ausführungsgange. Andere Urethraltumoren entstehen als Varicen, als vasculäre Wucherungen = Angiome, als Sarkome und Cancroide.

Zu Taf. 3, Fig. 2: *Condylomata acuminata* der Labien und des Hymens (Orig. Aqu., Fall der Münch. Frauenklinik), entwickeln sich als papillomatöse Tumoren zuweilen bedeutend. Nicht immer ist bei ihnen ein gonorrhoischer Ursprung nachweisbar, wohl aber erscheint ihre Entstehung durch Contactinfection sicher.

Ihr mikroskopisches Gewebe vgl. auf Taf. 6 Fig. 2.

Zu Tafel 4. Fig. 1: *Inversion beider Vaginalwände; Hernia inguinalis labialis dextera.* (Orig. Aqu.) Beide stehen nicht selten insofern in einem Zusammenhang, als Erschlaffung der tragenden Gewebe (Bauchdecken, Beckenboden, untere Vaginalwände, Ligamenta uteri und umgebendes Bindegewebe) die gemeinsame Ursache abgiebt. Vgl. § 6.

Die Inversio Vaginae kommt, wie hier, in der unteren Hälfte (am häufigsten nach Dammriss) vor — oder in der oberen Hälfte. Im letzteren Falle stülpen Bauchorgane oder Tumoren (Ovariocele, Pyocele etc.) die Wand in das Scheidenlumen hinein. Im ersteren Falle kann die vordere oder die hintere oder beide Scheidewände vorfallen. Am häufigsten ist die Inversion der vorderen Wand; die Harnblase kann sich als Cystocele mit herabsenken, theils weil sie fest der Scheidenwand ansitzt, theils weil der intraabdominelle Druck sie der Scheidenwand nachtreibt. Die Rectocele ist weit seltener, weil das Rectum der Vaginalwand nur ganz locker ansitzt; kommt die Rectocele aber zu Stande, so ist der Mastdarm der primär treibende. Weiteres vgl. Taf. 22 u. f.

Zu Tafel 4, Fig. 2: *Abscedirende glandula Bartholiniana dextera,* (Orig. Aqu.) entsteht durch acute Gonorrhoe. Die Drüse liegt unter dem hinteren Theile des grossen und kleinen Labium und mündet unmittelbar ausserhalb des Hymen am hinteren Drittel desselben. An derselben Stelle ohne Entzündungserscheinungen auftretende prall-elastische Tumoren repräsentiren Retentionscysten der Drüse. Letztere bewirkt die Pollutionen des Weibes.

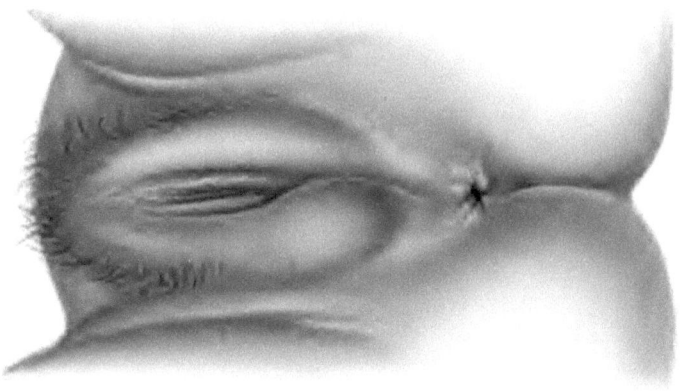
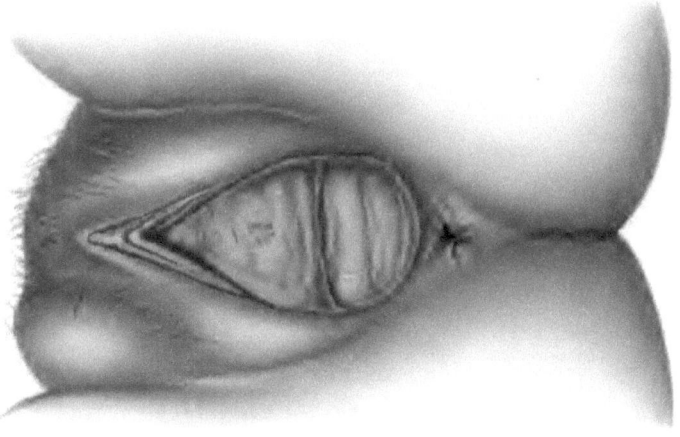

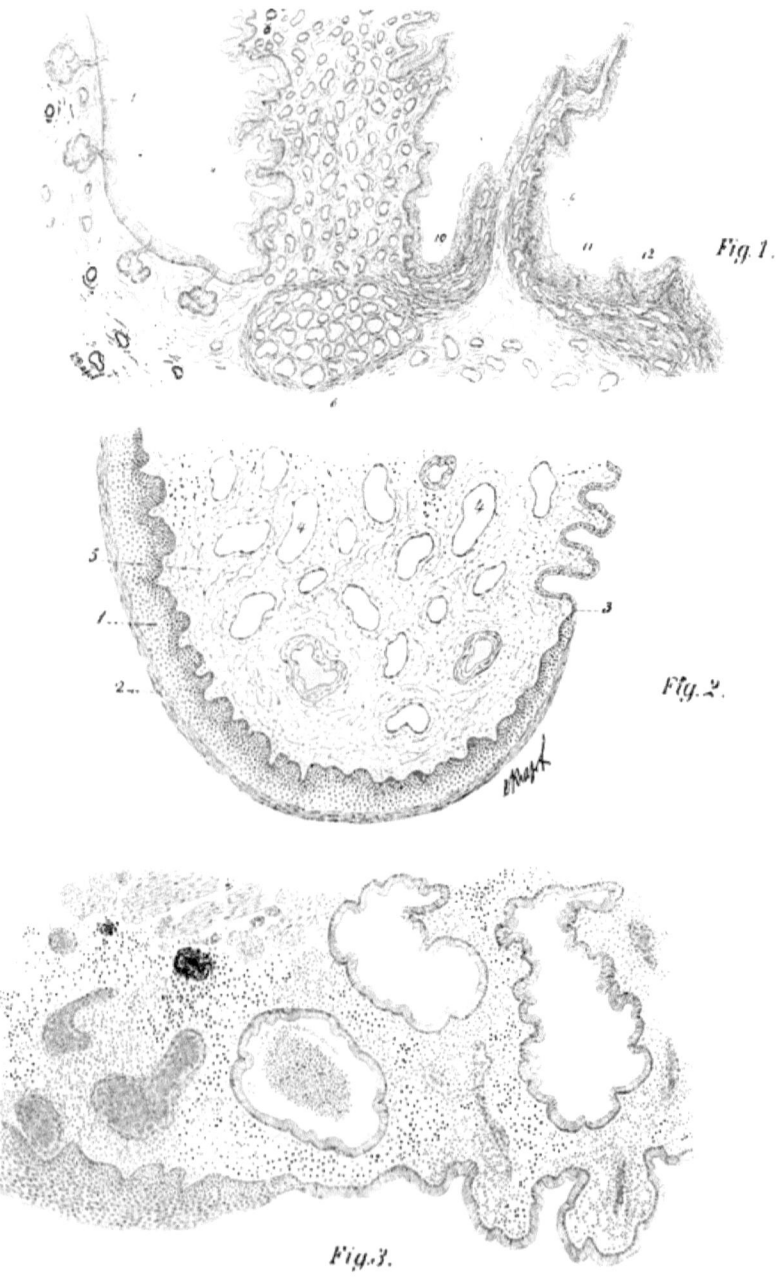

Fig. 1.

Fig. 2.

Fig. 3.

Zu Tafel 5, Fig. 1: *Die histiologische Structur der weiblichen Vulvartheile* (Orig.-Zeichn. n. eig. Präp. v. einer Neonata): 1 = mehrschichtiges, gestreckt verlaufendes Plattenepithel mit den Ausführgängen (2) der zahlreichen Talgdrüsen des Labium majus, dessen Bindegewebe (3) von spärlichen Blutgefässen durchsetzt wird. 4 = mehrschichtiges auf zahlreichen Bindegewebspapillen aufsitzendes Plattenepithel der Nymphe (beim Foetus noch ohne Talgdrüsen); das cavernöse Bindegewebe (5) von zahlreichen Blutcapillaren durchzogen, welche bei 6 einen Schwellkörper bilden, umgeben von straffen Faserzügen, welche mit Gefässversorgung von dorther (10) zur äusseren Hymenlamelle (8) ziehen, dessen Plattenepithel (9) ebenfalls mehrschichtig ist und dessen innere Lamelle von Faserzügen und Gefässen gebildet wird, die von der Vagina (12) herkommen (vgl. Atl. II, § 17).

Zu Tafel 5, Fig. 2: Längenschnitt durch die *Portio eines lange prolabirten Uterus* (Origin.-Zeichn. n. eign. Präp. a. d. Münch. Frauenkl.). Das mehrschichtige Plattenepithel der Portio ist oberflächlich verhornt. Bei 3 ist die in den Cervicalkanal hinaufgerückte Grenze zwischen dem Plattenepithel der äusseren Portiowand und dem Cylinderepithel des Cervicalkanales; diese Verschiebung über den äusseren Muttermund hinein ist Folge des leichten Ektropiums der Mm.-Lippen. Die Blut- und Lymphstase in prolabirten Uteri zeigt sich mikr. in den erweiterten Gefässen (4) (vgl. Taf. 32).

Zu Tafel 5, Fig. 3 (Orig.-Zeichn. n. verschied. Präp. combinirt): *Erosio portionis vaginalis simplex, papilloides et follicularis*. Links sehen wir intactes mehrschichtiges Plattenepithel der äusseren Portiofläche; an dieses schliesst sich ausserhalb des Mm.'s Cylinderepithel, welches nach Abstossung des Plattenepithels aus den cuboiden Matrixzellen des Letzteren hervorgeht (= Er. simplex). Weiterhin rechts schliessen sich papillenförmige Erhebungen (= Er. papill.) mit Cyl.-Epith. an. In der Tiefe liegen in dem entzündeten, reichlich von Rundzellen und erweiterten Gefässen durchsetzten Bindegewebe cystisch erweiterte, th. mit Schleim, th. mit Extravasaten gefüllte Drüsen = Drüsenfollikel (= Er. follic.). Links oben liegen einige Muskelfasern (vgl. Taf. 14 bis 16, 26, 27 und Taf. 50 Fig. 1).

Zu Tafel 6, Fig. 1: *Elephantiasis vulvae* (Orig. Zeichn. n. eign. Präp. a. d. Münchn. Frauenklin.): (1) mehrschichtiges Plattenepithel auf Bindegewebs-Papillen aufsitzend. In dem Bindegewebestroma, (2) zahlreiche erweiterte L y m p h c a p i l l a r e n (3) und als Symptom der Wucherung Rundzellen-einlagerungen (vgl. Taf. 3, Fig. 1).

Zu Tafel 6, Fig. 2: *Condyloma acuminatum* (vgl. Taf. 3, Fig. 2) (Orig. Zeichn. n. eign. Präp. a. d. Münchn. Frauenklin.): Feindendritische Wucherung der bindegewebigen Schleimhautpapillen (2), besetzt mit einem sehr hohen, vielschichtigen Plattenepithel (1).

Zu Taf. 6, Fig. 3: *Vaginalsecret:* Plattenepithel der Scheide, polygonal (1, v. d. Seite gesehen = 6), 2 = rothe Blutkörperchen, 3 = Leukocyten, 4 = Soorpilz, 5 = Staphylokokken, 7 = Bacillen, 8 = Trichomonas vaginalis (Infusorium der Scheide) (vgl. Atl. II, § 17).

Zu Tafel 6, Fig. 4: D u r c h s c h n i t t   d u r c h   e i n   *Ovulum Nabothi* z w i s c h e n   C e r v i c a l - u n d   ä u s s e r e r   P o r t i o w a n d (Orig. Zeichn. n. eign. Präp. a. d. Münchn. Frauenklin.) 1 = einfaches hohes Cylinderepithel der Cervix-mucosa; 2 = z. th. desquamirtes Cylinderepithel von erweiterten Cervicaldrüsen (= Ovula Nabothi), 3 = Cervicaldrüse, 4 = mehrschichtiges Plattenepithel der äusseren Fläche der Portio vaginalis. (Vgl. Taf. 12; 14; 59, Fig. 3.)

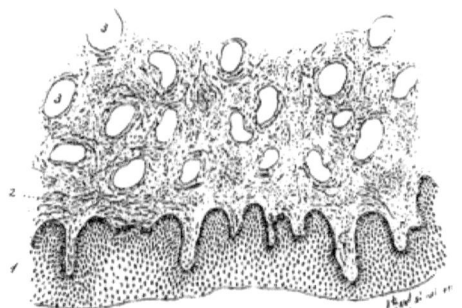

Fig. 1.

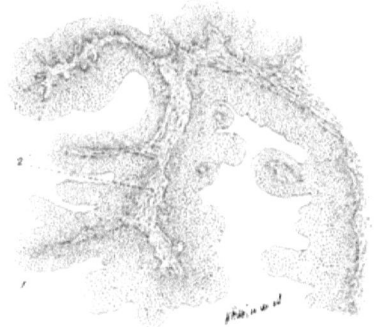

Fig. 2.

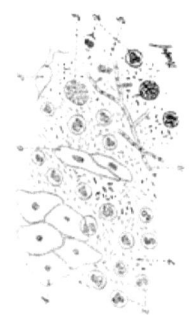

Fig. 3.

Fig. 4.

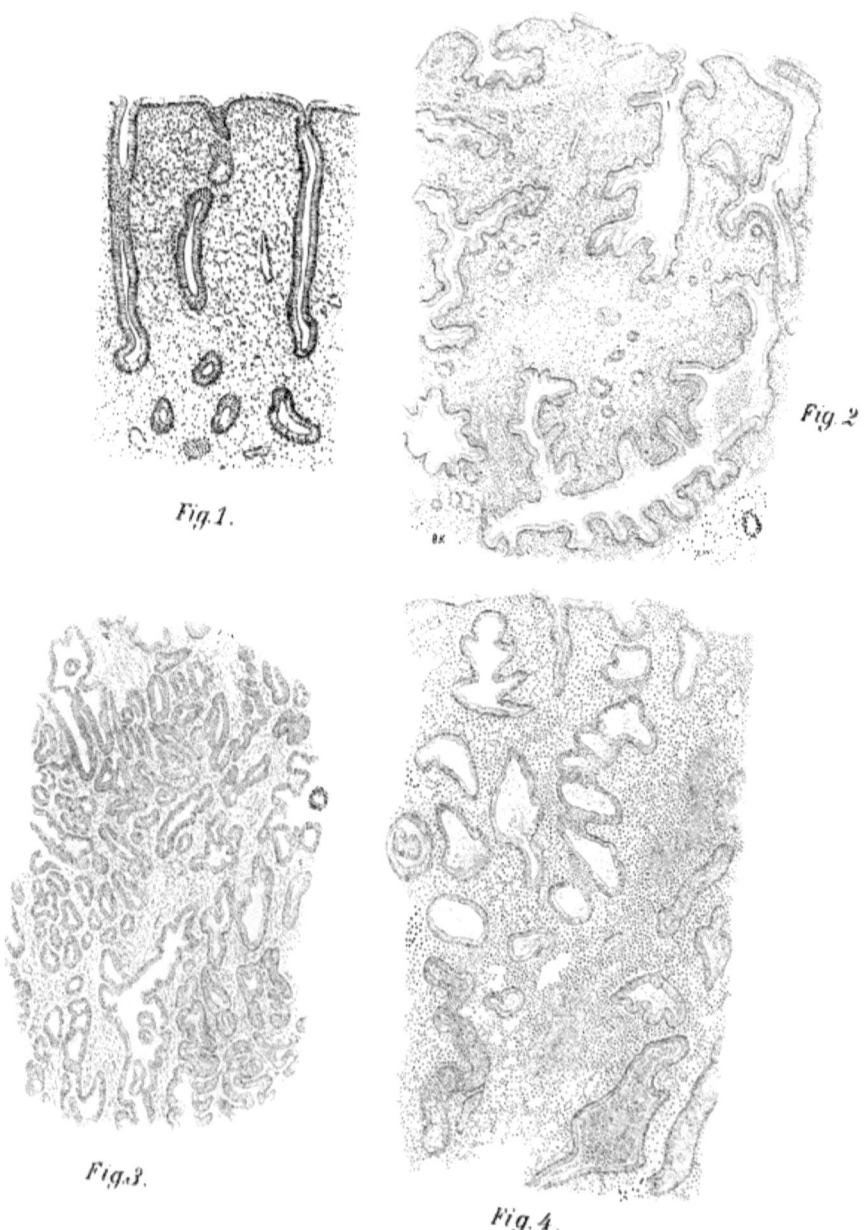

Zu Tafel 7, Fig. 1: *Normale Uterinmucosa* (schematische Orig.-Zeichn): Die Schleimhaut der ganzen Gebärmutter ist bekleidet mit einer einfachen Cylinderepithelschicht. Diese Zellen sind aber in der Cervix keulenförmig und bedeutend höher als in dem Corpus uteri. Beide Formen sind mit Flimmerhaaren besetzt und produciren Schleim, welcher von der stärker färbbaren, protoplasmatischen Basis der Zelle aus der Umgebung des Kernes zu dem Kopftheile aufsteigt und aus diesem, der mit einem Deckel und Cilien bedeckt ist, entleert wird. Mit diesem Vorgange hebt und senkt sich der Kern der Utricularzelle, während die stärker secernirenden Cervicalzellen zwei separirt bleibende Formtheile besitzen: für Production in dem kugeligen Basiskörper, in welchem der Kern stets bleibt, und für Aufspeicherung in dem mit jenem nur durch einen schmalen Taillentheil verbundenen Kopfe; Letzterer ist daher mit Kernfarben nicht färbbar. Die Kerne stehen mithin in den Cervicalzellen alle in gleichem Niveau, in den Utricularzellen nicht. Die Cervicalzellen sind mittelst Fortsätzen, die unter die nächstliegenden Zellen geschoben sind, fixirt. Cylinderzellen finden sich beim intacten gesunden Uterus bis zum äusseren Mm., wo das Plattenepithel der Scheide beginnt.

Anatomisch lässt der Uterus 2 Haupttheile erkennen: Körper und Hals; dementsprechend auch die Utricular- und Cervicalzellen mit 2 specifischen Formen auch der Drüsen: grosse acinöse in der Cervix, langgestreckte schmale tubulöse hauptsächlich in dem Corpus, daher kurzweg Utriculardrüsen. Die Vertheilung ist folgende:

Im Uteruskörper nur tubulöse Utriculardrüsen mit niedrigem Epithel und central gelegenem Kern. In der Cervix oberhalb der plicae palmatae: Cervical- und Utriculardrüsen gemischt. Erstere haben ungleichmässig hohe Zellen. In der Region der Falten: nur Falten und Einbuchtungen, keine eigentlichen Drüsen; die Plicae sind mit schlanken fadenförmigen Papillen besetzt, welche ein niedriges, fast kubisches Cylinderepithel tragen.

Im untersten Theile der Cervix kommen wieder acinöse und tubulöse Drüsen nebeneinander vor; ausserdem eine andere Art Papillen: niedrig und mit breitem Oberteil, pilzförmig, bekleidet mit den grossen keulenförmigen Cervicalzellen.

Die Secretion des gesunden Uterus ist spärlich; die Vagina enthält gar keine, oder nur spärliche Drüsen (gl. aberrantes) in den Uebergangsregionen zum Uterus und zur Vulva (vgl. Atl. II, § 17).

Das mucöse und submucöse Bindegewebs-Stroma ist reich mit Rundzellen und Gefässen durchsetzt, welche die Schwellbarkeit der Schleimhaut momentan oder entsprechend den Periodenfluxionen erheblich variiren lassen können. Hieraus erklärt sich auch die rasche Regenerationsfähigkeit derselben. Ihr folgt nach aussen die Muscularis (vgl. Atl. II, § 10).

Zu Tafel 7, Fig. 2: *Endometritis glandularis hyperplastica* (Orig.-Zeichn. n. eig. Präp.). Die einzelnen Drüsen sind vergrössert und durch seitliche Ausbuchtungen vermehrt (Ruge): die Wandungen sind von einer mit Leucocyten und Rundzellen reichlich infiltrirten Bindegewebskapsel umhüllt; das Stroma ist im übrigen nahezu frei von dem Entzündungs- und Wucherungsprocesse; wäre dieses der Fall, so spräche man von *E. fungosa* (Olshausen); hierbei verdickt sich die Schleimhaut erheblich; findet diese Wucherung von glandulärem und interstitiellem Gewebe circumscript statt, so entsteht die *E. polyposa*.

Zu Tafel 7, Fig. 3: *Adenoma malignum* (Orig.-Zeichn. n. eig. Präp.) *(Drüsenkrebs)* unterscheidet sich von der hyperplastischen Endometritis dadurch, dass die glanduläre Wucherung (also der Epithelien) diejenige des Bindegewebsstromas überwiegt; es entsteht also ein anderes quantitatives Verhältniss zwischen Beiden als beim normalen Gewebe. Das Drüsengewebe frisst das Stroma gleichsam auf und zerstört sogar die Muscularis, um endlich in andere Organe überzuwuchern oder längs der Lymphbahnen Metastasen zu machen. Das Stroma ist stets stark mit Rundzellen infiltrirt, und die Drüsenräume selbst sind — ein Zeichen der lebhaften Wucherung — mit mehrschichtigem Epithel ausgekleidet. Schon die Regellosigkeit in dem ganzen Bilde und den glandulären Formen ist auffallend.

Zu Tafel 7, Fig. 4: *Endometritis glandularis et interstitialis hypertrophica* (Orig.-Zeich. n. eig. Präp.). Die glandulär-hypertrophische Form kommt selten allein vor und besteht in einer Vergrösserung (nicht Vermehrung oder bedeutenderer Ausbuchtung) der Drüsen (Ruge); dieselben werden infolge dessen korkzieherartig gewunden oder höchstens die Wandungen sägeförmig ausgebuchtet. In unserem Präparat ist das interglanduläre Gewebe durch Rundzellenbildung auch in Wucherung begriffen; in ihm wie in den Drüsen finden sich Blutungen. Das Oberflächenepithel ist hier und da abgestossen.

Zu Tafel 8, Fig. 1: *Endometritis interstitialis acuta* (Orig.-Zeichn. n. eig. Präp.). Das interglanduläre Bindegewebe ist in lebhafter Wucherung begriffen, besteht aus dichtgedrängten Rundzellen. Die Drüsen sind theils auseinander gedrängt, theils comprimirt, theils durch Abknickung des Ausführungsganges in Retentionscystchen (ov. Nabothi) umgewandelt. Blutungen im Stroma. Epitheldesquamation.

Zu Tafel 8, Fig. 2: *Endometritis interstitialis chronica* geht aus der vorigen hervor, indem die Rundzellen sich in straffes Bindegewebe umwandeln. Die Drüsen veröden. Die Gefässe werden dickwandig. Das Oberflächenepithel fehlt oder ist ganz niedrig geworden (Links i. d. Fig. Plattenepithel am äuss. Mm.).

Zu Tafel 8, Fig. 3: *Endometritis post abortum*: Unter dem z. th. noch nicht regenerirten Oberflächenepithel sehen wir noch eine Insel Deciduazellen. Im Uebrigen wenig Drüsen, viel Rundzellen, stark dilatirte Blutgefässcapillaren.

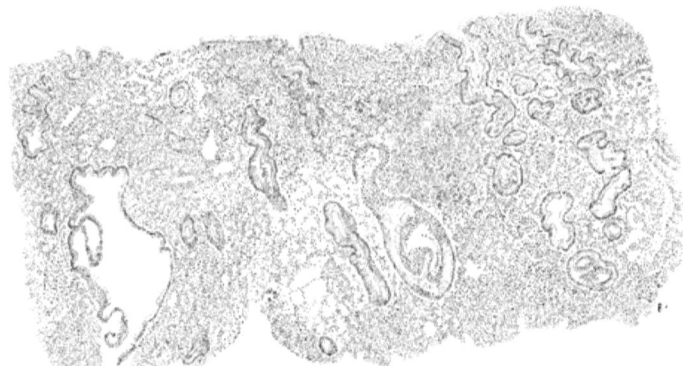

Fig 1.

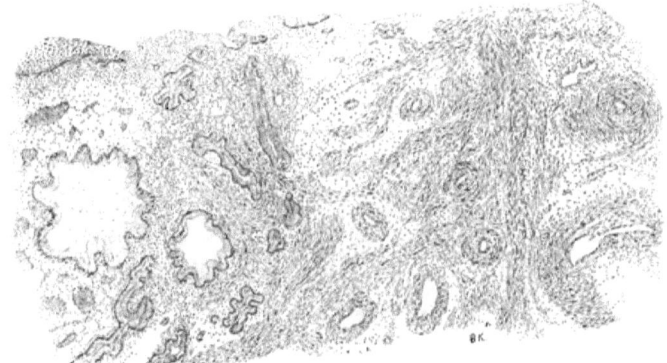

Fig. 2.

Fig. 3.

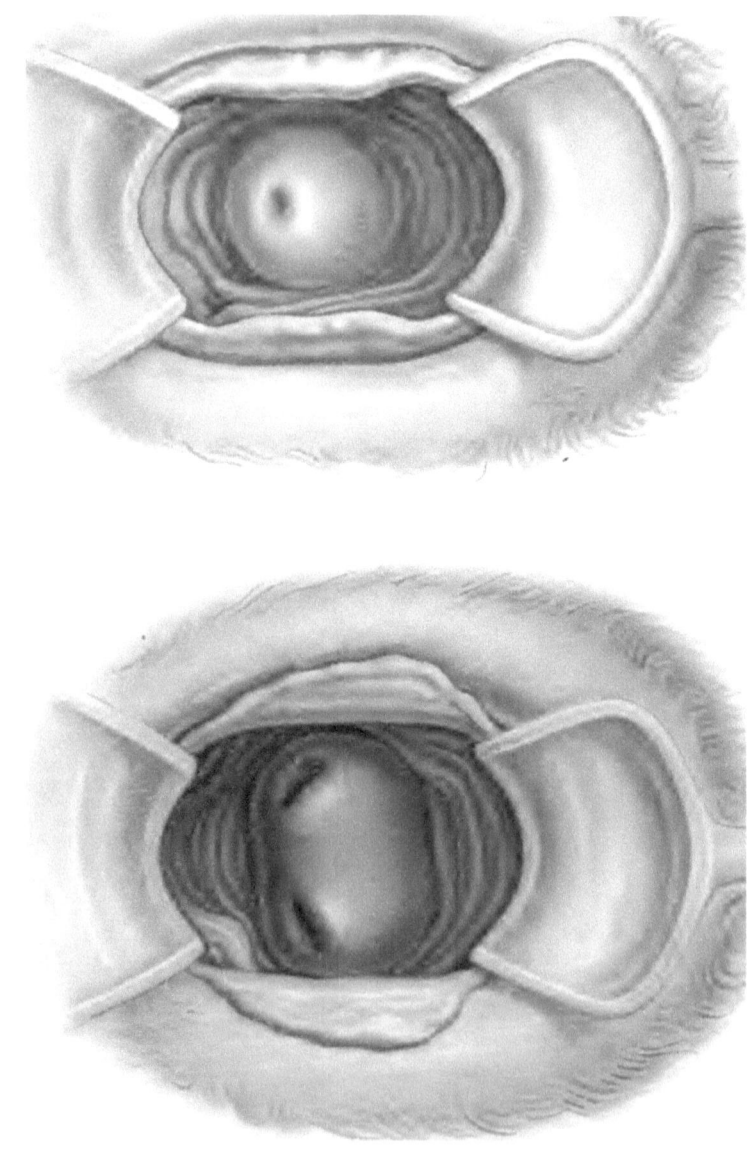

Zu Tafel 9, Fig. 1: *Speculumbild der Portio vaginalis eines „infantilen" Uterus.* Bei diesem und den folgenden Bildern ist der Scheidentheil dem Gesicht durch die Sims'schen oder die Simonschen Löffel- und Plattenförmigen Metallspecula bei Rückenlage der Patientin zugänglich gemacht. Wir sehen die Labien auseinandergedrängt und die faltigen Vaginalwände zurückgehalten, so dass in der Tiefe des Faltentrichters „sich die Portio „einstellt".

Für den prakt. Arzt ohne Assistenz ist die Sims'sche Seitenlage der Pat. die geeignetere, weil dann nur das hintere Speculum eingeführt zu werden braucht und die vordere Scheidenwand alsdann von selbst zurückweicht. Die Pat. liegt mit dem Oberkörper auf der linken Schulter und Brust: der linke Arm liegt parallel dem Körper auf dem Polstertisch und kann event. das Speculum halten. Der linke Oberschenkel liegt wenig angezogen, fast gestreckt, der rechte stark flectirt an den Leib angezogen. Der Arzt steht hinter der Pat.

Unser Bild repräsentirt die blasse, kleine Portio mit engem rundlichem Mm. eines mangelhaft entwickelten Uterus, oft combinirt mit angeborener Stenose des Cervicalkanales und pueriler Anteflexio uteri (vgl. § 3, 1—4 und Fig. 22 i. Text.)

Zu Tafel 9, Fig. 2: *Speculumbild der doppelten Portio eines Uterus bicornis septus bei Vagina simplex.* Die Müller'schen Kanäle liegen im Embryo nicht ganz symmetrisch neben einander zur Medianachse des Körpers, sondern gewöhnlich der rechte mehr der Bauchwandung genähert. Wir ersehen die unsymmetrische Lage auch hier aus der Stellung der beiden Orif. ext. zu einander. (Vgl. Figg. 10 bis 21 i. Text und § 2, sowie Atl. II, Fig. 99 u. § 41.) Bei doppelter Gebärmutter können auch 2 Colla mit 2 Portiones vag. in die Scheide prominiren, gewöhnlich allerdings bei Vagina septa — oder es besteht andererseits bei Uterus subseptus nur ein einziger äusserer Mm.

Zu **Tafel 10, Fig. 1**: *Portiobild bei Elevatio uteri.* Die Portio vaginalis repräsentirt sich nicht als freier Zapfen in der Scheide, sondern bildet die Spitze des Vaginaltrichters in dessen Tiefe. Der ovale Mm. klafft etwas (§ 8 Anhang.)

Zu **Tafel 10, Fig. 2**: *Leichte Congestivhyperämie* der Portio vag. einer *Pluripara* mit charakteristischem breitem *spaltförmigem eingekerbtem Orif. ext.*

Tab. 10.

Zu Taf. 12, Fig. 1: *Bedeutendes Ektropion* (vgl. Taf. 59, Fig. 1) mit *Ovula Nabothi* auf der hervorgewulsteten Cervicalmucosa bei *Laceration* der linken Mm.-*Commissur*. Das im vor. Bilde in der Entstehung geschilderte Ektropion der Mm.-Lippen bei Laceration ist hier sehr bedeutend. Die Mucosa katarrhalisch geschwollen (Endometritis, Cervicitis); die Drüsen z. Th. in Retentionscysten umgewandelt (vgl. Taf. 6, 7 u. 8; Taf. 59, Fig 3).

Zu Taf. 12, Fig 2: *Altes Ektropion* und *Congestiv-Hyperämie* der Portio vaginalis. Die Mucosa wird runzlig durch die feinen narbigen Einziehungen der neugebildeten Bindegewebefasern (= Endometritis interstitialis chronica, vergl. Taf. 8 Fig. 2).

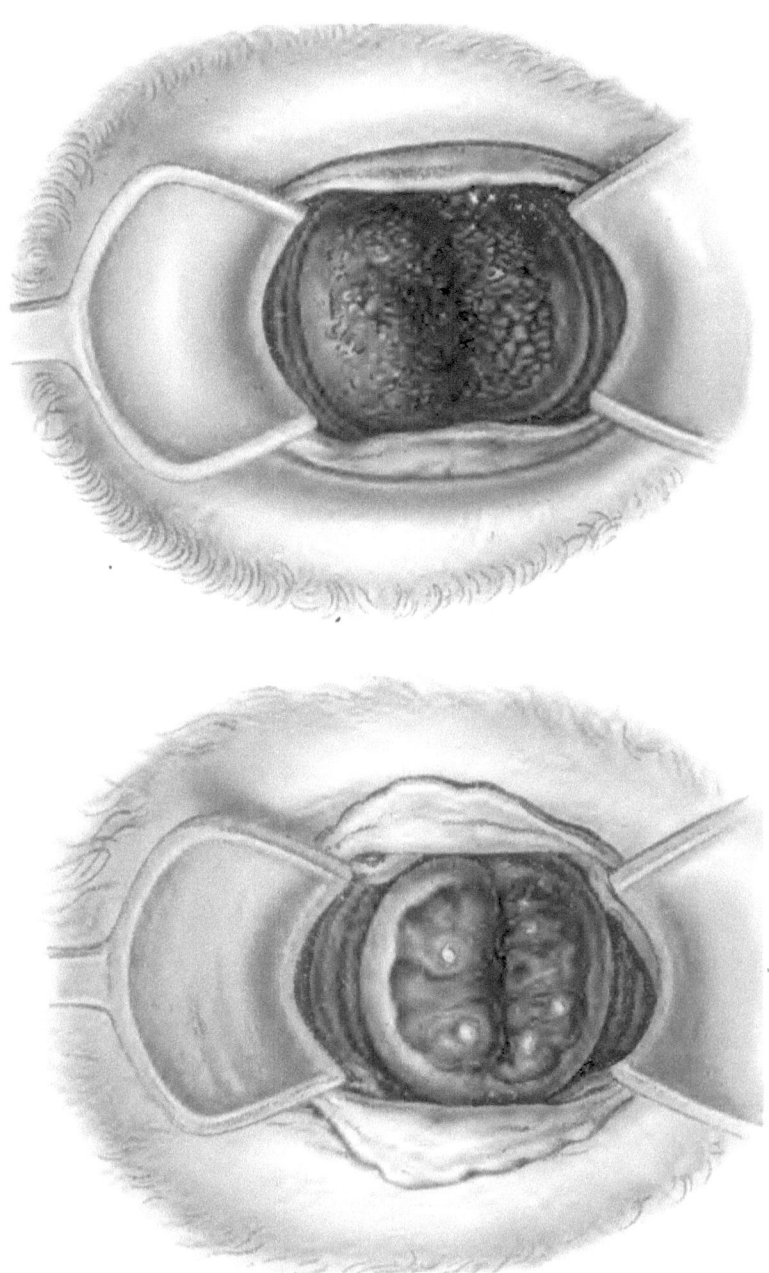

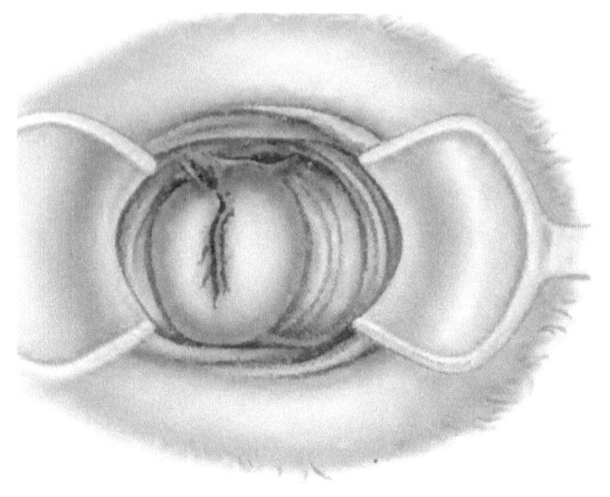

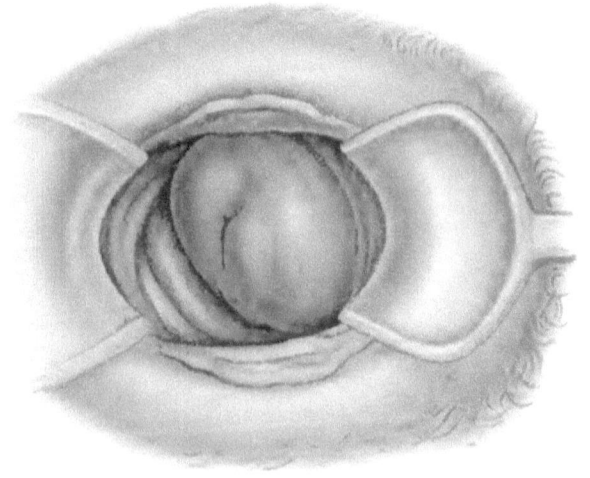

Zu Taf. 13, Fig. 1: Rechtsseitige *Commissur-Laceration*, welche sich als Narbe auf den seitlich-hinteren Theil des Vaginalgewölbes hinaufzieht; hierdurch ist die Portio nach hinten fixirt und z. Th. hierdurch, z. Th. durch höhere parametrane Stränge der Uterus antevertirt und fest dem vorderen Fornix vag. aufliegend.

Zu Taf. 13, Fig. 2: *Torsion* der Portio vag. nach hinten-links durch linksseitige Commissur-Laceration und Narben im linksseitigen Scheidengewölbe.

Zu Taf. 14, Fig. 1: *Erosio follicularis* (vgl. Taf. 5, Fig. 3); einige Follikel (Drüsencystchen) sind geplatzt und zeigen kleine kraterartige Vertiefungen, welche von rothen Höfen umgeben sind. Ausserdem Erosio simplex und Mm.-Einkerbungen.

Zu Taf. 14, Fig. 2: *Endometritis gonorrhoica (Pus) et Erosio simplex c. Ov. Nabothi;* Entzündungshyperämie (Taf. 6, 7 u. 8; Taf. 59, Fig. 3). Gelber, dicker, rahmähnlicher Eiter quillt reichlich aus dem Mm. hervor und füllt die Vagina. Auch die Ov. Nab. sind mit Eiter gefüllt. Die Erosion ist die Folge der Endometritis (vgl. Taf. 11, Fig. 1). Die alleinige Infection mit Tripperkokken geht bald in eine Mischinfection mit Staphylo- und Streptokokken über; Erstere präpariren für letztere Beiden u. a. den Boden. Der Prozess kriecht auf die Tuben und von da langsam auf die nächstliegenden Bauchfellparthien über (Perisalpingitis, -Oophoritis, -Metritis), hier erst Exsudationen, dann Verklebungen der Organe unter einander und Pseudoligamente erzeugend (Taf. 17 u. 20). Meist siedeln sich die Gonokokken nur in den oberflächlicheren Schichten jener Schleimhäute an, welche mit dem einfachen Cylinderepithel bekleidet sind. Die Verklebungen der Tuben und Ovarien führen zu Eitersäcken der Ersteren (Pyosalpinx, Taf. 20) und Sterilität — die perimetritischen Prozesse zu Verlagerungen des Uterus und seiner Adnexa.

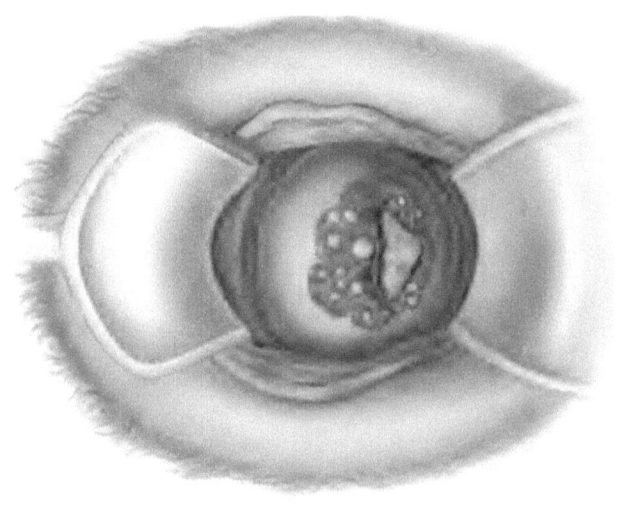

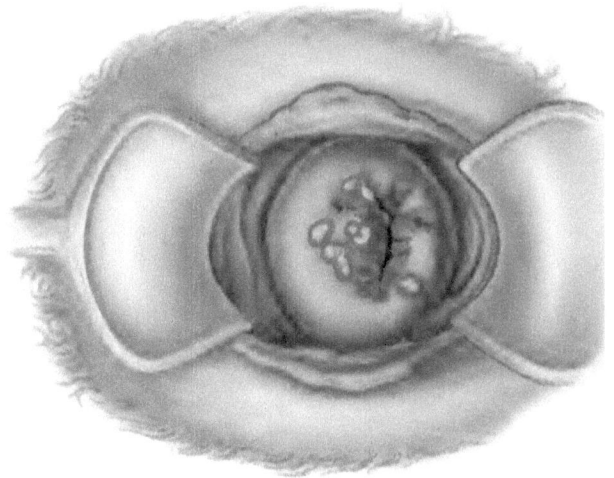

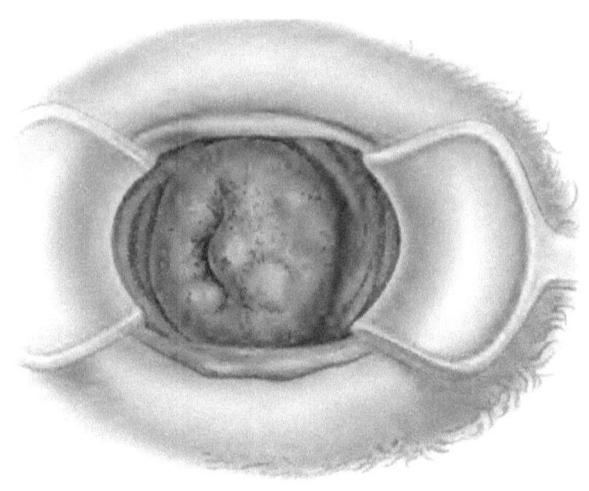

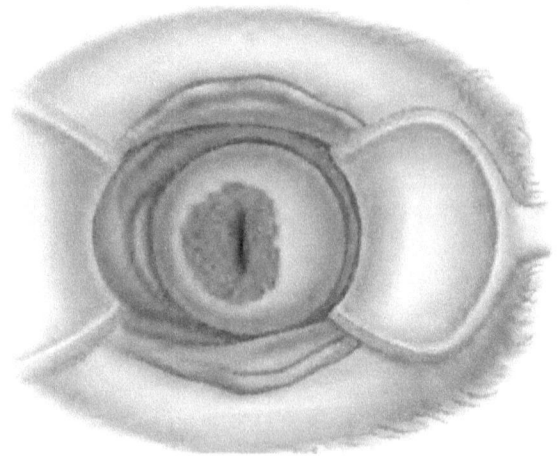

Zu Taf. 15, Fig. 1: *Chronische Metritis c. Ov. Nabothi.* Metritis ist die Entzündung der Uterusmuscularis. Dauert dieselbe lange, so werden die Muskelfasern z. Th. durch narbiges Bindegewebe ersetzt, (wie Taf. 8, Fig. 2) welches in unserem Bilde die Portiomucosa retrahirt und dadurch Runzelung zu Wege bringt. Die Ov. Nab. sind Retentionscysten, in Folge der bindegewebigen Verzerrung der Ausführungsgänge (Taf. 6, Fig. 4).

Zu Tafel 15, Fig. 2: *Erosio simplex.* Der Mm. ist intact erhalten, aber ausserhalb desselben sind die obersten Plattenepithelschichten abgestossen (vgl. Taf. 5, Fig. 3 und Taf. 11, Fig. 1).

Zu Tafel 16, Fig. 1: *Schleimhautpolypen* sind circumscripte Wucherungen des Endometrium, also der Schleimhaut und bestehen aus Bindegewebe, in welches reichlich Drüsen, z. Th. cystös, und dünnwandige hyperämische Capillaren eingelagert sind (vgl. Taf. 46, Fig. 1). Sie ziehen einen Stiel aus und bluten zufolge ihrer Structur leicht. Im Gegensatz zu den fibromyomatösen Polypen sind diese weich. Durch die Einschnürung im Mm. sind sie congestiv livide.

Zu Taf. 16, Fig. 2: *Erosio simpl. c. Ov. Nab.; Uterusfibroid im Begriff, den Mm. zu erweitern,* i. e. „geboren" zu werden (vgl. Taf. 44, Fig. 1; Taf. 59, Fig. 1 u. Atl. II, Fig. 96).

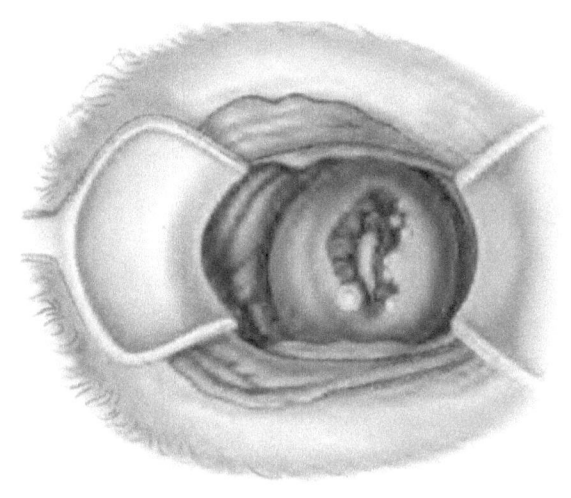
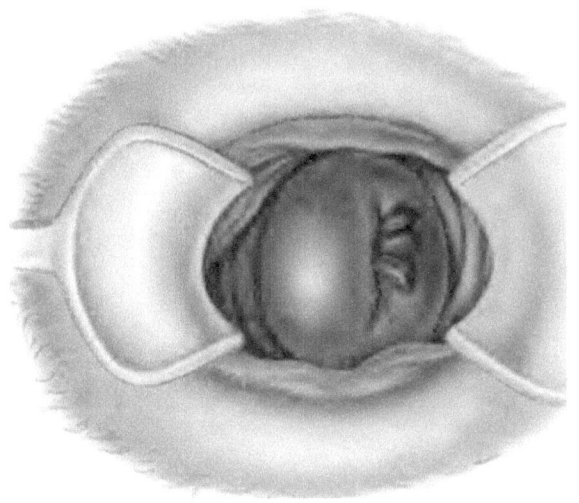

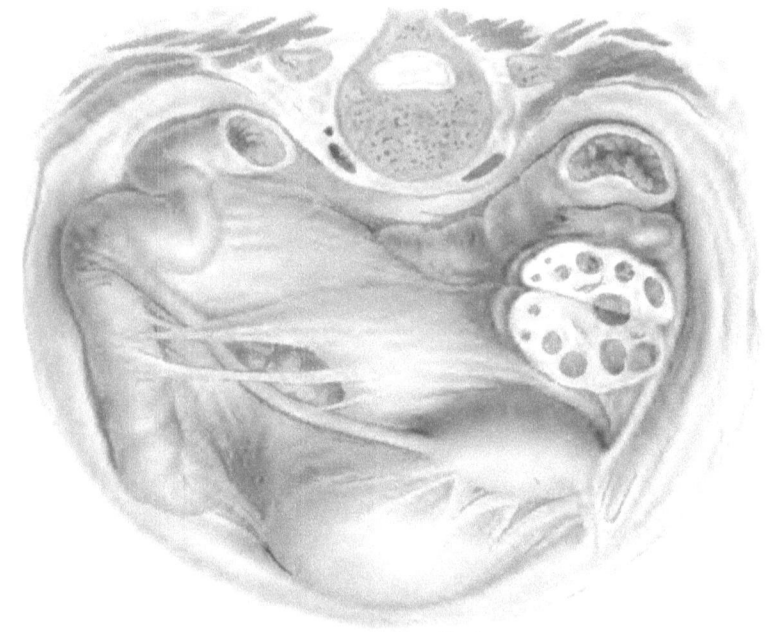

Fig 1.

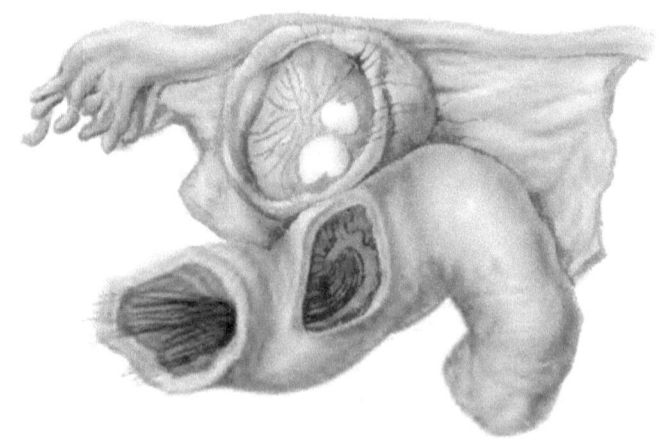

Fig. 2.

Lith.Anst.v. F Reichhold, München.

Zu Tafel 17, Fig. 1: Blick in das kleine Becken von Oben bei *Pelveoperitonitis chronica* (Orig.-Zeichn.): Der *Uterus* liegt durch *Adhäsionen sinistro-* und zugleich *anteponirt; Pseudoligamente* ziehen von ihm zu einer Darmschlinge und zur Harnblase, und fixiren Tuben und Ovarien. Das linke *Ovarium* ist vergrössert, *kleincystisch degenerirt*, i. e. sämmtliche Follikel werden cystös unter Desquamation des Keimepithels und Zugrundegehen des Ovulum (vergl. Taf. 19, Fig. 3). Der andere Eierstock ist nicht vergrössert und zeigt die durch häufige Ovulationen geschrumpfte Oberfläche bei älteren Individuen. Diese chronischen plastischen Entzündungsvorgänge entstehen im Anschluss an g o n o -- r h o i s c h e T u b e n e n t z ü n d u n g e n oder an m e t r i - tische oder p a r a m e t r i t i s c h e Processe, wie sie meist durch das P u e r p e r i u m oder durch o p e r a - tive Laesionen der Genitalschleimhaut erregt werden, wenn sie nicht von anderen Abdominalorganen ausgehen und sich i n d e n D o u g l a s als tiefsten Bauchraum s e n k e n.

Zu Tafel 17, Fig. 2: *Dermoidcyste* (linksseitig) *perforirend in den Mastdarm* (Orig.-Zeichn. n. d. Palpationsbefunde eines Falles der Münchn. Frauenklin.) Durch die Perforationsöffnung drangen Haare des Tumors in das Rectum. Die Dermoidcysten kommen am häufigsten an den Ovarien vor, und enthalten meist Hauttalg, Haare, Zähne, können aber auch sämmtliche complicirte Organstructuren des Körpers enthalten (Hirn- und Nervenmasse, Augentheile, Unterkiefer mit Zähnen etc.). (Vgl. Taf. 45 Fig. 4.)

Zu Tafel 18, Fig. 1: *Salpingitis parenchymatosa katarrhalis acuta* (gonorrhoica et streptococcica (Orig.-Zeich. n. eig. Präp.). Der Tubenkatarrh zeigt sich in der schleimigen Hypersecretion; er ist die erste Folge der Invasion von Kokken in die Endosalpinx. Dieselbe beginnt zu wuchern, d. h. die mit flimmerndem Cylinderepithel besetzten Bindegewebspapillen (1) bilden reichlichere dendritische Verzweigungen, welche das Tubenlumen füllen (2). Das Stroma der Papillen ist mit jungen Rundzellen durchsetzt (6). Die Submucosa (4) und die Muscularis (5) sind noch im gesunden Zustande, nur perivasculär (3) beginnen auch hier sich Rundzellenansammlungen zu zeigen.

Man unterscheidet:
1) Salpingitis parenchymatosa katarrhalis acuta mit wucherndem, wohlerhaltenem Epithel;
2) Salpingitis p. et interstitialis purulenta acuta mit z. Th. desquamirtem Epithel und entzündlich infiltrirtem Stroma;
3) Salpingitis interstitialis chronica, Schrumpfung durch Bindegewebe, welches auch die Muscularis ersetzt; die Tube verliert die Elastizität.

Aus 1 geht durch Verklebung der Tubenostien die Hydrosalpinx hervor; aus 2 und 3 die Haemato- und die Pyosalpinx.

Zu Tafel 18, Fig. 2: *Haematosalpinx* (Orig.-Zeichn. n. eig. Präp.): bei Gynatresien (vgl. Fig. 7—11 i. Text) bleibt das Menstrualblut in Uterus und endlich auch in der Tube (2) zurück und bläht die Wandung der letzteren auf; das Epithel (1) wird, nachdem die Papillen (3) durch den Druck abgeflacht sind, desquamirt; die Gefässe (5) des submucösen Stromas (4) sind durch Stase dilatirt, während in der Muscularis (6) sich reactionär um die Blutgefässe Rundzellen ansammeln (7). Blutungen in die Tube kommen vor bei der Periode, bei Herz- und Nierenkrankheiten, bei Myomen und Ovarialkystomen, bei Extrauteringravidität u. a.

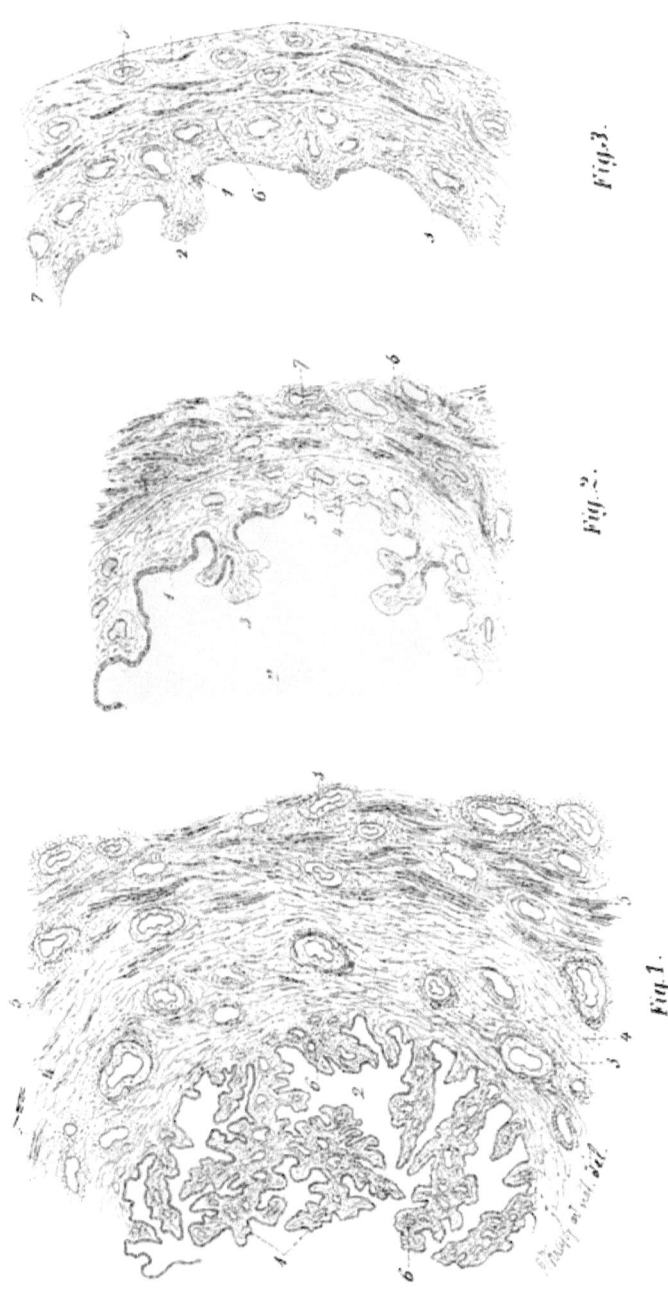

Fig. 1. Fig. 2. Fig. 3.

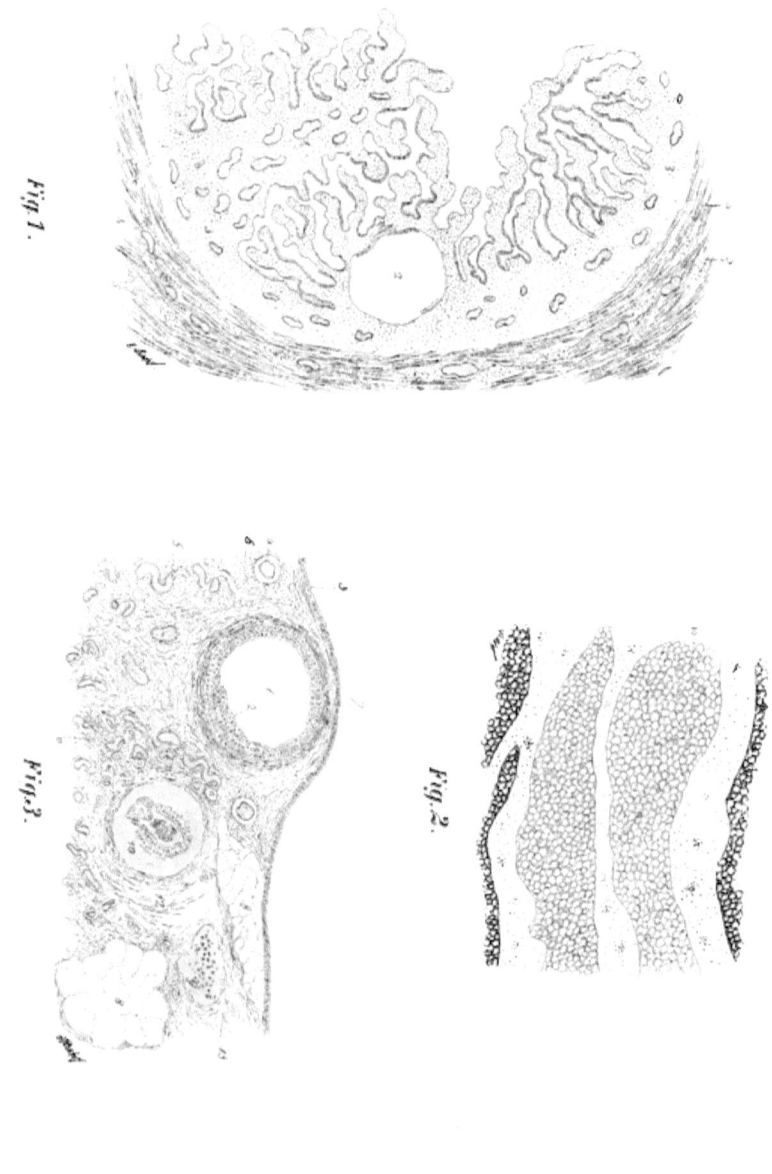

Zu Tafel 18, Fig. 3: *Pyosalpinx* (Orig.-Zeichn. n. eig. Präp.): indem bei verschlossenen Tubenostien der Eiter die Wandungen dehnt und letztere immer mehr und mehr von der entzündlichen Bindegewebswucherung durchsetzt werden, werden nicht nur die Papillen (2) nach totalem Zugrundegehen des Epithels (1) ganz abgeplattet, so dass das rundzellenreiche Stroma (3) vom Pus bespült wird, sondern auch die Elastizität der Wandung geht gänzlich verloren, weil faseriges Bindegewebe (6) die auseinandergedrängten Muskelfasern (4) ersetzt. Die submucösen Capillaren sind durch Stauung dilatirt, die Gefässe der Muskelschicht chronisch entzündlich verdickt. Solche Eitersäcke beherbergen die verschiedenartigsten Mikroben und wirken je nach dem Alter beim Zerplatzen verschieden virulent.

Zu Tafel 19, Fig. 1: *Salpingitis parenchymatosa et interstitialis purulenta acuta* (Orig.-Zeich. n. eig. Präp.): nicht nur die Papillen sind gewuchert, sondern auch deren Stroma (1), und wie das Bindegewebe der Submucosa (3) und die Muscularis (4 u. 5) mit Rundzellen reichlich infiltrirt. Das Epithel ist zum Theil gequollen, z. Th. abgestossen und die excoriirten Papillen untereinander zu Cystchen (2) verklebt.

Zu Tafel 19, Fig. 2: *Parametritis acuta lig. lati* (Orig.-Zeichn. n. eig. Präp.): sowohl die Bindegewebsfasern, wie das Fettgewebe sind mit Rundzelleninfiltrationen durchsetzt. Dieses I. Stadium der Schwellung und der Eiterung geht später in das II. der Umwandlung in straffes narbenartiges Bindegewebe über: es findet schwielige Retraction statt.

Zu Tafel 19, Fig. 3: *Oophoritis chronica mit oligocystischer Degeneration* (vgl. Taf. 17) (Orig.-Zeichn. n. eig. Präp.): Die anfangs mit Rundzellenanhäufung im Stroma beginnenden entzündlichen Erscheinungen führen zur sklerosirenden Faserbildung und diese weiter durch Verdickung der Albuginea zur cystösen Anschwellung der Follikel (1 u. 2) das Epithel derselben löst sich los (10) und die Ovula gehen zu Grunde. Die älteren Corpp. lutea haben sich in Corpp. fibrosa (s. candicantia) umgewandelt (8). Im Stroma (13) finden sich neue und ältere Blutungen ev. mit Blutfarbstoff (9). Die Schlängelung (5) der Gefässe (4) hingegen ist eine dem Eierstock physiologische Erscheinung: stellenweise sind sie noch von Rundzellenanhäufungen umgeben (6). Die Follikel sind von der tunica fibrosa (7) umgeben, die Eierstockoberfläche wird von dem kuboiden Keimepithel (3) gebildet.

Zu Tafel 20: *Pelveoperitonitis, Perioophoritis, Perisalpingitis und Pyosalpinx dextra* (der Douglas von hinten gesehen; Orig.-Zeichn.): Pseudoligamente fixiren den Uterus an sämmtliche Adnexa und die flexura sigmoidea. Die linke Tube ist geknickt; die rechte Tube entzündlich geröthet und wegen Verlöthung des Tubenostium in eine Pyosalpinx umgewandelt. Charakteristisch sind die kugeligen Abtheilungen des Tumors (vgl. Taf. 17 und 18. Fig. 3).

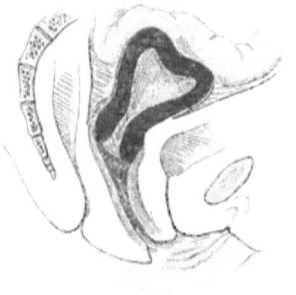

Fig. 1.

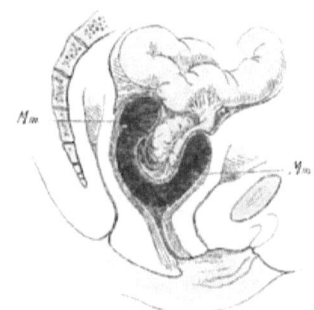

Fig. 2.

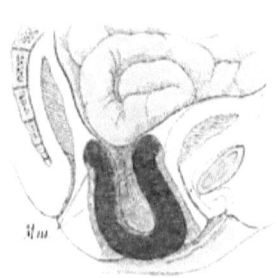

Fig. 3.

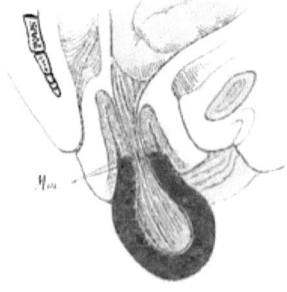

Fig. 4.

Zu **Tafel 21, Fig. 1**: *Impressio fundi uteri* als Initialstadium der Inversio uteri, entsteht bei schlaffer Gebärmutter unter der Ausübung des Credé'schen Handgriffes. (Orig.-Schemazeichn.)

Zu **Tafel 21, Fig. 2**: *Inversio uteri part.*: ein Theil der Cervix ist noch nicht mit umgestülpt. Dagegen hat sich eine bedeutende Peritonealtasche in die invertirte Gebärmutter hineingesenkt: dieselbe wird ausgefüllt durch Ovarium und Tube. (Orig.-Schemazeich.)

Zu **Tafel 21, Fig. 3**: Die *Gebärmutter* hat sich *ganz* bis auf den äusseren Mm. *umgestülpt*; letzterer hat sich aber nicht gesenkt. (Orig.-Schemazeichn.)

Zu **Tafel 21, Fig. 4**: Die *ganz invertirte Gebärmutter* ist ausserdem *descendirt* zur Vulva herausgetreten, so dass sich der obere Theil der Scheide bis auf den M. Constrictor cunni und und M. levator ani mitinvertirt hat. (Orig.-Schemazeichn.)

Zu **Tafel 22, Fig. 1** (vgl. Taf. 25 Fig. 2) (Orig.-Schemazeichn.): *Inversio uteri* bis auf den äusseren Mm. (unter Bildung einer Peritonealtasche *durch ein polypöses Fundusmyom*. (Vgl. Abbild. im Text sub „Myome".)

Zu **Tafel 22, Fig. 2**: *Prolapsus uteri retroflexi et vaginae completus* bei Dammdefect; *Cystocele* (vgl. Taf. 27. 1; 28 u. 30). (Orig.-Schemazeichnung.) Der Blasenscheitel legt sich dem Uterusfundus an; das Blasendivertikel reicht bis zum inneren Mm.; der Douglas liegt mit im Prolapstumor, enthält aber keine Darmschlingen, wie es selten wohl vorkommt (= Enterocele); dieselben werden durch den retroflectirten Gebärmutterkörper zurückgehalten. Der äussere Muttermund ist ektropionirt; das Collum geschwollen.

Diese Abbildung repraesentirt eine der **extremsten Möglichkeiten von Prolaps**, und zugleich die **häufigste Art der Entwicklung** eines solchen. Dieselbe ist folgendermaassen:

Entweder durch Dammriss (Taf. 64) oder Schwäche des Beckenbodens und der Mm. constrictor cunni et levator ani verliert die vordere Scheidenwand ihre normale Stütze (vgl. Taf. 25). Zunächst descendirt das Tuberculum vaginae und legt sich dauernd zwischen die Nymphen, dann aber beginnt der obere Theil der Scheidenwand nicht nur einfach zu descendiren, sondern sich in die Vulva hinein einzustülpen (zu invertiren, wie jeder Pressversuch den Hergang wieder demonstriren kann). Die Portio des noch normal antevertirt liegenden Uterus wird herab und nach vorn gezogen (Taf. 64, Fig. 2 u. 3). Nunmehr beginnt die hintere Scheidenwand mit ihrer unteren Hälfte ebenfalls herabzutreten, dadurch das hintere Scheidengewölbe herabzuzerren und so auch von hinten her einen Zug auf die Gebärmutter auszuüben (Taf. 64, 4). Dieselbe gelangt erst in Vertical-, dann in Retroversionsstellung, befindet sich also mit ihrer Längenachse in der Verlängerung der Scheidenachse, welche jetzt ebenfalls mehr vertical verläuft, anstatt von unten-vorn nach oben-hinten (vgl. Taf. 31, Fig. 1); ihren **Stützpunkt** (Uteruskörper auf vorderer Scheidenwand und weiterhin Damm. — Portio gegen hintere Scheidenwand) hat sie ebenfalls verloren (vgl. Taf. 23, 29, 33. Fig. 2). Es genügt jetzt der geringste plötzliche heftige Druck von oben oder Sturz oder eine Reihe in ähnlicher Weise gleichmässig wirkender Momente, um das **Herab- und Hervortreten der Gebärmutter** zu bewirken (vgl. Taf. 26, Fig. 2). Derselbe Druck von oben bewirkt bei den meist ohnehin schlaffen Gebärmutterwandungen **Knickung** des **Körpers** gegen den **Hals = Retroflexio uteri**. **Blase** und **Peritonealtaschen** verhalten sich wie in Fig. 2.

Ist der Prolaps complet, wirkt der Druck weiter und invertirt die **Uterus mucosa** nach aussen; es ensteht **Ektropion** (in extremsten Fällen bis zum inneren Mm.). Es tritt an der vorgewulsteten Schleimhaut Decubitus ein: **Erosionen und Ulcerationen** (vgl. Taf. 26, 1; 27; 28; 30). Eine Folge der Circulationsstörungen ist die **Schwellung und livide Färbung** der Portio (Taf. 5, 2; 28; 32). Diese Congestion führt bei langdauerndem Vorfall aber weiterhin auch zu Entzündungen und Wucherungen, und es entstehen nicht nur **Polypen** der **Schleimhaut**, sondern auch secundäre **Vergrösserungen und Verlängerungen des Gebärmutterhalses** (Elongatio colli.) (Vgl. Taf. 28 u. 32 mit 23 u. 24, bzw. Fig. 23 i. Text). Der **Uteruskörper** nimmt wenig hieran Theil. Die oberflächliche Epithelschicht (Taf. 5, 2) verhornt. In der Scheidenwand verdickt sich die Muscularis und schwindet das Fettgewebe.

Zu Tafel 22, Fig. 3: *Prolapsus vaginae posterior; Rectocele; Descensus uteri retroflexi* (II. Grades)(Orig.-Schemazeichn.) Seltener invertirt zuerst die **hintere** Scheidenwand; in der Tasche kann sich ein Divertikel des Rectum bilden; die bindegewebige Verbindung mit der Scheide ist indessen eine viel lockere als zwischen Blase und Scheide. Nachweisbar durch eingeführten Finger.

Zu Tafel 22, Fig. 4: *Prolapsus vaginae anterior;* höchster Grad von *Cystocele; Anteflexio uteri* I°; *Descensus*. Nachweis der Cystocele durch die Sonde! (vgl. Taf. 30). (Orig.-Schema-Zeichn.)

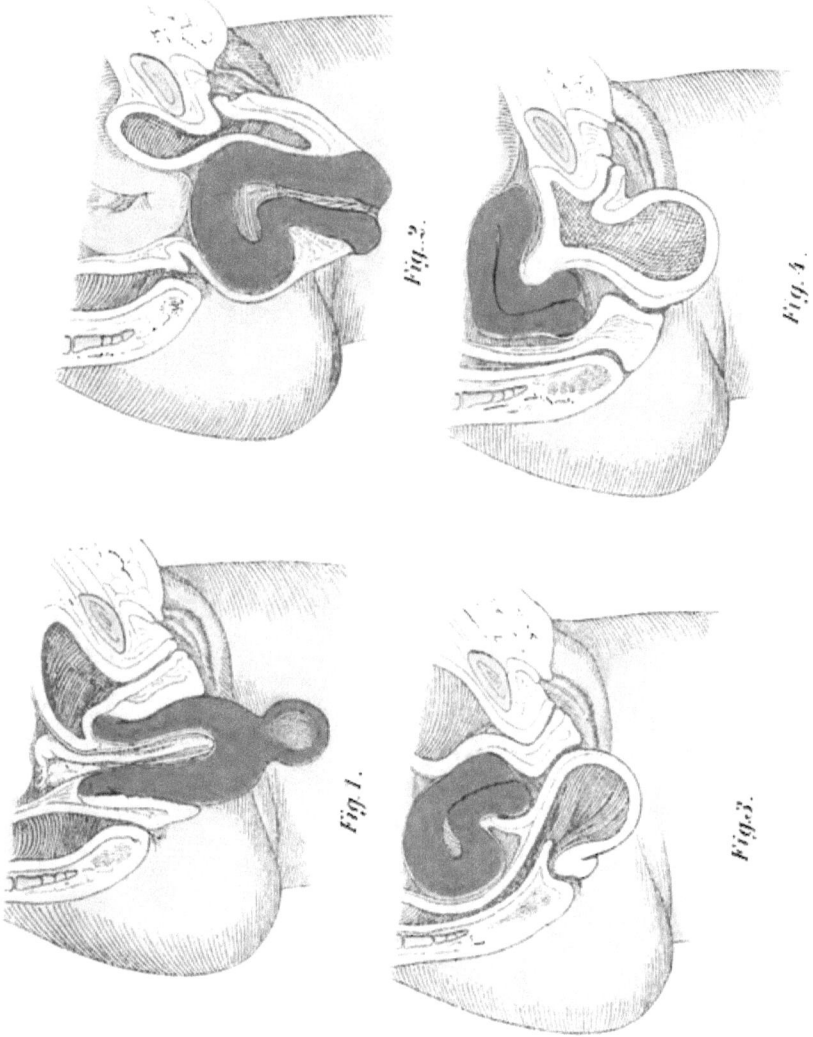

Fig. 1. Fig. 2. Fig. 3. Fig. 4.

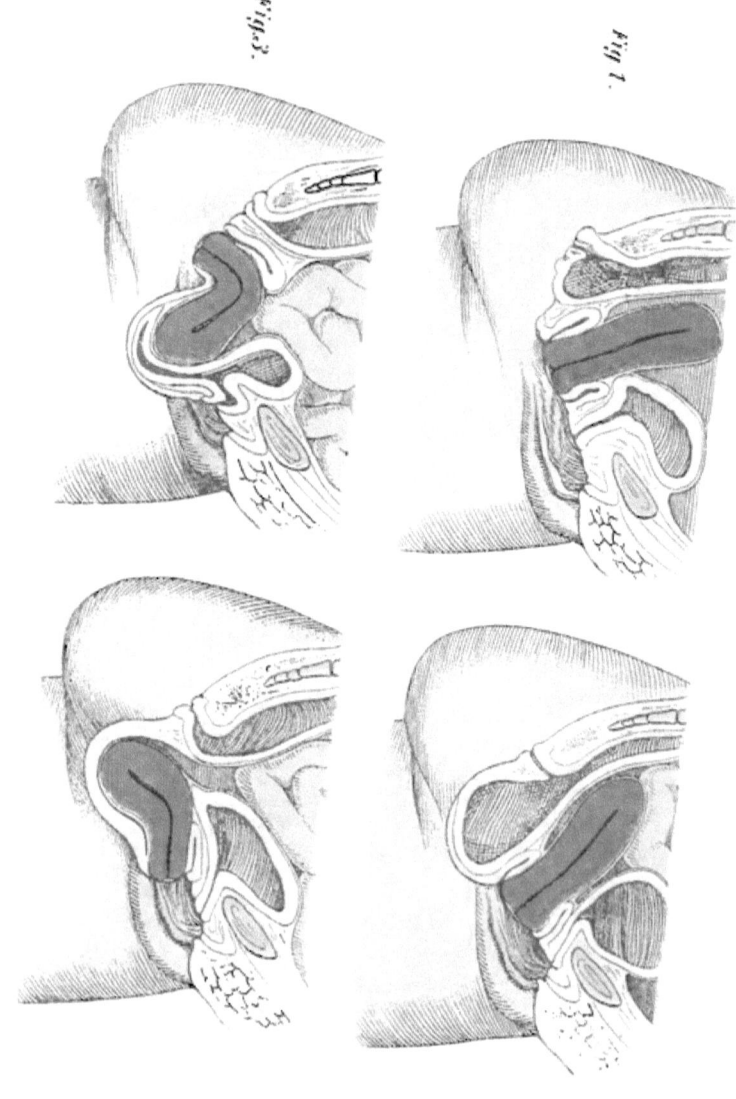

Zu Tafel 23, Fig. 1: *Prolapsus uteri incompletus retroversi; Inversio vaginae; Rectocele incipiens;* (Bildung eines kleinen Blasendivertikels (vgl. Taf. 26, 2). (Orig. Schema-Zeichn.)

Zu Tafel 23, Fig. 2: *Prolapsus uteri incompletus retroversi;* bedeutende *Rectocele; Inversio vaginae* (Orig. Schema-Zeich.)

Zu Tafel 23, Fig. 3: *Prolapsus uteri totalis anteflexi* (I. Grades) *et vaginae anterior cum Cystocele;* charakteristische Knickung der Urethra (vgl. Taf. 30). (Orig. Schem.-Zeichn.)

Zu Tafel 23, Fig. 4: *Prolapsus uteri totalis retroflexi* (I. Grades) *et vaginae.* Kleine Divertikelbildungen von Rectum und Blase. (Orig. Schema-Zeichn.)

Zu Tafel 24, Fig. 1: *Prolapsus uteri incompletus ex Hypertrophia partis intermediae colli; Inversio vaginae cum Cystocele* (vgl. Taf. 32). Der Fundus uteri befindet sich nahezu in normaler Höhe. Die Sonde belehrt uns, dass der Uteruskanal länger als normal (länger als 5 bis 6 cm) ist. Die Distanz innerer bis äusserer Mm. ergiebt, dass die Verlängerung durch die Hypertrophie des Collum gebildet wird. Welcher Theil des Halses elongirt ist (vgl. Atl. II. Fig. 28), ergiebt sich aus dem Verhalten des hinteren und des vorderen Scheidengewölbes zu äusserem und innerem Mm.

Auf unserem Bilde finden wir das hintere Scheidengewölbe in gewöhnlicher Höhe des Beckens, das vordere aber descendirt, u. zw. im Verhältnis zum äusseren Mm. nicht mehr vertieft als sonst. Mithin ist nicht die eigentliche Portio vaginalis gewachsen, sondern der höher zwischen vorderem und hinterem Scheidengewölbe gelegene, mittlere Theil des Gebärmutterhalses. (Orig. Schema-Zeichn.)

Zu Tafel 24, Fig. 2: *Elongatio colli partis supravaginalis; Cystocele*. (Orig. Schema-Zeichn.) Beide Scheidengewölbe sind tiefer getreten, u. zw. im normalen Tiefenverhältnis zum äusseren Mm. Mit anderen Worten, der Wachsthumüberschuss sitzt in dem über dem hinteren Vaginalgewölbe gelegenen Collumabschnitte.

Zu Tafel 24, Fig. 3: *Repositio uteri prolapsi* durch ein *gestieltes Martin'sches Pessarium*. (Orig. Schema-Zeichn., verändert n. Schröder). Dasselbe wird angewandt, wenn dem Beckenboden der selbst für ein Instrument nöthige Widerstand gegen starken Druck von oben fehlt. Der Stiel ruht auf dem M. levator ani und, gleitet er seitlich ab, so stemmt er sich seitlich an.

In unserem Falle wird gezeigt, dass es sich hier um einen Pseudoprolaps handelte, denn durch

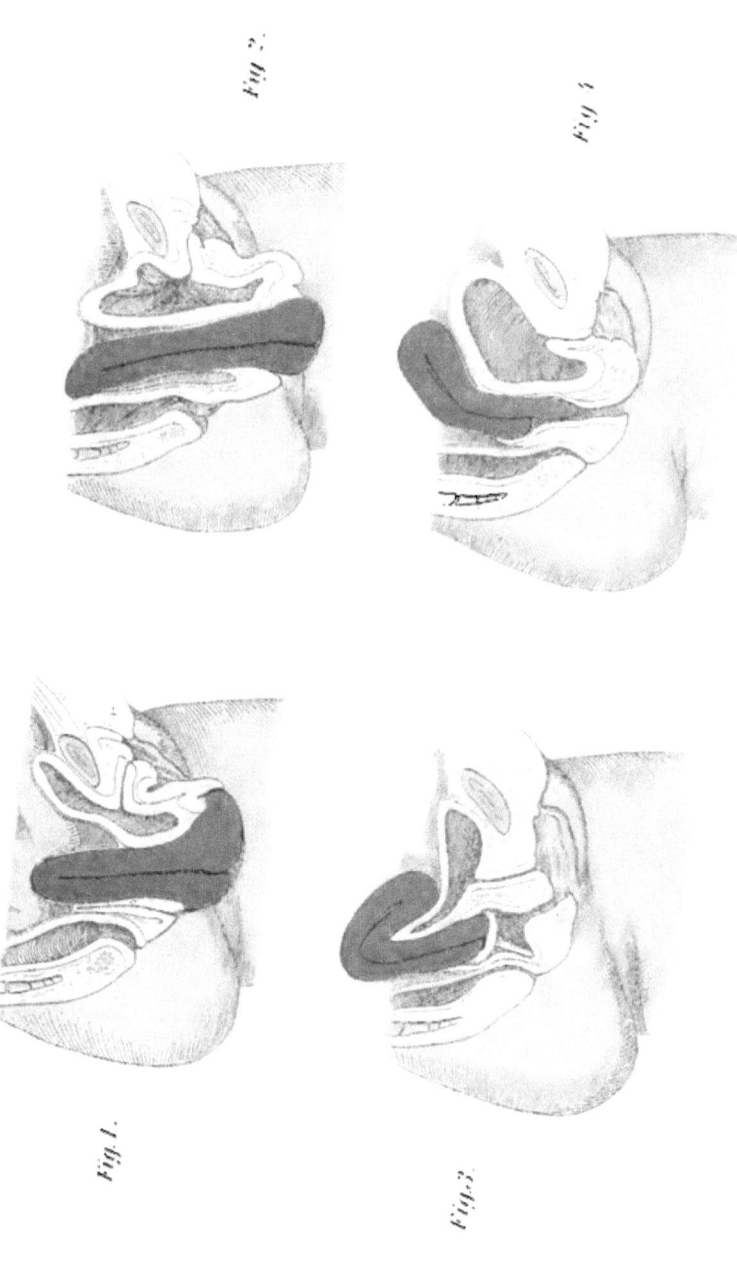

Fig. 1. Fig. 2.
Fig. 3. Fig. 4.

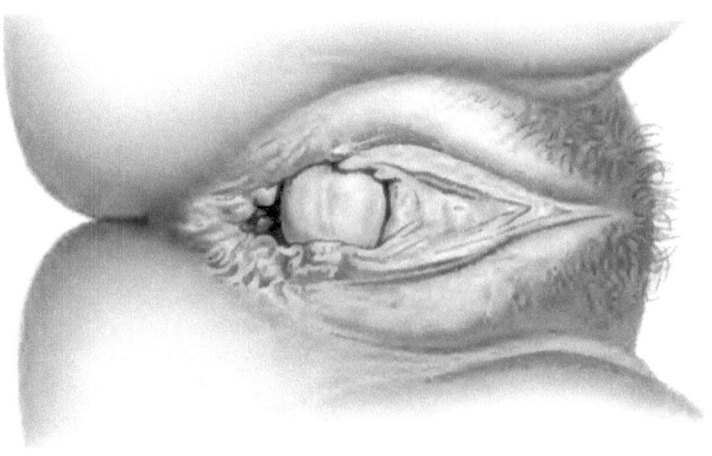

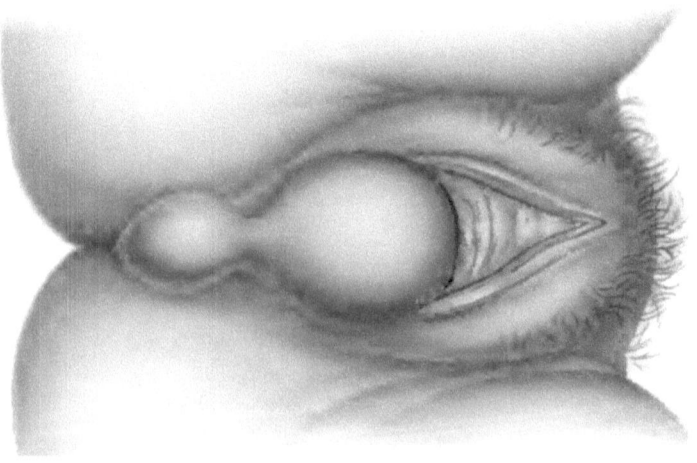

die Reposition ist der Uterusfundus ungebührlich elevirt und vor allem das Corpus uteri anteflectirt und ein Divertikel des Blasenscheitels mit emporgezogen. Es handelt sich hier um *Elongatio colli;* die Amputation wäre hier besser angezeigt.

Zu Tafel 24, Fig. 4: *Hypertrophie der vorderen Muttermundslippe.* (Orig. Schema-Zeichn., verändert n. Schröder). Hierdurch *Inversion der vorderen Vaginalwand* und *Cystocele.*

Zu Tafel 25, Fig. 1: *Inversio vaginae durch Dammriss III. Grades* (bis in den After): das Tuberculum vaginae ist descendirt. (Orig. Aquar.)

Zu Tafel 25, Fig. 2: *Inversio uteri completa* durch ein Fundusmyom (vgl. Taf. 22, Fig. 1.) (Orig. Aquar.)

Zu Tafel 26, Fig. 1: *Prolapsus completus uteri anteflexi. Erosio simplex* (vgl. Taf. 5, Fig. 3) (Orig. Aquar.)

Zu Tafel 26, Fig. 2: *Prolapsus incompletus uteri; Inversio vaginae* durch Dammrisse III. Grades (bis in den After). Gekerbter Mm. (Orig. Aquar.) (Vgl. Allg. über Prolaps Taf. 22, Fig. 2.)

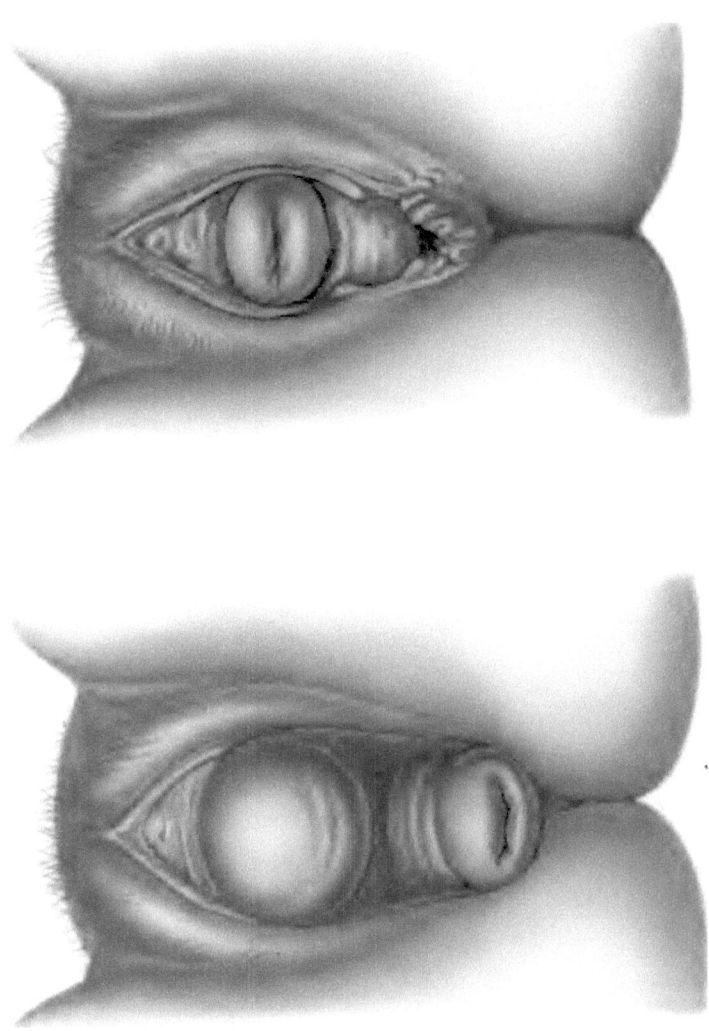

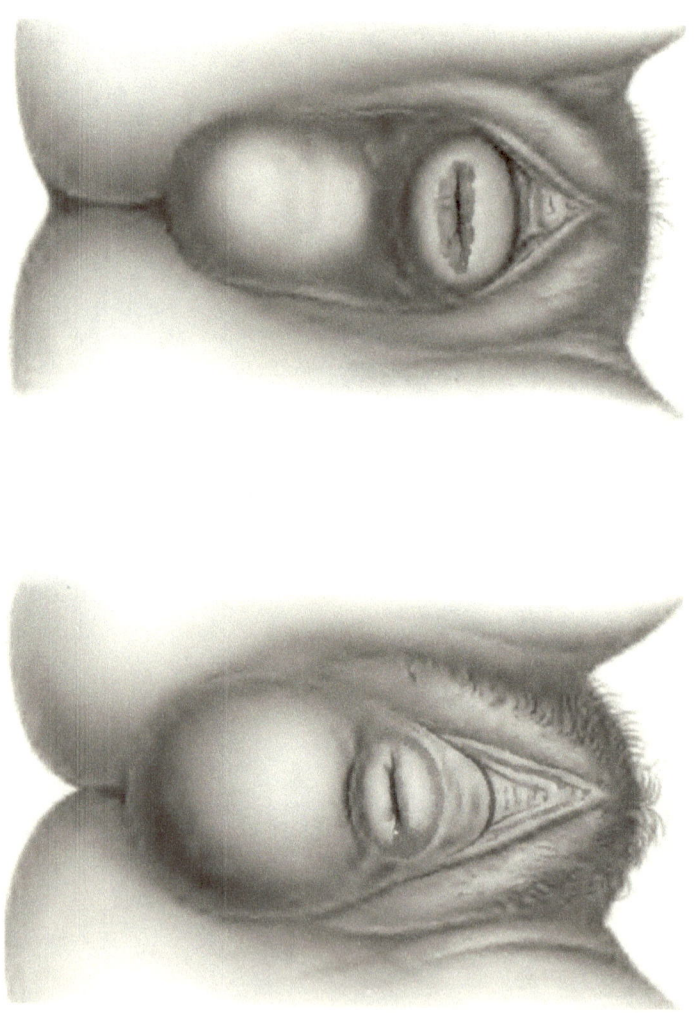

Zu Tafel 27, Fig. 1: *Prolapsus completus uteri retroflexi: Erosio simplex.* Ohne Rectocele! (vgl. d. folg.) (Orig. Aquar.)

Zu Tafel 27, Fig. 2: *Prolapsus completus uteri retroflexi cum Rectocele.* Gekerbter Mm. (Orig. Aquar.)

Zu Tafel 26. Anatomia completa vom Brustamputat. Diese Abbildung verdanken wir Herrn Rektor Prof. Aschaffenburg von der Heidelberger Frauen-Klinik.

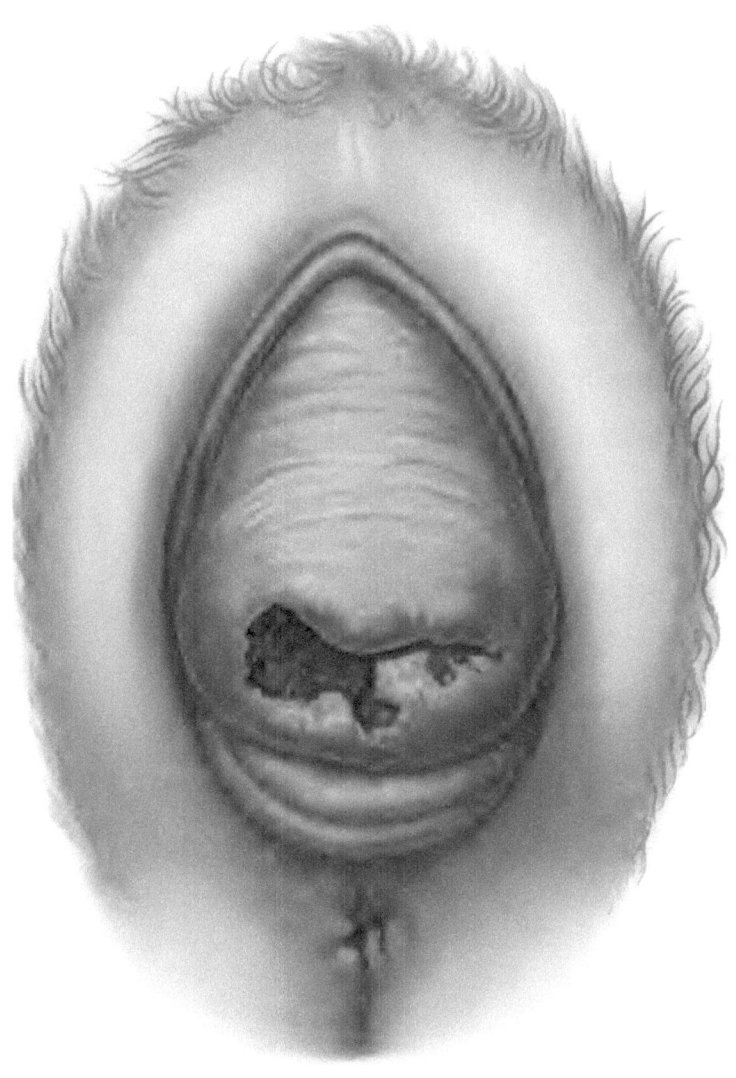

Lith Anst v. F. Reichhold, München

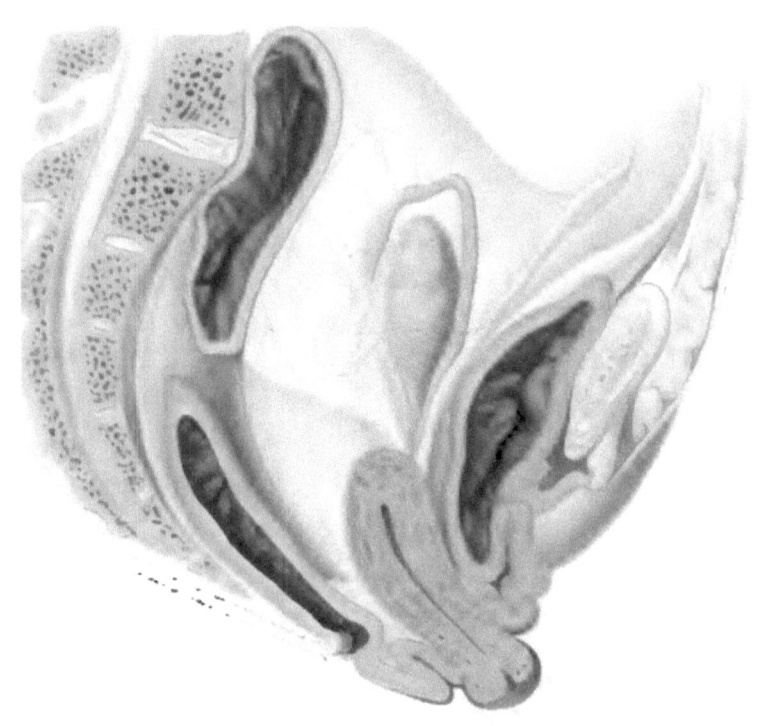

Zu Tafel 29: *Artificieller Prolaps* zu operativem Zwecke. nebst dadurch entstandener Inversio vaginae et Cystocele. Zuerst tritt der Uterus in Retroversionsstellung und der weiter ausgeübte Zug dirigirt das Organ im geraden Verlauf der Scheidenachse abwärts (vgl. die punctirten Linien, welche die normale Anfangslage und die dann eingenommene künstliche Übergangsstellung andeuten.) Ebenso vollzieht sich der pathologische Prolaps auch! (Orig. Schema-Entwurf unter theilweiser Benutzung einer Beigelschen Zeichnung.)

Zu Tafel 30: *Prolapsus uteri completus; Cystocele.* Nachweis durch Einführung der Sonde (Richtung derselben! Sondenführung durch die Hand Schreibfederförmig!) (Orig. Entwurf.)

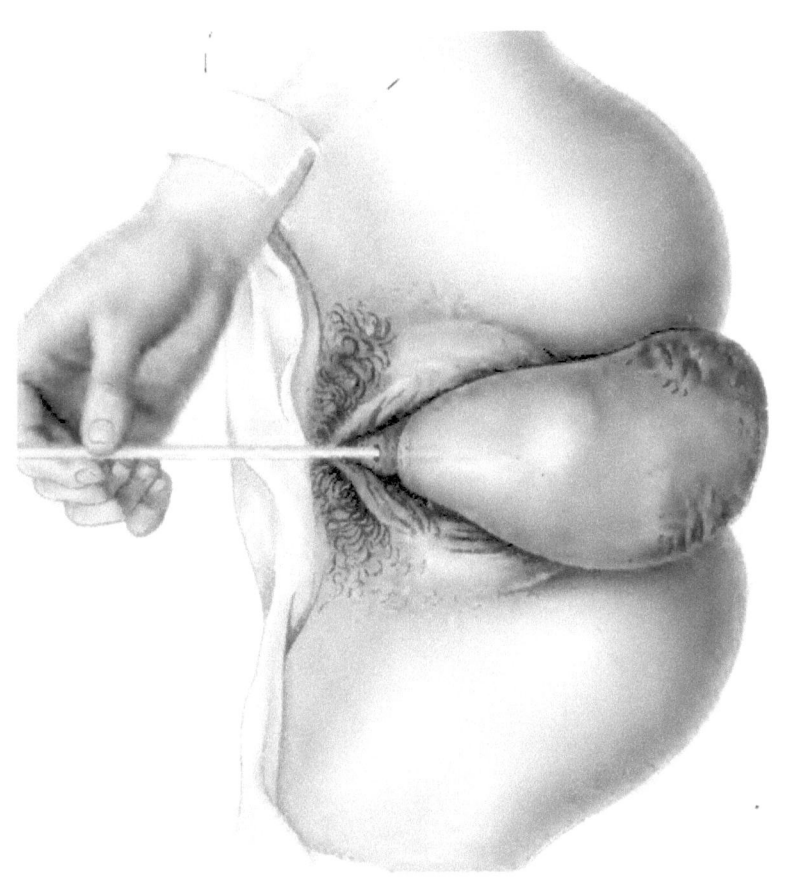

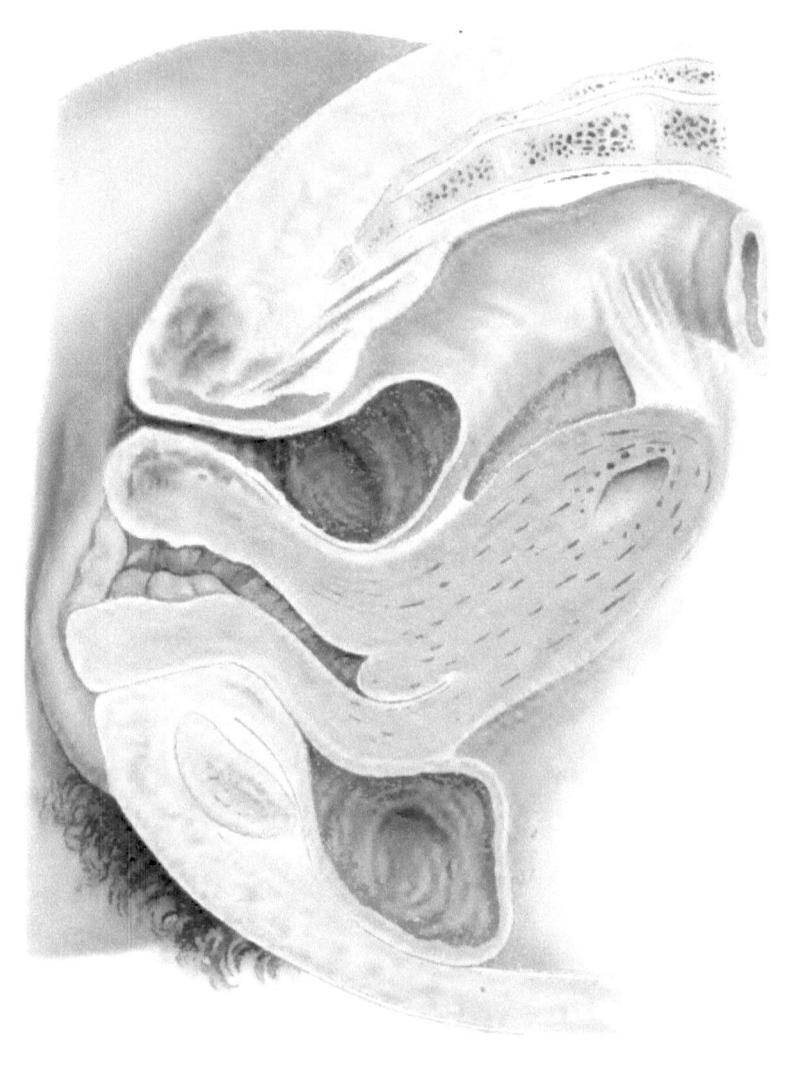

Zu Tafel 31: *Retroversio uteri* (I. G r a d e s) *fixata et Conglutinatio Cervicis (Atresia aquisita.)* Ein peritoneales Pseudoligament hält den Uterusfundus retrovertirt fixirt. Durch Ätzung oder senile Vorgänge kommen Verklebungen und spätere Atresien der Cervix zu stande. Veränderte Richtung der Scheide bei Retroversio uteri. (Orig. Aquar. v. einem Präp. der Münch. Frauen-Klinik.)

Zu Tafel 32: *Prolapsus incompletus uteri: Elongatio partis intermediae colli et hypertrophia „circularis" portionis vaginalis. Inversio vaginae anterior: Cystocele.* Das hintere Vaginalgewölbe ist fast in normaler Höhe erhalten (vgl. Taf. 24. Fig. 1.) (Orig. Aquar. v. ein. Präp. der Münch. Frauen-Klinik.)

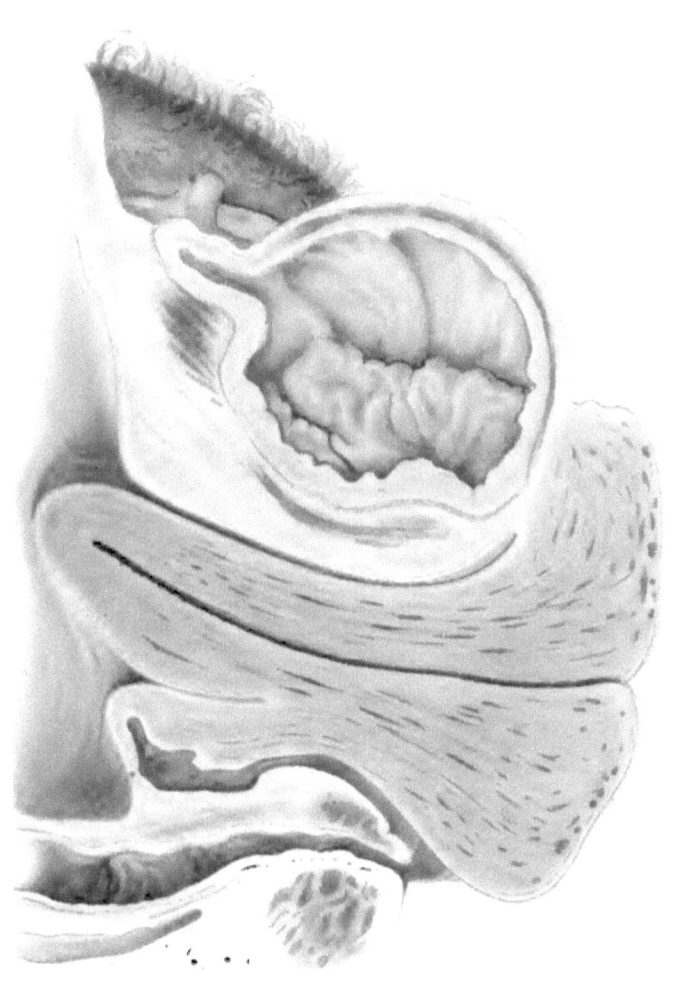

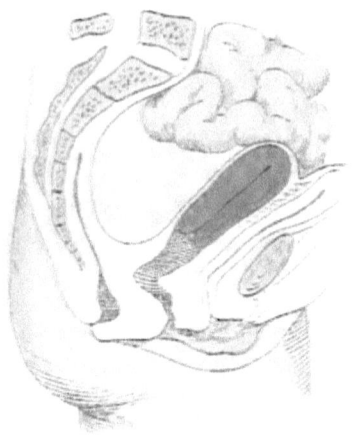

Fig. 1.

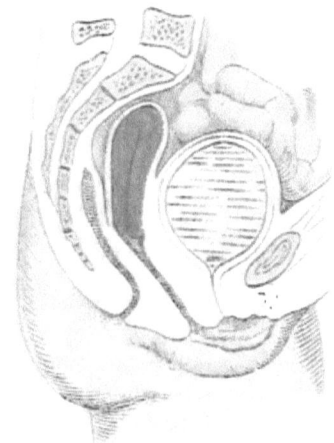

Fig. 2.

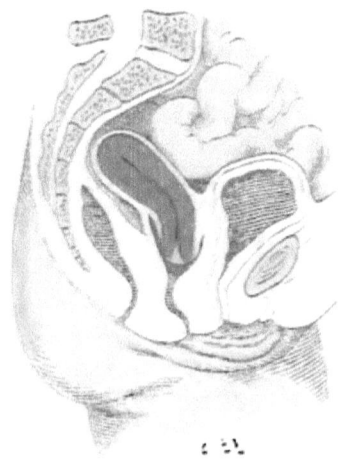

Fig. 3.

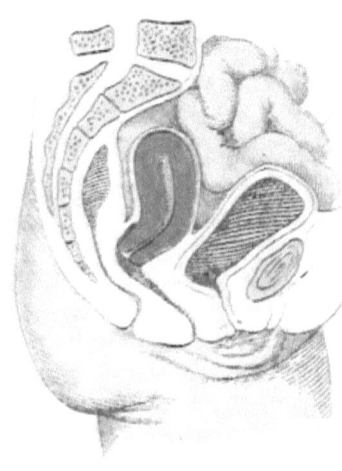

Fig. 4.

positio uteri fixati (gefälteltes, gekrümmtes Scheidenrohr). Dieselben peritonitischen Vorgänge, welche wir auf Taf. 17 und 20 kennen lernten — oder auch andererseits Senkungsperitonitiden von anderen Abdominalorganen — bewirken eine Exsudatansammlung in der Excavatio recto-uterina, und die adhäsive Serosaverklebung der den Douglas-Raum überlagernden Darmschlingen bewirkt eine dachartige Abkapselung dieses Pseudo-Tumors. — Die Gebärmutter ist adhäsiv bis zum Fundus an der Blase fixirt. (Orig. Schema-Zeichn.)

Zu Tafel 33, Fig. 2: *Retropositio uteri* durch gefüllte Blase. Zugleich ist die Gebärmutter durch ihre natürliche Verwachsung mit der Blase gehoben und die Scheide gestreckt. Der Uteruskörper ist gegen den Hals gestreckt, steht also vertikal über der Vagina und mit seiner Längsachse in der gleichen der Scheide. Diese Stellung ist **prädisponirend für prolapsus uteri**: somit kann die häufige Gewohnheit in **puerilem Alter**, die Blase nicht gehörig zu entleeren, Veranlassung zum Uterusdescensus geben. (Orig. Schema-Zeichn.)

Zu Tafel 33, Fig. 3: *Descensus et Retroflexio uteri I. Grades*, hervorgerufen durch **Erschlaffung der Douglas'schen Falten**, zu erkennen an dem **tiefen Herabragen** der vertikal stehenden Portio vaginalis und an der Krümmung des Vaginalrohres. Diese Symptome repräsentiren das Bild der Erschlaffung der Genitalien und ihrer Stützapparate (**Ligamenta** und Beckenboden) als Prädisposition zum Vorfall der Genitalien. (Orig. Schema-Zeichn.)

Zu Tafel 33, Fig. 4: *Retroflexio uteri I. Grades* **bei normal gerichtetem Collum**, bewirkt durch **parametrane Schrumpfschwielen**, welche Letzteres gegen die Blase fixirt halten (vgl. § 11. Aetiologie), worauf der Druck der Därme combinirt mit Schlaffheit der Uteruswandung und event. Rückenlage (Puerperium z. B.) den Gebärmutterkörper zurückdrängen. (Orig. Schema-Zeichn.)

Zu Tafel 34, Fig. 1: *Anteflexio uteri II. Grades* (Fundus uteri mit der Portio vaginalis in gleicher Höhe!) durch *hintere perimetritische Fixation* oder *parametrane Schrumpfschwiele der Douglas'schen Falten* in der Höhe des inneren Mm.'s. Klaffen des äusseren Mm.'s. Druck auf die Harnblase. Die pararectalen Stränge rufen lebhafte Obstipationsbeschwerden hervor (vgl. § 10, Symptome.) (Orig. Schema-Zeichn.)

Zu Tafel 34, Fig. 2: *Anteflexio uteri I. Grades.* (seltener Befund) bei horizontal liegendem Collum, durch parametrane Stränge gegen die Blase gezerrt, so dass diese gegen den inneren Mm. hin ein Divertikel bildet. Der Uteruskörper steht vertikal. Der Mm. sieht nach vorn und etwas oben. Das Scheidengewölbe ist nach vorn gezerrt, so dass die Vaginalachse vertikal steht. (Orig. Schema-Zeichn.)

Zu Tafel 34, Fig. 3: *Anteflexio uteri infantilis cum Stenosi cervicalis et Dysmenorrhoea* (durch Stauung) (vgl. § 3, 3 u. 4) (Orig. Schema-Zeichn.)

Zu Tafel 34, Fig. 4: *Anteflexio uteri III. Grades* (Fundus uteri tiefer als Portio vaginalis), hervorgerufen durch einen submucösen Uteruspolypen (Fibromyoma.) (Orig. Schemazeichn.)

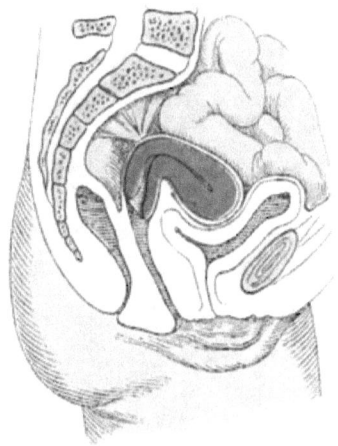

Fig. 1.

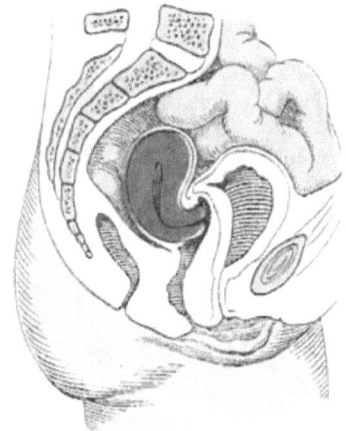

Fig. 2.

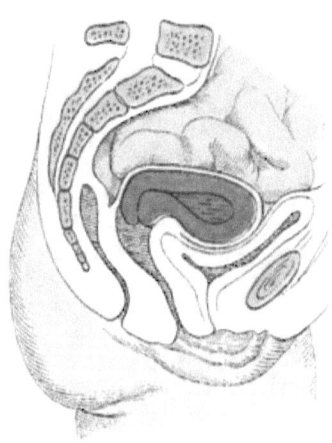

Fig. 3.

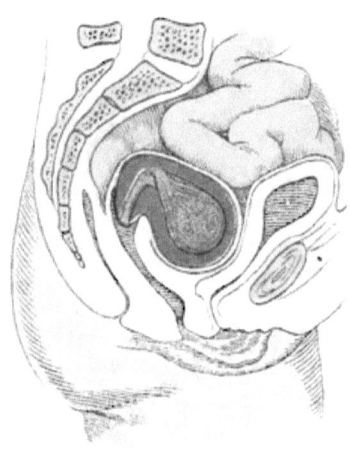

Fig. 4.

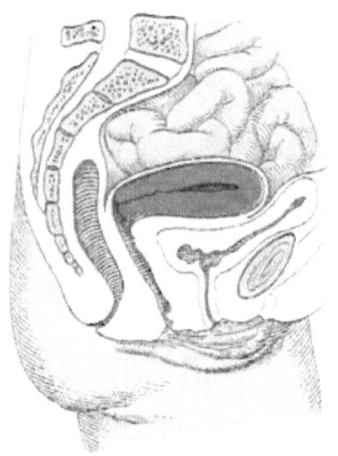

Fig. 1.

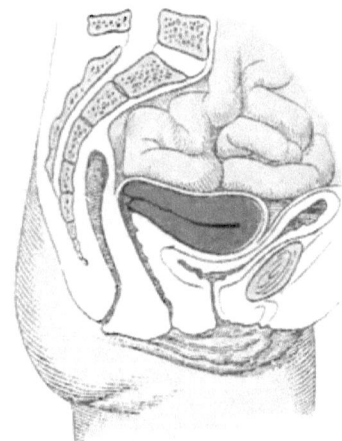

Fig. 2.

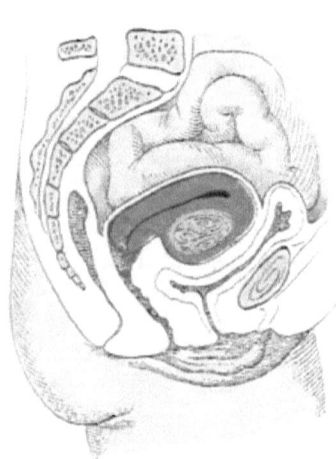

Fig. 3.

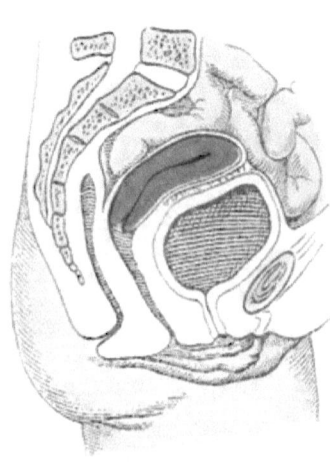

Fig. 4.

Zu Tafel 35, Fig. 1: *Anteversio uteri;* bei leerer Blase normale Stellung, wenn Uterus nicht fixirt. Vagina normalerweise von hinten oben nach vorn unten. (Orig. Schema-Zeichn.)

Zu Tafel 35, Fig. 2: *Anteversio uteri;* pathologisch, da Fundus uteri tiefer als Portio. Mm. sieht nach hinten oben: Portio gehoben. Blase gedrückt. Gewöhnlich bedingen zwei zusammen auftretende krankhafte Zustände diese Lage: 1) Metritis chronica, also Parenchymveränderung des Uterus; 2) Perioder Parametritis, derart dass entweder das Collum nach hinten — oder das Corpus uteri nach vorn adhärent ist. Durch die Metritis chronica ist das Organ „steif" geworden, also unfähig, geknickt zu werden. (Orig. Schema-Zeichn.)

Zu Tafel 35, Fig. 3: *Myoma intramurale corporis uteri anterius,* eine Anteflexion II.—III. Grades vortäuschend; die Sondenuntersuchung schützt vor dieser Verwechslung. Druck auf Blase. (Orig. Schema-Zeich.)

Zu Tafel 35, Fig. 4: *Anteversio (s. Anteflexio) uteri fixata (*zugleich *Retroposition)* bei gefüllter Blase; der an die Blase parametran fixirte Körper wird durch die Füllung derselben gehoben und, wenn der Knickungswinkel noch nicht „steif" geworden ist, tritt Streckung der Uterusachse ein. (Orig. Schema-Zeichn.)

Zu Tafel 36, Fig. 1: *Retroversio uteri fixati* (Orig. Schema-Zeichn.): Gebärmutter ungeknickt vertikal stehend, fixirt durch sacro- et recto-uterine Adhäsionen bezw. durch die s c h w i e l i g v e r - k ü r z t e n L i g a m e n t e des Uterus. Scheide durch die E l e v a t i o n g e s t r e c k t.

Bei R e t r o v e r s i o n e n sind Veränderungen der Ligamente für sich Hauptursache der Deviation: bei R e t r o f l e x i o n e n Veränderung des U t e r u s p a r e n c h y m s + Ligamenta. Die Retroversio geht leicht in Retroflexio über. Die Adn e x a liegen meist ü b e r und seitlich vom Uterus, ausgenommen, wenn sie im Douglas fixirt sind.

Zu Tafel 36, Fig. 2: *Retroflexio uteri* (I. G r a d e s, F u n d u s h ö h e r a l s P o r t i o) *fixati;* Gebärmutterkörper durch perimetritische Adhäsionen (Exsudatreste) in der ganzen Länge a n d e r D o u g l a s s e r o s a fixirt. Portio nach vorn gedrängt: v o r d e r e Mm.-Lippe v e r d ü n n t, ebenso die vordere Collumwand: h i n t e r e Lippe v e r d i c k t. Scheide durch die Senkung gefältet. Druck der Därme auf die Gebärmutter. (Orig. Schema-Zeichn.)

Zu Tafel 36, Fig. 3: *Leichte Retroflexion* und *Descensus des puerperalen Uterus* durch Schlaffheit der Genitalien (Rückenlage, Druck der Abdominalorgane — späterhin schwere Arbeit etc.) (vgl. mit der normalen Lage des puerperalen Uterus in Atl. I, Fig. 20.) Sehr oft ist p u e r p e r a l e M e - t r i t i s Ursache der Subinvolutio uteri. (Orig. Schema-Zeichn.)

Zu Tafel 36, Fig. 4: *Retroversio uteri* (III. Grades, Fundus tiefer als Portio) d u r c h A u f - l a g e r u n g eines O v a r i a l k y s t o m e s. Mm. sieht nach v o r n und oben: Scheide vertikal, gestreckt. Druck auf das Rectum! (Orig. Schema-Zeichn.)

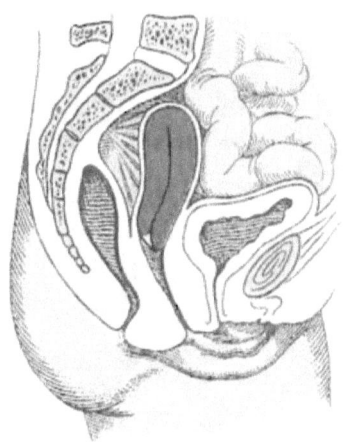

Fig. 1.

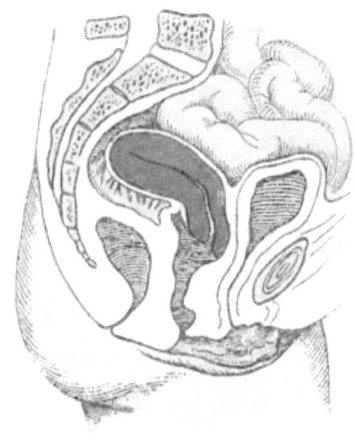

Fig. 2.

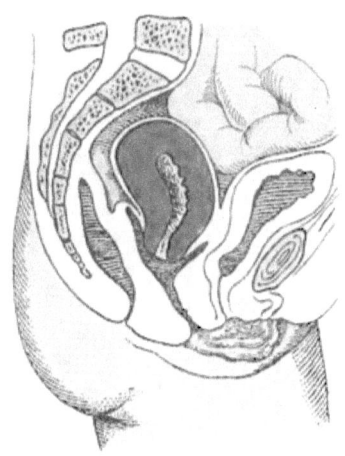

Fig. 3.

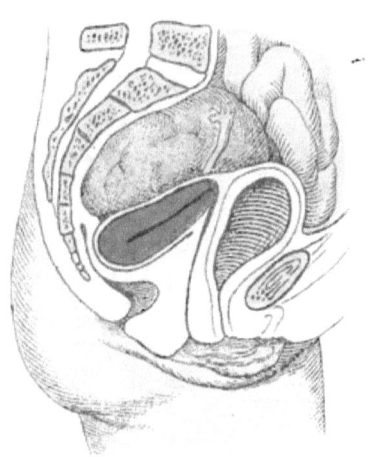

Fig. 4.

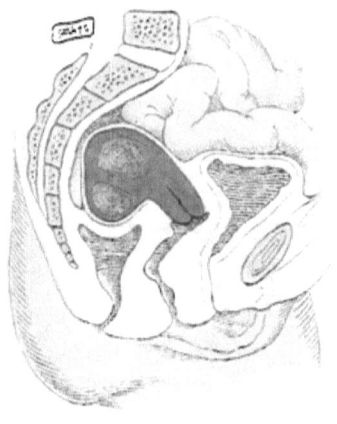

Fig. 1.

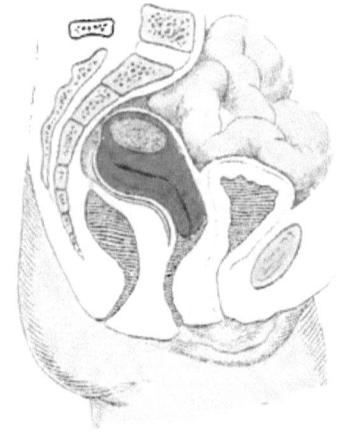

Fig. 2.

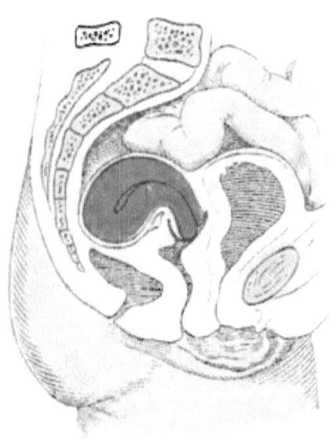

Fig. 3.

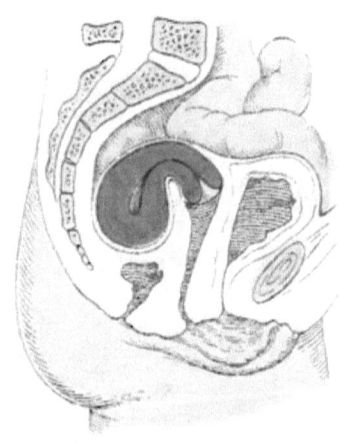

Fig. 4.

Zu Tafel 37, Fig. 1: *Retroversio uteri durch 2 intramurale Körpermyome,* palpatorisch eine Retroflexion II. Grades vortäuschend! Die Sonde weist die Richtung des Uterinkanales nach und damit das wahre Verhältniss. Mm. nach vorn: Rectum gedrückt: Obstipation; der Douglas-Raum ausgefüllt. Auch Urinbeschwerden. (Orig. Schema-Zeichn.)

Zu Tafel 37, Fig. 2: *Uebergang von Retroversio zu Retroflexio uteri durch ein intramurales Myom der vorderen Körperwand;* wie vor. (Orig. Schema-Zeichn.)

Zu Tafel 37, Fig. 3: *Retroflexio uteri III. Grades* (Fundus in Höhe der Portio): *Descensus,* erkennbar an der gefälteten Vaginalwand (Mm. also tiefer als Interspinallinie.) Druck auf Rectum. Mm. nach vorn gerichtet. Der Uteruskörper füllt den Douglas-Raum aus. Verdickung der hinteren Wand und Lippe, Verdünnung der vorderen. (Orig. Schema-Zeichn.)

Zu Tafel 37, Fig. 4: *Retroflexio uteri III. Grades* (Fundus tiefer als Portio): *inveterirter Fall:* Mm. nach vorn, weit klaffend (Ektropion); vordere Collumwand und Mm.-Lippe verdünnt. Hochstand der Portio; gestreckte vertical gerichtete Scheide. Douglas-Raum durch Uterus ausgefüllt. (Orig. Schema-Zeichn.)

Zu Tafel 38 und Tafel 39: *Manuelle · Reposition eines retroflectirten Uterus* (I.—II. Grad). I. Griff: Der Uteruskörper wird vom hinteren Vaginalgewölbe aus mit Zeige- und Mittelfinger getastet. II. Griff: während diese 2 Finger das Organ in die Höhe drängen, dringt die andere Hand, den Beckeneingang unter langsamem Eindrücken überdachend, ihm entgegen und tastet, den Uterus nach unten drückend, an dessen Hinterfläche entlang zum Douglas hinunter, bis (III. Griff) sie die innen liegenden Finger berührt. Dadurch verhindert sie die Gebärmutter von oben her, zurückzuschnellen, und die innen gelegene Hand kann das hintere Vaginalgewölbe verlassen, um (IV. Griff) die Portio vaginalis in die Höhe zu drücken, während die äussere Hand den Fundus gegen den Blasenscheitel drängt in die

Normale Lage und Stellung der Gebärmutter.

Die normal gelagerte Gebärmutter liegt im kleinen Becken in Anteversion, d. h. mit der vorderen Fläche schräg der Harnblase zugewandt, mit der hinteren, stärker convexen parallel zur oberen Curvatur des Kreuzbeines, so dass ihre Längsachse von oben-vorn nach unten-hinten verläuft — oder um fixe Punkte anzugeben: der Fundus uteri steht in der Mitte des Conj. vera, der äussere Mm. in der Interspinallinie (vgl. Taf. 40, Fig. 1) u. zw. mehr dem Kreuzbein als der Symphyse genähert.

Diese Stellung und dieser Höhenstand sind aber nicht constant: der Uterus ruht in einer labilen Gleichgewichtslage; jede Inspiration drückt ihn tiefer: noch stärker sinkt er beim aufrechten Stehen, aber nur der Fundus, während die Portio sich hebt; er balancirt also um eine Fixationsachse, die dem inneren Mm. entspricht; dieser Theil des Collum uteri ist theils vom supravaginalen Bindegewebe und dem Scheidengewölbe umfasst, theils durch die sacrouterinen Bänder und die Mm. retractores am Kreuzbein suspendirt (vgl. Atl. II. Figg. 30, 31, 34 nebst Erläut. u. ebenda §§ 8, 15, 35). Ebenso gleitet der Fundus bei Rückenlage dorsalwärts, die Portio gegen die Symphyse und ebenso ist die Stellung abhängig von der Füllung der Blase und des Mastdarmes (vgl. die §§ 10 u. 11, Taf. 33, 2; 35, 1 u. 4, u. a.)

Indessen ist der Uterus nicht etwa an Bändern „aufgehängt", sondern dieselben verhindern nur, dass er über eine bestimmte „Schwankungsbreite" von Excursionen hinausgeht. Im Wesentlichen ruht er auf dem Beckenboden, u. zw. indirekt derart, dass die Portio sich gegen die hintere Scheidenwand anstemmt, während das Collum uteri vom Scheidengewölbe und seinem paracervicalen Bindegewebe umfasst wird; das Scheidengewölbe aber wird z. th. durch die im Atl. II. Fig. 34 gezeichneten Ligamente gehalten, zum grösseren Theile aber

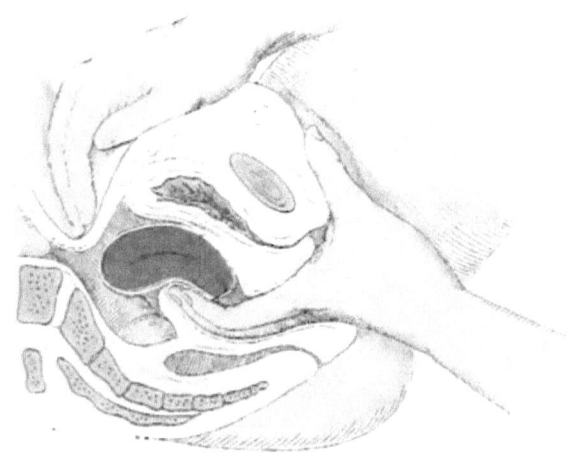

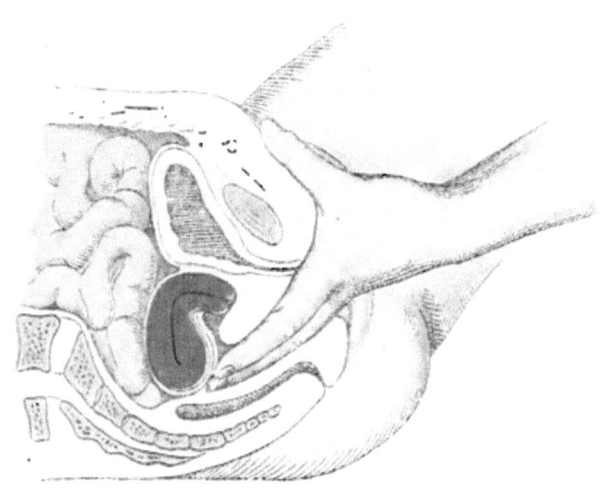

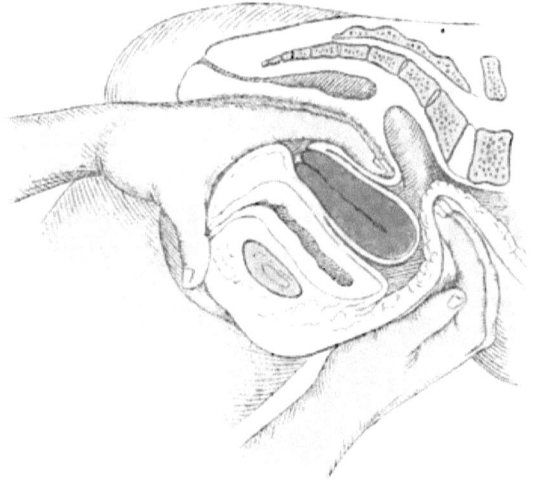

Fig. 1.

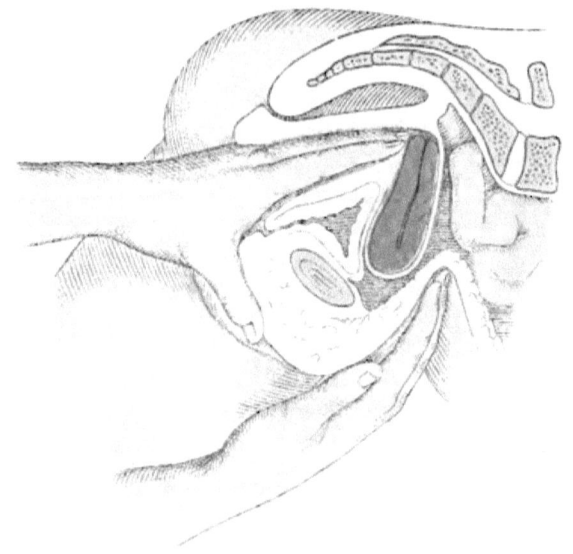

Fig. 2.

durch die Scheidenwandungen selbst und diese werden in ihrer Lage durch den Beckenboden, d. h. durch die Mm. constrictor cunni u. levator ani und durch das Aufstützen auf den Damm. Die vordere Scheidenwand stützt sich oben auf die hintere, — unten auf den Damm; die hintere stützt sich ganz auf den Damm. Die Integrität des Dammes ist also ein wichtiger Schutz gegen den Descensus der inneren Genitalien. aber nicht der alleinige, und ebenso verhält es sich bezüglich der Stärke der Ligamente für sich allein. Zu bedenken ist. dass normale Trag- und Stützapparate einem abnorm grossen Druck von oben (Tumoren) oder Zug nach unten nicht gewachsen sein können. Umgekehrt wirkt der Luftdruck bei offener Scheide unterstützend für die Stützapparate (Knieellenbogenlage mit eingeführtem Sims'schen Speculum; vgl. Atl. II, Fig. 32b). Die Ligg. rotunda haben eine sehr geringe Wirkung — nur wie lose Zügel.

Die *Grösse* der Gebärmutter wirkt ebenfalls auf diese Verhältnisse ein (Inhalt = Tumoren, Gravidität). Was normale Grösse, Form und Structur derselben sowie der Adnexorgane anlangt vgl. Atl. II, §§ 9, 10, 13 bis 17 und Fig. 28, 30, 31, 33 bis 51.

Der Douglas liegt bei normaler Lage 7 cm über dem Anus, — die Excavatio vesico-uterina $7^1/_2$ cm über dem Orificium urethrae.

Die Uteruslänge, aussen gemessen, beträgt
bei Jungfrauen = 6—8 cm, das Gewicht = 40 gr;
„ Frauen   = 8—10 „   „   „   100 „

Die Breite beträgt:
des Fundus { bei Jungfrauen = 4 — 5 cm.
           { „ Frauen   = $5^1/_2$—$6^1/_2$ „
des Collum = 2—$2^1/_2$ cm;
die Tiefe { bei Jungfrauen = 2—3 cm.
          { „ Frauen   = 3—$3^1/_2$ „

Die Uterinhöhle (Sonde!) beträgt an Länge:

	ganz	Körper	Hals
am unreifen Uterus	2,6	0,8	1,8
„ reifen virginellen Uterus	5,4	3,2	2,2
„ gravid gewesenen Uterus	5,9	3,3	2,6

Das Secret des Uteruskörpers ist dick ölartig, der Cervix eiweissartig, gallertig: beide alkalisch, mucinhaltig (gerinnt durch Essigsäure).

Zu Tafel 40, Fig. 1: *Bimanuelle Exploration; Normale Lage und Stellung der Gebärmutter* (vgl. Erklär. z. vor. Taf.); *normale Lagerung von Ovarien und Tuben:* Letztere Beide palpabel bei schlaffen Bauchdecken und in 60°-Stellung angezogenen Beinen als zwischen den Fingern durchgleitende runde Stränge, bzw. mandelgrosse Körper, die sich aber nicht fixiren lassen. Die Eierstöcke liegen 2 bis 3 cm seitlich hinter dem Uterus gegen die Beckenwand hin und an den Mediankanten der Mm. psoades. Auch die gesunden Eierstöcke sind ganz spezifisch druckempfindlich.

Zu Tafel 40, Fig. 2: *Retroflexio uteri* aller 3 Grade: I.° = Fundus höher als Portio. — II.° = in der Höhe der Portio, — III.° = tiefer. —

Zu Tafel 40, Fig. 3: *Retroversio uteri* aller 3 Grade: wie vor.

Zu Tafel 40, Fig. 4: *Anteversio und Anteflexio uteri*. Beide v e r u r s a c h t durch ein Myom; v e rs c h i e d e n e Wirkung je nach dem S i t z — im Collum oder im Corpus uteri.

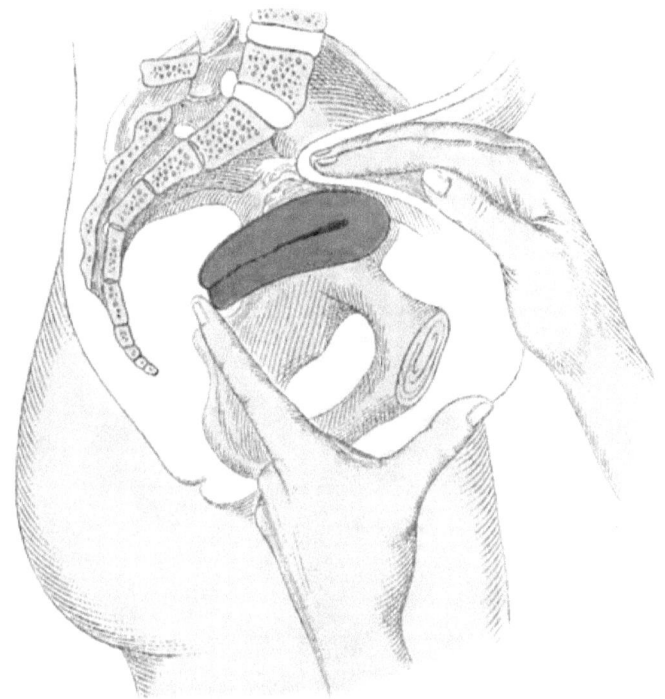

Fig. 1.

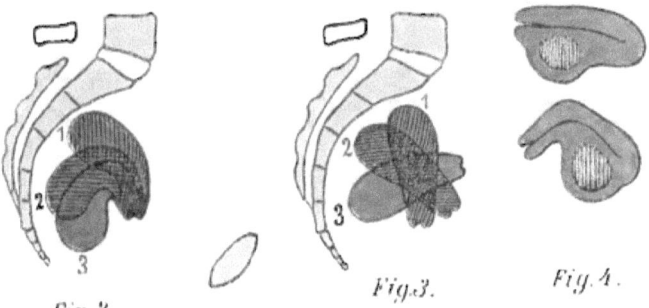

Fig. 2. Fig. 3. Fig. 4.

Tab. 41.

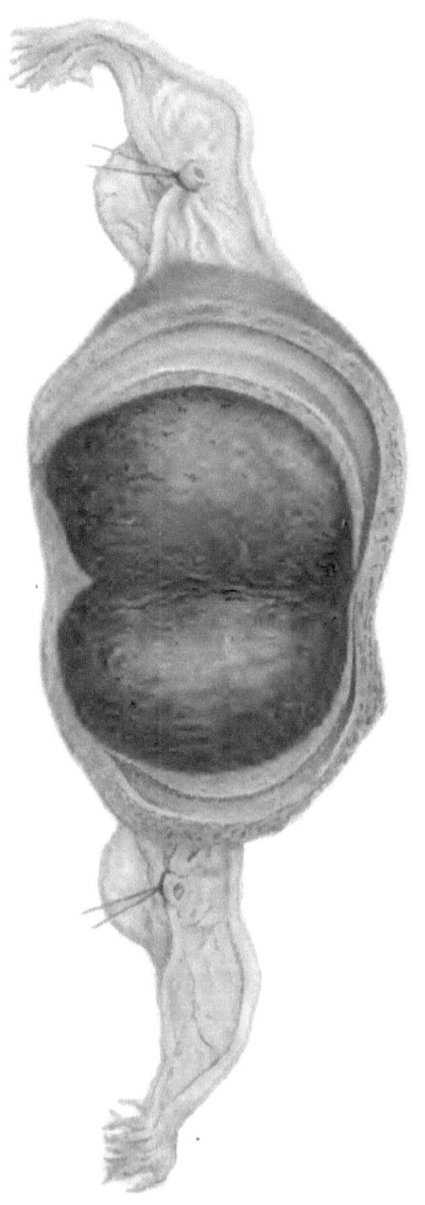

Zu Tafel 41: *Myoma haemorrhagicum intramurale submucosum posterius.* (Orig. Aquar. n. ein. Operat.-Präp. d. Heidelberger Frauenklinik). Wir sehen die vordere Wand des supravaginal amputirten Gebärmutterkörpers geöffnet und das ganze Lumen des Körperinnern durch einen runden (derbelastischen) Tumor ausgefüllt, der auf unserer Abbildung in zwei Hälften geschnitten und auseinander geklappt ist. Seine — bei der bimanuellen Untersuchung fast eine Fluctuation vortäuschende — Elastizität erklärte sich daraus, dass das musculäre Fasergewebe ganz von Haemorrhagien durchtränkt war.

Die *Fibromyome* bestehen aus glatten Muskelfasern und theils straffem, theils lockerem Bindegewebe (vgl. Taf. 46, Fig. 2). Sie entspringen der Muscularis (Uteri, Vaginae, Ovarii, lg. rotundi), u. zw. des K ö r p e r s der Gebärmutter zunächst *intramural* oder *intraparietal*, um von da sich verschiedene Wege nach aussen zu bahnen (vgl. Abbild. i. Text, Kap. über die „Myome"!) Man unterscheidet demnach:

1) Fibromyoma intramurale (vgl. obige Abbild. im Text und Taf. 44, 2);
2) Fibromyoma submucosum (vgl. unsere Fig.): Der Tumor sitzt noch breitbasig z. th. in der Wandung;
3) Fibromyoma submucosum polyposum (vgl. Taf. 44, 2): Der Tumor hat sich mit einem Stiel in das Uteruslumen hineingestülpt;
4) Fibromyoma cervicale (vgl. Abbild. i. Text): Der Tumor hat sich intraparietal in die Cervicalwand gesenkt;
5) Fibromyoma subserosum (vgl. Taf. 42, 4 und Figg. i. Text): Der Tumor drängt das Peritoneum vor;
6) Fibromyoma subserosum-polyposum (vergl. Taf. 44, 1): Der Tumor schnürt sich in die Bauchhöhle hinein vom Uterus ab und zieht einen Stiel aus;
7) Fibromyoma intraligamentarium: Der Tumor wächst parametran zwischen die Blätter des Lig. lat. hinein.

Zu Tafel 42, Fig. 1: *Freier Ascites* bei aufrechter Stellung der Patientin (Orig. Schema-Zeichn.). In Rückenlage sinkt die Flüssigkeit (serös oder sanguinolent) gegen die Wirbelsäule. Die vordere Grenze der Percussionsdämpfung sinkt demnach herab. Die Grenze verläuft in einer brustwärts concaven Linie (während Tumoren eine wenig verrückbare, nach oben convexe Grenze haben). Bei Seitenlagerung verschiebt sich die Grenze wieder derart, dass sie der tiefstliegenden Seite zuströmt; die obere Bauchseite also tympanitischen Ton (anstatt des eben percutirten gedämpften) erhält. Bei Percussions-Palpation erhält man das Phänomen der Fluctuation, der fortgepflanzten Welle.

Ascites kommt vor bei malignen Tumoren (malignes papilläres Ovarialkystom, Ovarial- und Darmkrebs u. a.), Bauchfelltuberculose, Peritonitis exsudativa (abgesehen von Stauungskrankheiten des Herzens, der Lungen, der Nieren, der Leber, im Pfortaderkreislauf u. a.)

Die Punctionsflüssigkeit zeigt geringes spez. Gew,[1] 1010—1015, — mit viel Fibrin, gerinnt bald, Eiweiss[2]), wenn es ein Exsudat ist (bei entzündlichem Processe, z. B. Tuberkulose): alsdann sind darin enthalten: r. u. w. Blutk., Serosaendothelien, Zellen verschiedener Grösse mit Fettkörnchen (einzelne Cholestearinkrystalle); das spez. Gew. kann über 1018 steigen, ein Zeichen, dass es entzündlicher Natur ist — oder als Stauungs-Transsudat ohne Fibrin, ohne Gerinnung, mit nur vereinzelten w. Bl. K. und breiten flachen Serosaendothelien.

Zu Tafel 42, Fig. 2: *Haematocele retrouterina intraperitonealis* (Orig. Schema-Zeichn.): ein plötzlich, gewöhnlich im Anschluss an eine fortgebliebene Menstruation und unter Fieberlosigkeit entstandener prall-elastischer Tumor, der den Douglas in die Scheide vorwölbt und dem Uterus gleichmässig fest anliegt. Späterhin können Fieberanfälle auftreten und aus dem Uterus sich bräunliche Blutmassen entleeren. — *Antepositio uteri*. Nicht selten ragt die Tube mit ihrem abdominalen Ostium in die Blutmasse hinein. Dieselbe ist schichtenweise mit Fibrin umkleidet — wahrscheinlich zu Folge von successiven Blutungen und nach oben mit den Därmen pseudomembranös verklebt. Meist oder vielleicht immer ist Extrauteringravidität die Ursache (J. Veit); nicht selten lassen sich Zotten oder sogar der Embryo nachweisen, wie es mir an einem in der Heidelberger Frauenklinik exstirpirten Präparate betr. eines einmonatlichen Embryos glückte (vgl. Taf. 56.)

---

[1]) Das spez. Gew. Zu messen bei Zimmertemperatur mit dem Aräometer. Wenn über 1018 = entzündliches Exsudat! weil mehr Eiweiss.

[2]) Bestimmung des Eiweissgehaltes: 10—50 ccm mit 10 fachem Volum H_2O verdünnt, zum Sieden erhitzt, mit verdünnter Essigsäure schwach gesäuert. Der Niederschlag mit H_2O, Aether und Alkohol gewaschen, getrocknet und gewogen.

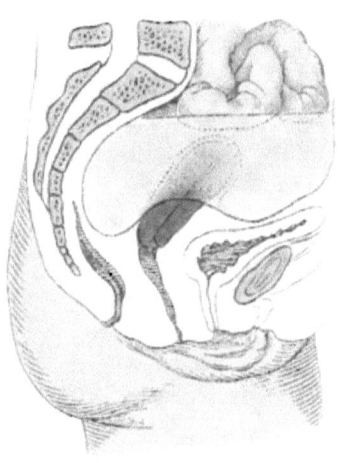

Fig. 1.

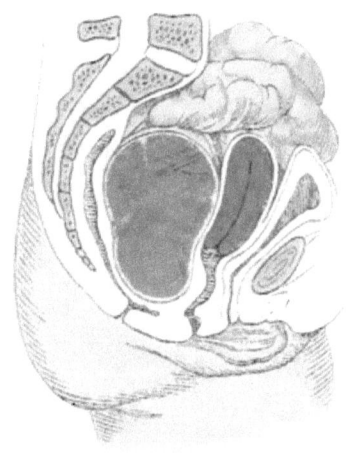

Fig. 2.

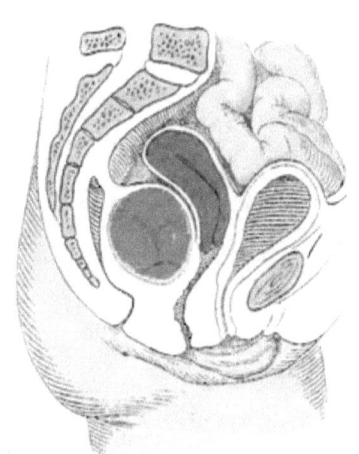

Fig. 3.

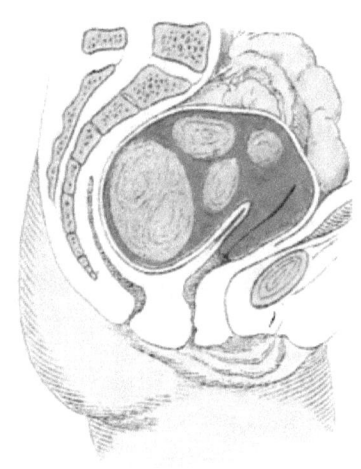

Fig. 4.

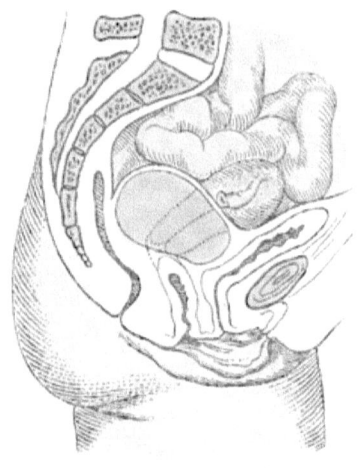

Fig. 1

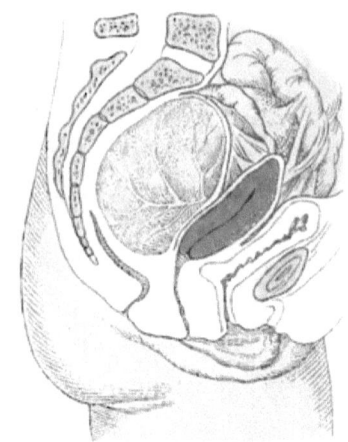

Fig. 2

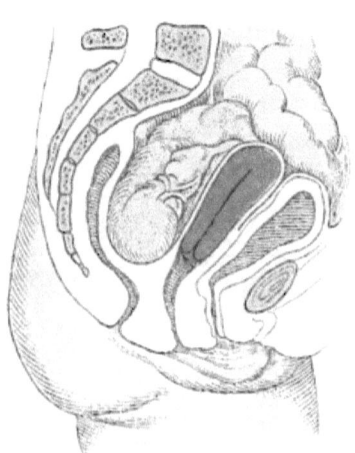

Fig. 3

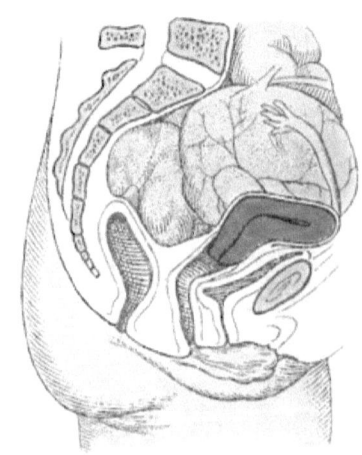

Fig. 4

Sehr selten ist die Haemorrhagie so bedeutend, dass sie über die Ligg. lata hinweg sich in die vordere Excavatio vesico-uterina ergiesst.

Andere Ursachen sind: Haematosalpinx (bei Haematometra durch Atresie), platzende Varicocele und Phlebektasien der Uterusadnexa, Ruptur von Abdominalorganen und Pelvipachyperitonitis haemorrhagica (Perimetritis).

Allmählich wird das Serum resorbirt und es hinterbleibt ein knolliger derber Tumor.

Zu Tafel 42, Fig. 3: *Haematoma retrouterinum extraperitoneale* (Orig. Schema-Zeichn.): *Uterus retrovertirt-flectirt:* Der Douglas ist frei, ist aber, ebenso wie Rectum und Vaginalgewölbe durch einen fluctuirenden Tumor vorgewölbt, der auch als Haematoma subperitoneale pelvicum bezeichnet werden kann. Die Entstehung leitet sich entweder von Gefäss- oder Organzerreissungen her (Atl. II, Fig. 98) oder von Berstung von Phlebektasien.

Zu Tafel 42, Fig. 4: *Mächtiges Myoma subserosum posterius uteri* (Orig. Schema-Zeichn.), als Seitenstück zu den übrigen 3 retrouterinen Tumoren dieser Tafel den Douglas ausfüllend, eine scheinbare Retroflexion vortäuschend (Sonde!); Antepositio uteri: Vorwölbung des Vaginalgewölbes ins Rectum durch einen derben Tumor, der allmählich ohne Fieber entstanden ist und, mit dem Uterus zusammenhängend bimanuell gefunden, jede Bewegung von der Portio direct übertragen erhält.

Zu Tafel 43, Fig. 1: *Parametritis sinistra et posterior* (Orig. Schema-Zeichn.) Durch puerperale oder operative Infection (Laminaria, Intrauterinstift) entsteht eine Entzündung des parametranen (bezw. paravaginalen = Parakolpitis) Bindegewebes und verbreitet sich in die Ligg. lata und sacrouterina. Es entsteht ein gelblich sulziger, teigiger, exsudativer Entzündungstumor (vgl. Taf. 19, Fig. 2 und Taf. 44, Fig. 2), der die Gebärmutter nach der entgegengesetzten Richtung verdrängt. Späterhin tritt schwielige Schrumpfung ein und damit Verlagerungen und weiterhin Knickungen der Gebärmutter als Endresultat des Prozesses. So führt Schrumpfung der Ligg. sacro-uterina zu Anteflexio uteri — des Septum vesico-uterinum colli zu Retroversionen oder Retroflexionen. Andere Deviationen entstehen, wenn sich zu der Parametritis perimetritische Verklebungen gesellen.

Ein anderer Ausgang ist derjenige in Weiterverbreitung retrouterin, in das Darmbein-Bindegewebe und neben der Harnblase. In diesem tritt meist Abscedirung ein und Durchbruch in die Scheide oder Mastdarm oder Blase oder Bauchwand oberhalb des Lig. Poupartii oder Senkung zum Oberschenkel, zum Beckenboden oder durch das Foramen ischiadicum unter die Glutäen.

Die acute Wundinfection kann auch letal verlaufen durch allgemeine schwere Septicämie.

Zu **Tafel 43. Fig. 2**: *Kystoma glandulare multiloculare myxoides intraligamentarium et retroperitoneale Ovarii sinistri* (Orig. Schema-Zeichn.) (vgl. Fig. i. Text. Ov. Kyst.) entsteht aus einer Proliferation des Keimepithels der Graaf'schen Follikel bezw. des oberflächlichen kuboiden Epithels der Ovarien (vgl. Atl. II. Fig. 47), unter der stützenden und gefässführenden Mitwucherung des Bindegewebes (vgl. Taf. 48) = *Kystadenom*.

Zu unterscheiden sind 5 Arten von Eierstocks-Kystomen: 1) K. uniloculare (vgl. Abbild. i. Text) = hypertrophische Eierstocksfollikel (Hydrops folliculorum); 2) K. multiloculare glandulare myxoides = ein vielkammeriger höckeriger Cystencomplex mit einfacher Aussenwandung, gefüllt mit myxoidem-gallertartigem (je nach der Beimengung von Blut gelbgrünlich bis grauschwarz), zähflüssigem Schleim (vgl. Taf. 48). Die Tumoren wachsen mehr oder weniger rasch unaufhaltsam und nahezu unbegrenzt (bis über Körpergewicht). Gefährlich werden sie, wenn sie Kopfgrösse überschreiten (s. unten). An den Uterus fixirt und ernährt werden sie durch einen Stiel, der, nachdem das ganze Eierstocksgewebe in dem Tumor aufgegangen ist, aus dem Lig. latum mit der Tube und dem Lig. ovarii besteht. Nur bei den intraligamentären Tumoren (vgl. die zugehörige Fig. 2) fehlt der Stiel: bekanntlich ist nur die vordere Fläche des Eierstocks (vgl. Atl. II. § 16) in das lig. latum (= Mesovarium) eingesenkt, während die hintere zum Douglas-Raum gerichtete Fläche nicht von Serosa bedeckt ist. Wächst ein Kystom von dem vorderen Theile aus, so gelangt es in das Bindegewebe zwischen den beiden Blättern des Ligam. latum, also „intraligamentär": wird der Tumor grösser, so entfaltet er die hintere Lamelle nach oben, hebt den Douglas und gelangt „retroperitoneal" (vgl. Fig. 2) an die Wirbelsäule.

Dieser „Stiel" ist für die Ovarialtumoren pathognostisch und nach Taf. 62, Fig. 3 nachweisbar! Er ist bei grösserem Tumor meist spiralig gedreht (vgl. Fig. i. Text). Diese Stieltorsion erfolgt durch die Darmperistaltik, die abwechselnde Füllung und Leerung der Abdominalorgane und Körperbewegungen, u. zw, bei linksseitigen Tumoren häufiger rechtsläufig um 1—2 Quadranten. Durch mehr als 1 Spiraldrehung erfolgen Circulationsstörungen und Extravasate in den Tumor und Haematombildungen im Stiel; die secundären Ernährungsstörungen führen zu „regressiven Metamorphosen": beide Consequenzen sind bedenklich, um so mehr, je rascher die Compression eintritt (Nekrose, Bersten der myxoid degenerirten Wandung = Taf. 47, Fig. 4. Zersetzung, Peritonitis). Gelangen colloide Massen in die Bauchhöhle, so organisiren sie sich daselbst auf der Serosa

---

[1] Steffeck wies Ovula in jungen Cysten von Kystadenomen nach.

und bilden das Myxoedema peritoneale (Pseudomyxoma peritonei, Werth).

Bei grösseren Tumoren bilden sich stets fibrinöse Auflagerungen und Adhäsionen, weil das metamorphosirte Oberflächenepithel sich abstösst. Zuweilen verlöthet das Fimbienende der Tube mir einem beginnenden Kystom; schwindet dann die Zwischenwand, so entsteht eine Tuboovarialcyste.

3) Kystoma proliferum papillare (vgl. Erläuterung zu der Abbild. i. Text sub ov. Kyst.

4) Traubenkystome (Olshausen) unterscheiden sich von den Kystadenomen dadurch, dass mehrere Blasen mit nichtcolloidem, wohl aber Eiweissreichem Inhalte einem Stiele aufsitzen und, selbst wenn sie breitbasig aufsitzen, keine glatte grosskugelige Oberfläche haben, sondern eine Menge kleiner Blasen (wie eine Hydatidenmole, vgl. Atl. II. Fig. 130).

5) Dermoidkystome (vgl. Taf. 17, Fig. 2; 45, 4).

Zu Tafel 43, Fig. 3: *Pyosalpinx* sinistra (vgl. Taf. 18 und 19, 62). (Orig. Schema-Zeichn.)

Zu Tafel 43, Fig. 4: *Kystadenoma ovarii carcinomatosum* (Orig. Schema-Zeichn. n. einem Falle i. d. Heidelberger Frauenklin.): der Uterus ist anteflectirt und anteponirt durch ein darauf und dahinter liegendes Myxoidkystom. Dasselbe ist carcinomatös degenerirt und die soliden Massen sind in dem Boden des Douglas eingewuchert und umgeben das Rectum derart fest, dass das Lumen desselben durch die starre Stenose unpassirbar geworden ist. Ascites, zahlreiche Adhäsionen und Metastasen aller Organe in solchen Fällen. In diesem Falle musste ein künstlicher After angelegt werden.

Das Ovarialcarcinom tritt in verschiedener Form auf: 1) papillär-solide; 2) gleicht dem papillären Kystadenom, aber solider; 3) gleicht dem multiloculären Kystadenom, aber mit Erweichungsherden; 4) Metastasen des Gebärmutter-Carcinoms: diffuse Knötchenbildung in dem vergrösserten Ovarium (sehr selten).

Zu Tafel 44, Fig. 1: *Fibromyoma subserosum polyposum uteri* (Orig. Zeichn. n. ein. Präp. d. Münch. Frauenklinik) (vgl. Taf. 41 und die Abbild. i. Text sub „Myom"): der Tumor ist aus concentrisch geordneten Lamellenmassen zusammengesetzt.

Zu Tafel 44, Fig. 2: *Myomatose des Uterus; parametritische Schwellung* neben *dem Collum uteri und Vaginalgewölbe*. Myomata intramuralia fundi uteri: Myoma submucosum fundi uteri: Fibromyomata polyposa submucosa corporis uteri. Stiel lang ausgezogen und torquirt: die Tumoren haben den Mm. erweitert und sind durch die Zusammenschnürung dunkelblauroth verfärbt (vgl. Tafel 16. 41). (Orig. Zeichn. n. ein. Präp. d. Münch. Frauenklinik).

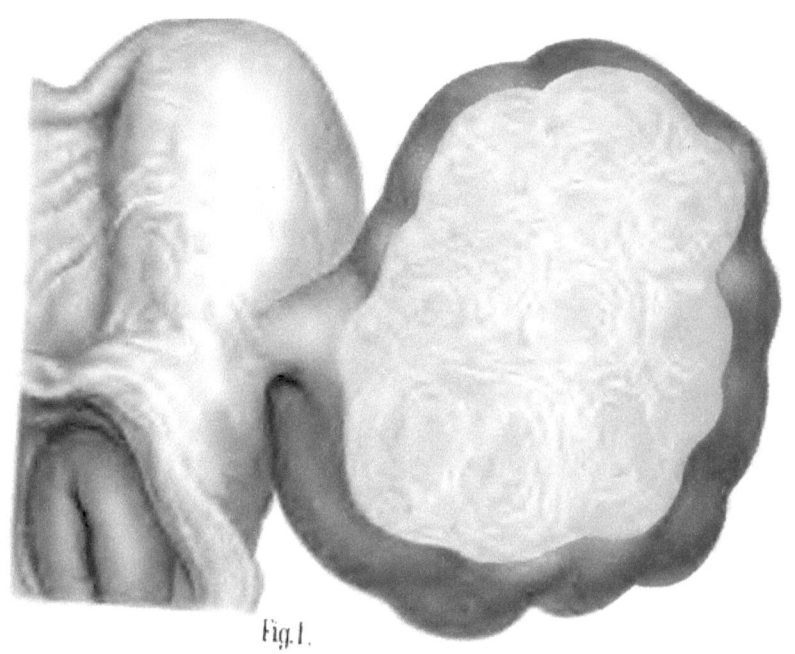

Fig.1.

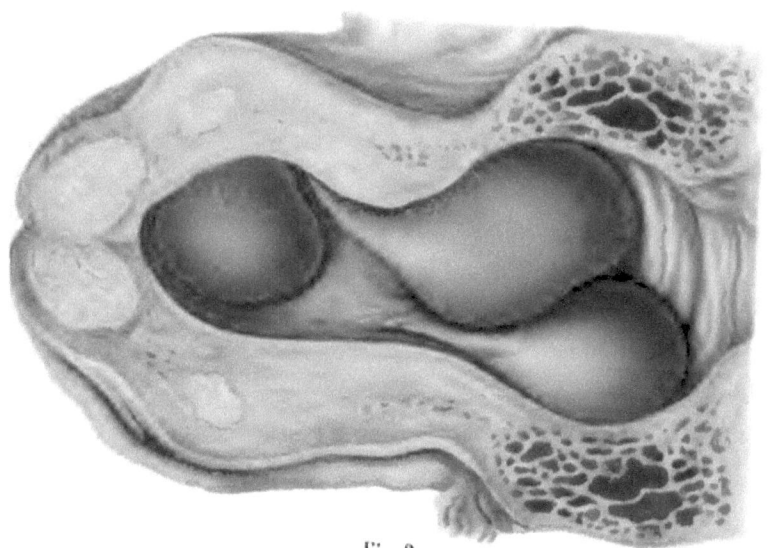

Fig.2.

noms. vgl. Taf. 7, Fig. 3). Die mit flimmerndem Cylinderepithel ausgekleideten glandulären Räume (1) gleichen demnach Drüsen. In dem Bindegewebe (3) liegen zahlreiche dünnwandige weite Gefässe (2 u. 4) daher die leicht entstehenden Blutungen.

Zu Tafel 46, Fig. 2: Schnitt durch die Uebergangszone eines sich abzukapseln beginnenden, Weizenkorngrossen *Myomes* in die umgebende normale Uterusmuscularis (Orig. Zeichn. n. eig. Präp. a. d. Münch. Frauenkl.): das links befindliche Tumorgewebe (1) besteht nur aus dichtgedrängten, sich wirr durchfilzenden glatten Muskelfasern, ohne Beimischung von Bindegewebsfasern, wie sie sich ausnahmslos in den grösser gewordenen Tumoren vorfinden (daher Fibromyome, welche stets aus solchen reinen intramuralen Myomen hervorgehen). Die Grenzschicht (2) des normalen Muskelgewebes besteht aus concentrisch geordneten Parallellamellen, die offenbar durch den Wachsthumsdruck passiv comprimirt sind. Ausserhalb derselben finden wir sehr stark dilatirte Gefässe (4) in der weniger parallelfaserigen Muscularis (3).

Zu Tafel 46, Fig. 3: *Lymphosarkoma vaginae* (Orig. Zeichn. n. eign. Präp. a. d. Münch. Frauenklin.): in der Scheide kommen von Fasergeschwülsten ausser den gutartigen Fibromyomen die malignen Sarcome vor; sie sind selten und kommen schon congenital vor. Eine Art ist fibröser Natur, eine andere vom Rundzellentypus: von Letzterer ist unser Fall, nur mit der Complication, dass ausser der Rundzellenwucherung noch eine solche der in der Scheide normal vorkommenden Lymphfollikel besteht (3 = umgeben von Rundzellen und Lymphgängen). 1 = normales Vaginalepithel; 2 = normales Bindegewebe. (Vgl. sub Fig. 3).

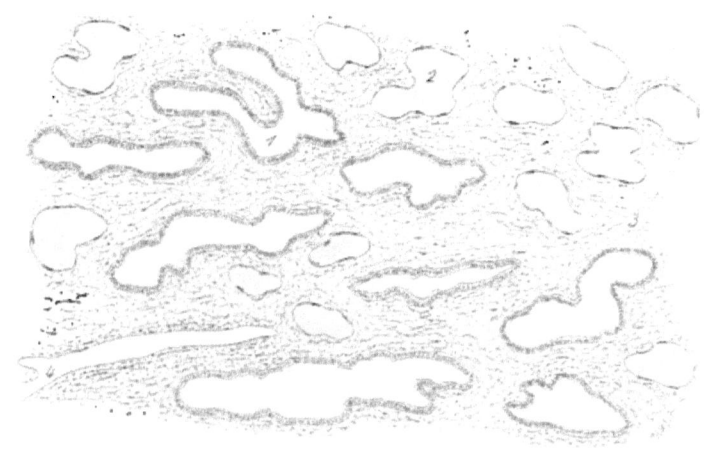

Fig. 1.

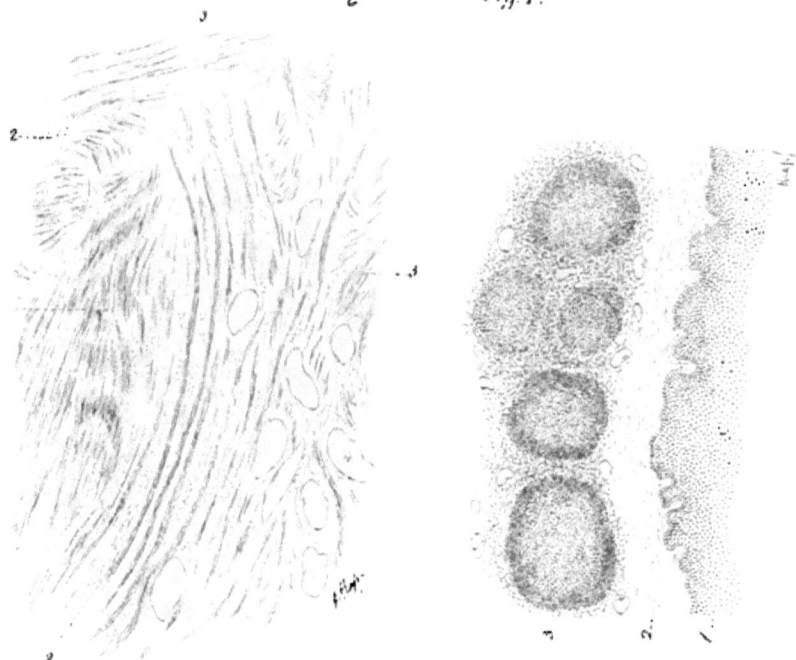

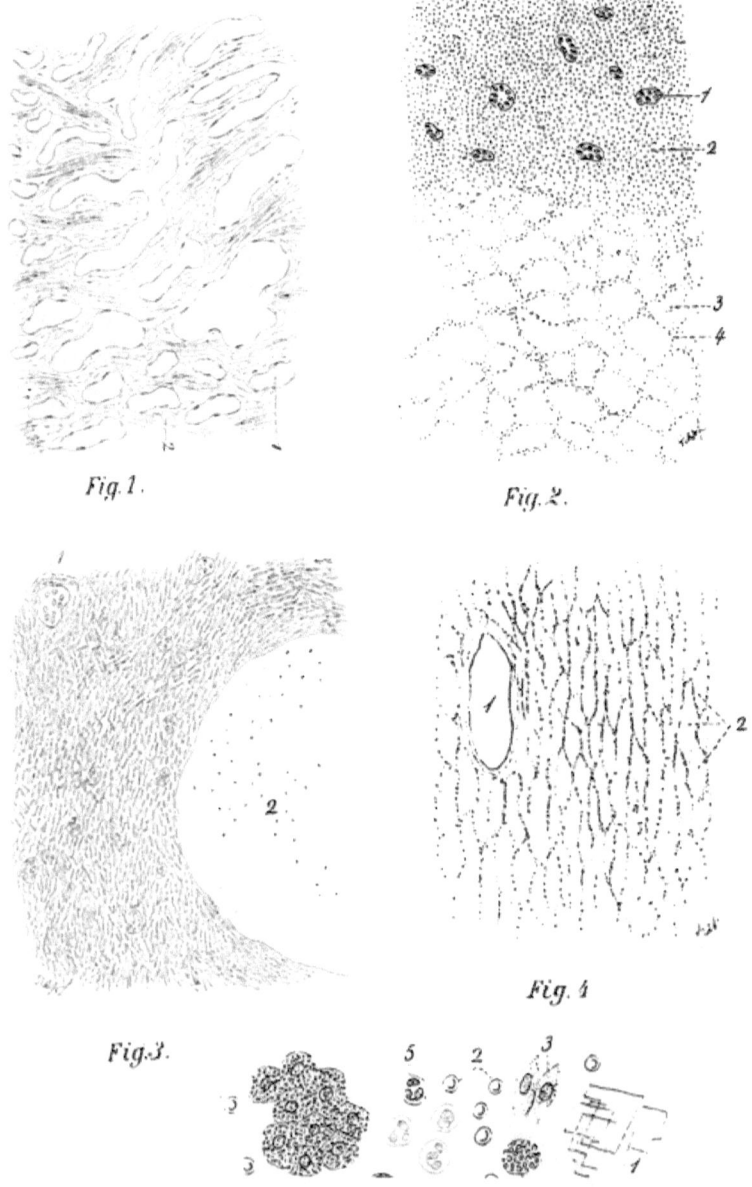

Fig. 1.   Fig. 2.

Fig. 3.   Fig. 4

Zu Tafel 47, Fig. 1: *Angioma urethrae* (Orig. Zeichn. n. eign. Präp.) zusammengesetzt aus dicht im Bindegewebe (2) aneinander liegenden, nur von der Endothelschicht ausgekleideten Blut-Capillaren (1). Vgl. Bem. zu Taf. 3, Fig. 1.

Zu Tafel 47, Fig. 2: *Myxosarkoma uteri* (Orig. Zeichn. v. eig. Präp. a. d. Münch. Frauenkl.): entsteht primär oder aus einem übermässig schnell gewachsenen Fibrom (welches sich durch ungenügende Ernährung oder durch Infection degenerativ verändert hat). 1 = maligne „Riesenzellen": 2 = Rundzellenwucherung; 3 + 4 Myxomatöses Bindegewebe, auseinander gedrängtes Fasergewebe (vgl. sub Fig. 3).

Zu Tafel 47, Fig. 3: *Spindelzellensarkom des Uterus* mit Cystenbildung (2); 1 = Riesenzelle, zahlreich vorhanden, unter dem Spindelzellengewebe. (Orig. Zeichn. n. eign. Präp. d. Münch. Frauenklin.) (Vgl. Taf. 53, 2).

Unter Sarkomen versteht man Tumoren vom Bindegewebstypus unter abnormem Vorherrschen der zelligen Elemente (Rund-, Spindelzellen, Riesen- und Sternzellen). Sie kommen vor als schnell wachsende, schnell metastasenmachende oder recidivirende, mürbe, gelappte Tumoren, die im Gegensatz zum Epitheliom vorzugsweise in jüngeren Jahren vorkommen. Sie wachsen am uropoëtischen Apparat, an der Vulva, Vagina, am Uterus, an den Ovarien und den übrigen Adnexen.

An der Vulva als: Rund-, Spindel-, Myxound Pigment-Sarkome (Melanosarkome); in der Vagina: s. Taf. 46, Fig. 3; im Uterus s. Taf. 53, Fig. 2; im Ovarium: Spindelzellentypus mit oder ohne Kystombildung.

Zu Tafel 47, Fig. 4: *Nekrotische Kystomwandung* = Myxomatöse Degeneration und Auseinanderdrängung der Bindegewebsfasern (2); Gefässräume = 1. (Orig. Zeichn. n. eig. Präp.)

Zu Tafel 47, Fig. 5: *Sediment aus einer Ovarialkystom-Flüssigkeit:* 1 = Cholestearinkrystalle; 2 = r. Bl. R.; 3 = veränderte gekörnte Cylinderepithelien; 4 = Fettkörnchenzellen; 5 = Leukocyten; 6 = Endothelien (Orig. Zeichn.)

Zu Tafel 48, Fig. 1: Primäre Cystenbildung aus einem multiloculären glandulären Myxoidkystom des Ovarium (vgl. Abb. i. Text) (Orig. Zeichn. n. eign. Präp.): die einzelnen Cystenräume (1) werden gebildet, indem die Wandungen durch myxoide Degeneration zerreissen (2, 3) und als freie Papillen in dem colloidflüssigen Inhalte flottiren (2). 4 = kleinste Cystchen; 5 = Bindegewebe.

Zu Tafel 48, Fig. 2: Kystoma ovarii proliferum papillare (Orig. Zeichn. n. eig. Präp. a. d. Münch. Frauenklin.): 1 = breite Papille mit Cyste 2, eingefasst wie das ganze Cysteninnere von Cylinderepithel (4) mit Ausbuchtungen (Drüsenähnlich oder Faltenbildung (5); Querschnitt von Papillen = 3; zarte dendritische Papillen = 8; straffes Bindegewebe der Kystomwandung = 6; gewellte elastische äussere Bindegewebsschicht = 7. (Vgl. Abb. i. Text).

Zu Tafel 48, Fig. 3: Durchwucherung einer Kystomwandung durch ein malignes Adenom (Orig. Zeichn. halbschemat. n. eign. Präp. a. d. Münch. Frauenkl.): das oberflächliche Cylinderepithel (1) wuchert in eine atypisch geordnete adenomatöse Masse aus (6), bestehend aus glandulär-cystischen Räumen (7) mit Cylinderepithel (6), welches an verschiedenen Stellen mehrschichtig ist (8); dazwischen nur spärliches Bindegewebe (9). Die durchwucherte Wand besteht aus dem derbfibrillären Bindegewebe (2) unter dem Cylinderepithel (1), dem dann folgenden gewellten elastischen Gewebe (3) mit dünnwandigen Gefässräumen (4) und dem aussen deckenden Serosaendothel (5).

Tab. 48.

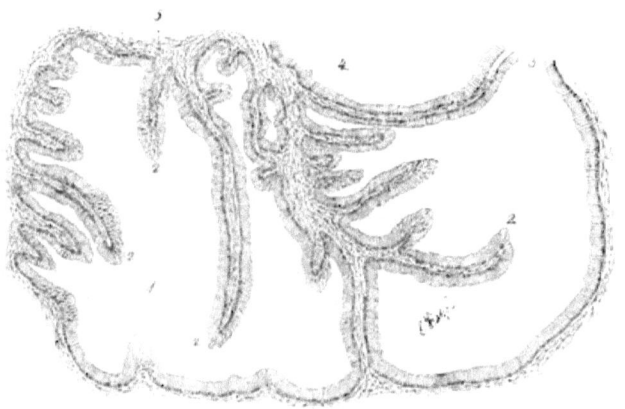

Fig. 1.

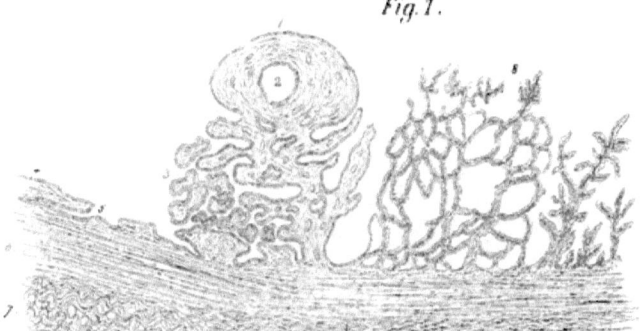

Fig. 2.

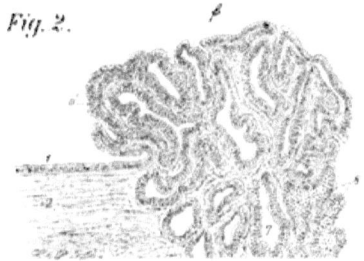

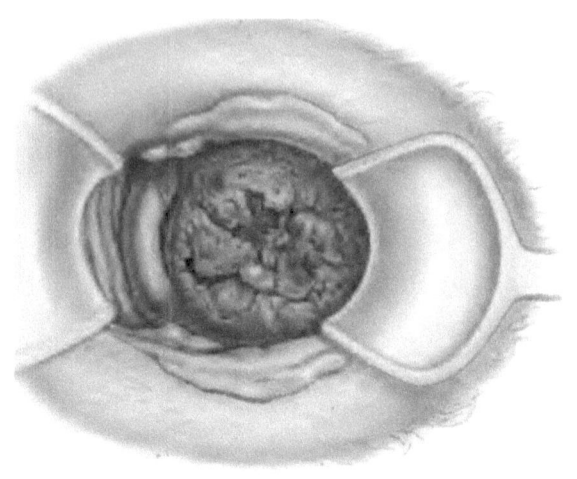
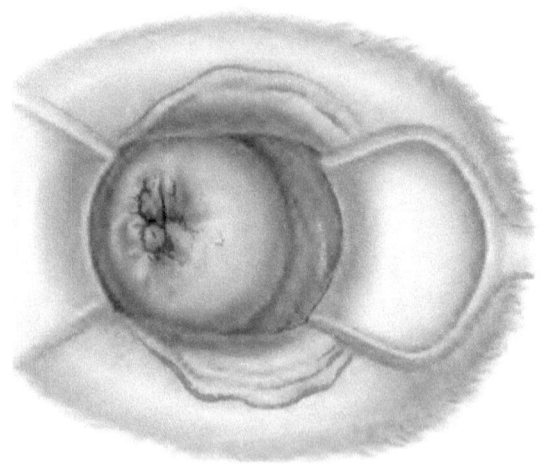

Zu Tafel 49, Fig. 1: *Cancroide Papillargeschwulst der vorderen Mm.-Lippe und des vorderen Scheidengewölbes.* (Orig. Aquar.: Speculumbild) (vgl. Taf. 45, 54 und 57): höckerige blaurothe Massen, lassen beim Fouchiren oft nicht leicht den Mm. erkennen. Flachverlaufende Form.

Zu Tafel 49, Fig. 2: *Beginnendes Cancroid der Cervix* (Orig. Aquar. n. ein. Fall von v. Winckel:) kleine rundliche Knötchen entwickeln sich am äusseren Mm. unter der Portioschleimhaut von der Cervix her und ulceriren alsdann (vgl. Taf. 58, 1).

Zu Tafel 50, Fig. 1: *Erosio papilloides* (Orig. Aquar.) (vgl. Taf. 5, Fig. 3: 14 und 15) giebt oft in höherem Alter Praedispositionen zur cancroiden Papillargeschwulst.

Zu Tafel 50, Fig. 2: *Cancroide Papillargeschwulst der hinteren M.-Lippe.* (Blumenkohlgeschwulst) (Orig. Aqu. n. ein. Präp. d. Münchn. Frauenklin.): diese Tumoren wachsen papillär, aber nicht flächenhaft, fast polypös (vgl. Taf. 57, 3 und 4).

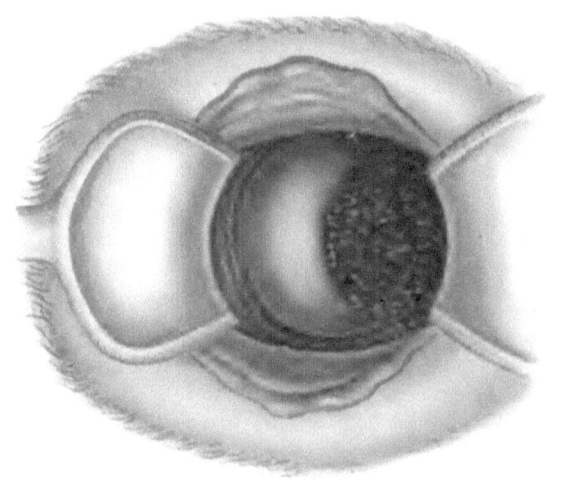
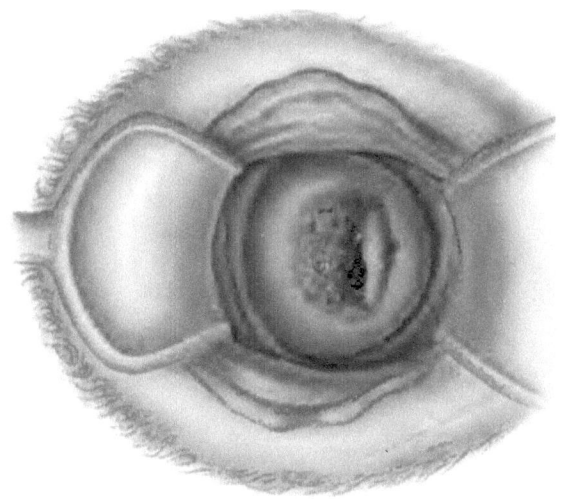

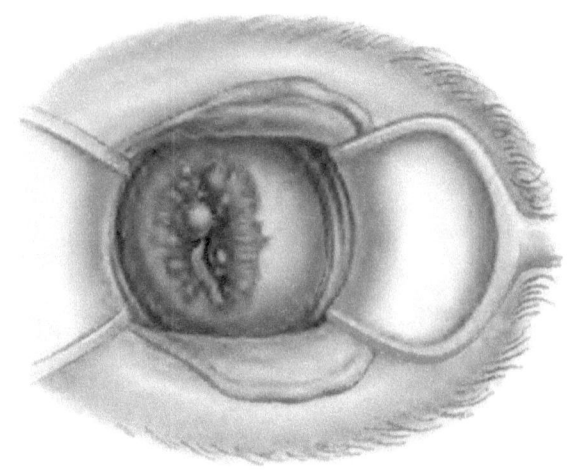

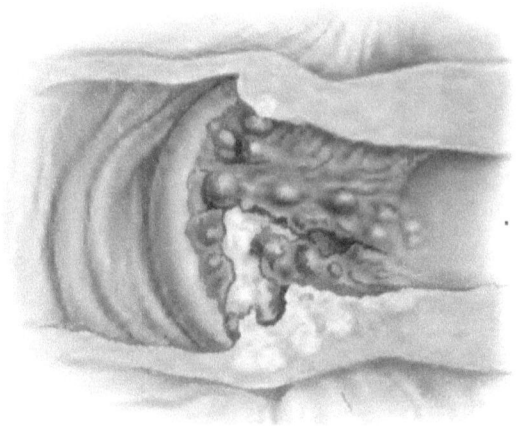

Zu **Tafel 51, Fig. 1 u. 2**: *Cancroides Cervicalulens* (als Speculumbild und im Querauiriss des Präparates; Orig. Aquar.) (vgl. Taf 58, Fig. 2): der Tumor besteht theils noch aus den solitären primären Knötchen, theils aus den Exulcerationen derselben; die Einwucherung der Knoten in die Tiefe der Wandung zeigt Fig. 2.

Zu Tafel 52, Fig. 1: *Grössere cancroide Cervixknoten unter der Portioschleimhaut* sichtbar; Erosio simplex des Mm.'s (Speculumbild; Orig. Aquar. n. ein. Präp. von v. Winckel): eine Stelle an der vorderen Mm.-Lippe beginnt zu exulceriren.

Zu Tafel 52, Fig. 2: *Flachverlaufendes, exulcerirendes Cancroid der Portio vaginalis* (hintere Lippe) und *des hinteren Scheidengewölbes* (Speculumbild; Orig. Aquar.), hervorgehend aus cancroiden Knollen (vgl. Taf. 57, 1).

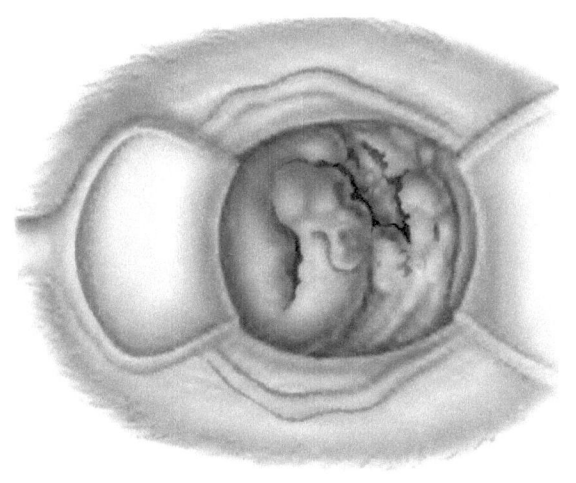

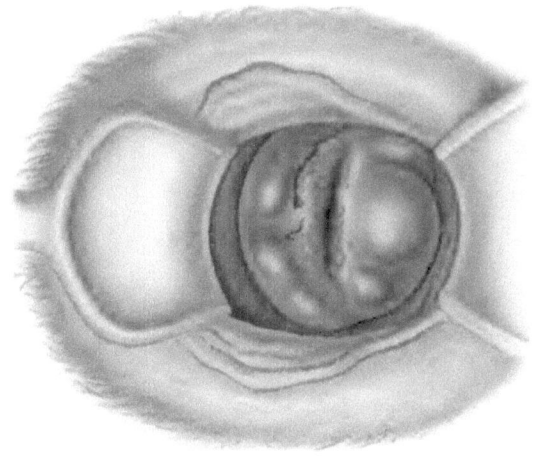

Zu Tafel 54, Fig. 1: *Cancroider Papillartumor* beider Mm.'s-Lippen, exulcerirend übergreifend auf das vordere Scheidengewölbe nebst Tieferwuchern (Orig. Aquar.)

Zu Tafel 54, Fig. 2: *Cancroides Cervixulcus* (Orig. Aquar.): Mm. und Portio intact, 'wohl aber sind die Mm.'s-Lippen sowie die Collum-Wandungen stark verdickt durch die dieselben ganz durchsetzenden cancroiden Wucherungen, welche an ihrer cervicalen Oberfläche exulcerirt sind und einen (für die Sonde leicht nachweisbaren) Krater zwischen äusserem und innerem Mm. bilden. In der Wandung selbst Zerfallscysten mit verjauchten Massen. Im Uteruskörper einige solitäre Krebsknoten. Das Collum ist gegenüber dem Corpus uteri stark vergrössert.

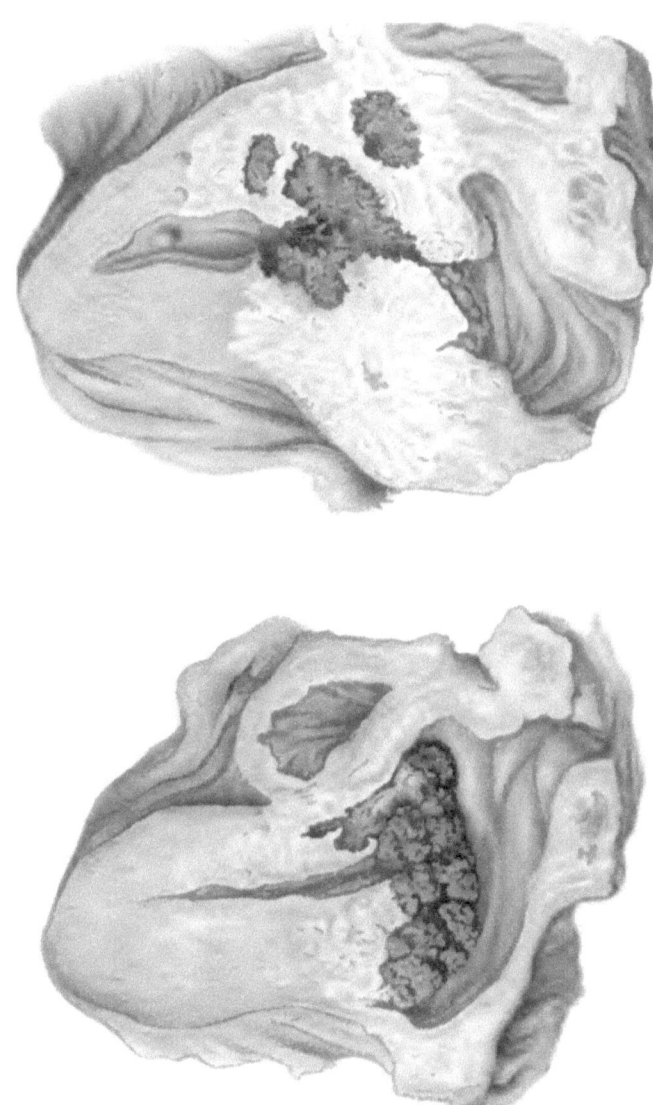

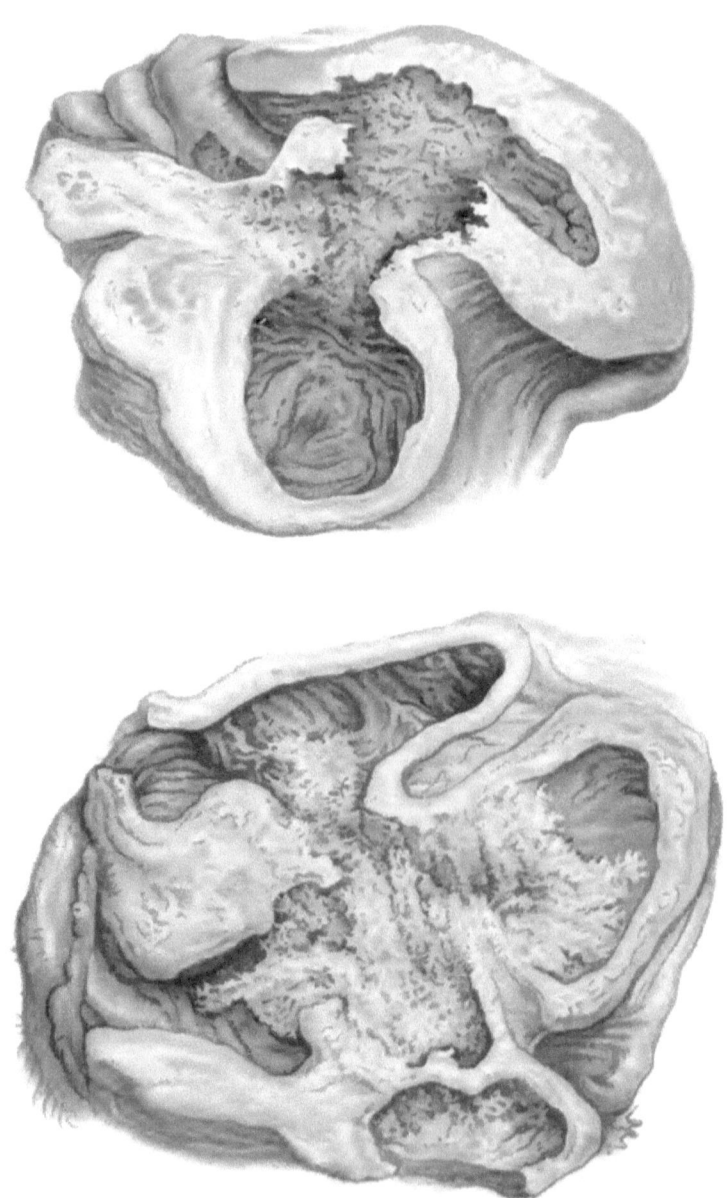

Zu Tafel 55, Fig. 1: *In die Blase perforirtes cancroides Cervixulcus* (Orig. Aquar.); der Mm. ist für die Inspection trotz der grossen Verwüstung hinter demselben noch fast unverändert. Graugrünliche Jauchemassen und nekrotische Fetzen bedecken den Grund des krebsigen Geschwüres. Die Krebsnester durchsetzen die Wandung auch des Corpus uteri. (Vgl. Taf. 58, 5.)

Zu Tafel 55, Fig. 2: *Perforation eines cancroiden Cervixulcus nach Mastdarm und Blase* (Orig. Aquar. n. ein. Präp. von v. Winckel): jetzt ist auch der Mm. exulcerirt und der Prozess auf die Vagina übergegangen (vgl. Taf. 58, 6).

Zu Tafel 56: *Haemotocele retrouterina in Combination mit einem extrauterinen Fruchtsack;* in den Cruormassen fand ich einen 1-monatlichen Embryo (links oben nahe der Tube) (Orig. Aquar. n. einem Operat.-Präp. d. Heidelberg. Frauenklin.).

Tab 56.

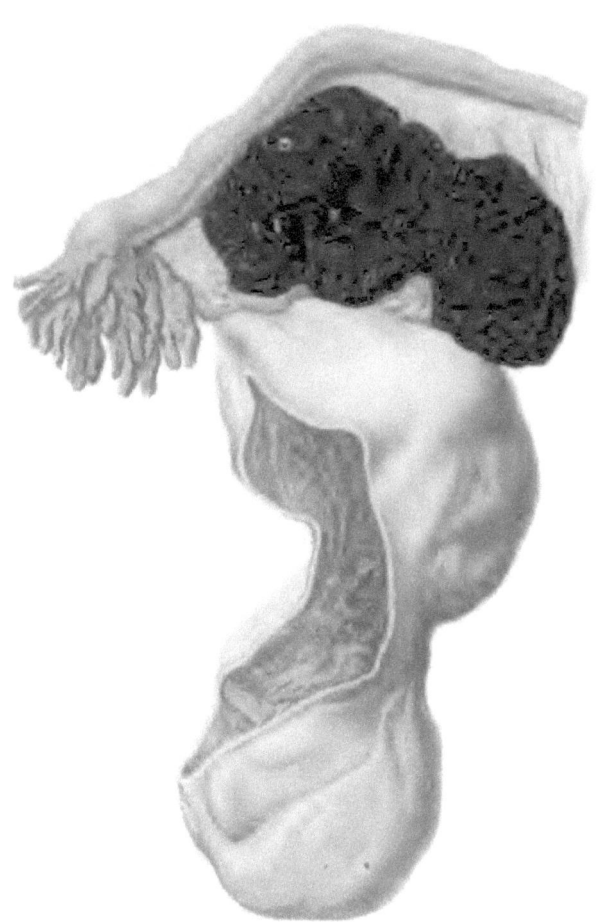

Zu Tafel 58, Fig. 1: *Cancroidknoten in der Cervix*, noch nicht exulcerirt. Mm. geschlossen; vordere Mm.'s-Lippe verdickt oder mit Knoten besetzt (vgl. Taf. 50—52) (Orig. Schema-Zeichn.)

Zu Tafel 58, Fig. 2: *Cancroides Cervixulcus;* Mm. geschlossen (vgl. Taf. 54, Fig. 2). (Orig. Schema-Zeichn.)

Zu Tafel 58, Fig. 3: *Cancroides Cervixulcus* auf den Gebärmutterkörper übergegangen; Mm. zerstört. (Orig. Schema-Zeichn.)

Zu Tafel 58, Fig. 4: *Carcinomatöse Perforation nach der Blase* (vgl. Taf. 55, 1) bei erhaltenem Mm., von einem Carcinoma Corporis uteri herrührend (Orig. Schema-Zeichn.)

Zu Tafel 58, Fig. 5: *Cancroides Cervixulcus in die Blase perforirend* bei intactem Fundus uteri und zerstörtem Mm. (Orig. Schema-Zeichn.)

Zu Tafel 58, Fig. 6: *Cancroides Cervixulcus* nach *Blase und Mastdarm perforirend* (vgl. Taf. 55, 2) (Orig. Schema-Zeichn.)

Tab. 58.

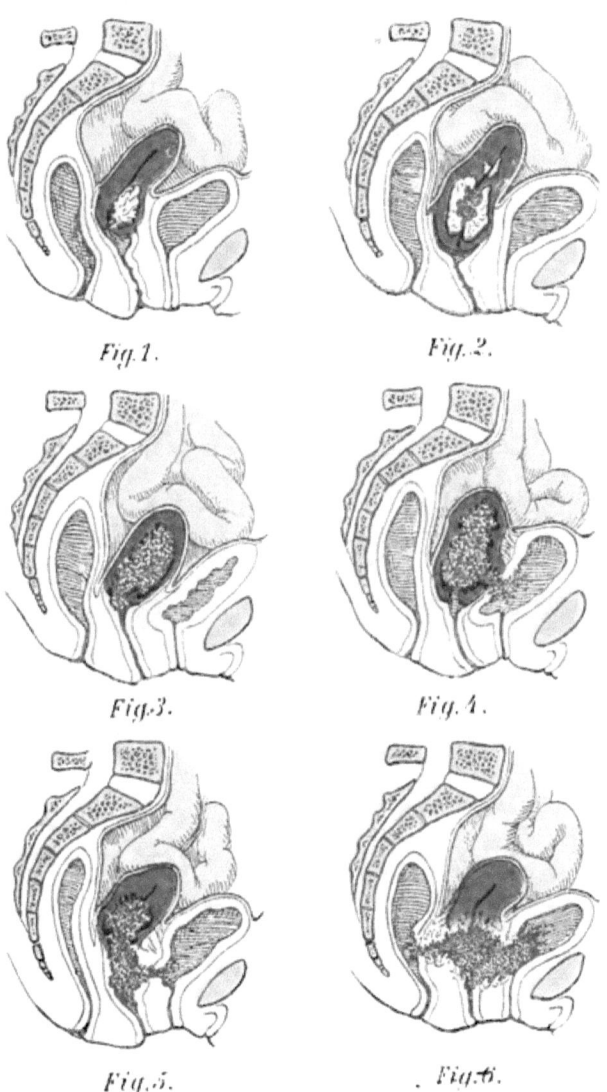

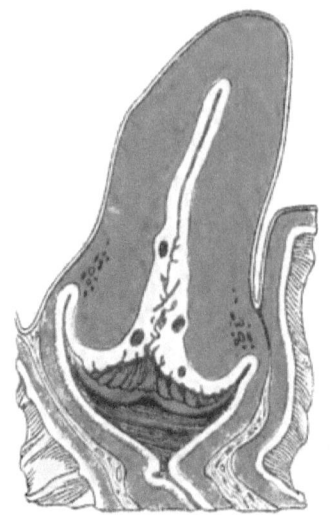
Fig. 1.

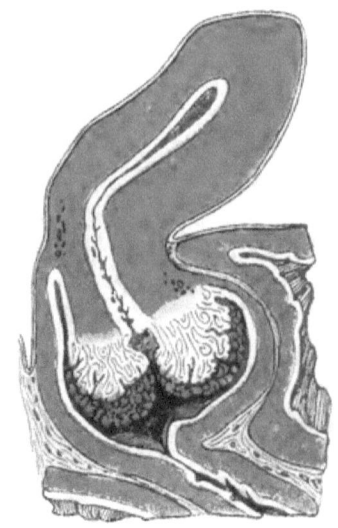
Fig. 2.

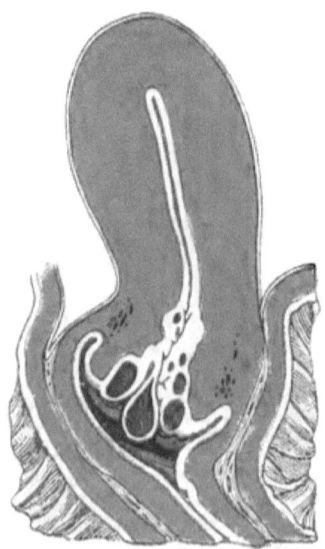
Fig. 3.

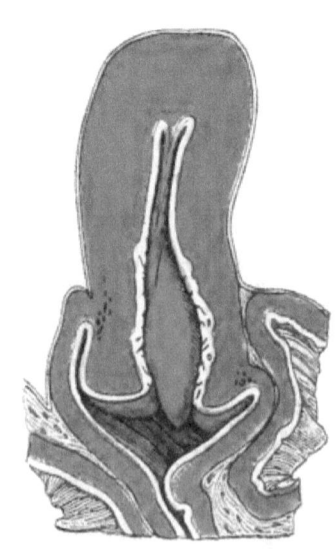
Fig. 4.

Zu Tafel 59: *4 Tumorenhafte Veränderungen des äusseren Muttermundes* (Orig. Schema-Zeichn.)
Fig. 1: *Endometritis fungosa und Ektropion* (vgl. Taf. 7 u. 8; 12.) Cystös erweiterte Drüsen in der Cervixmucosa.
Fig. 2: *Cancroide Papillargeschwulst beider Mm.'s-Lippen* (vgl. Taf. 54, 1).
Fig. 3: *Ovula Nabothi in einem Schleimpolypen*, im Mm. sichtbar (vgl. Taf. 16, 1).
Fig. 4: *Fibröser Polyp* den Mm. auseinanderdrängend (vgl. Taf. 16, 2).

Zu Taf. 60, Fig. 1: *Reposition des Uterus retroversus* mittelst der Kugelzange (n. Küstner): Die Gebärmutter wird zuerst durch Zug vertical gestellt und dann die Portio nach hinten geschoben, wodurch der Fundus uteri, wenn freibeweglich, nach vorn gelangt.

Zu Taf. 60, Fig. 2: *Reposition des Uterus retroversus* mittelst der Sonde: Letztere wird zuerst, wie gewöhnlich, mit ihrer Concavität nach vorn eingeschoben, bis der Knopf den inneren Mm. passirt hat. Nun wird die Concavität, entsprechend dem pathologischen Verlaufe der Gebärmutterachse, nach hinten gewendet. Sind von der Sonde 5—6 cm in dem Uterus, so liegt der Knopf im Fundus. Jetzt wird vorsichtig (!) die Sondenkrümmung nach vorn gedreht unter gleichzeitiger Senkung des Sondengriffes nach hinten.

Zu Tafel 60, Fig. 3: *Einführung des elastischen runden Maier'schen Ringes* mittelst der Fritsch'schen Zange. Der Ring soll um die Portio herumliegen (n. Fritsch).

Zu Tafel 60, Fig. 4: *Einführung des Hodge'schen Pessariums;* dasselbe ist, wie die nebenstehende Fig. zeigt, S-förmig gebogen (das Thomas'sche Pessar ist noch stärker an seinem oberen Bügel geknickt) (vgl. Abbild. i. Text, Figg. 24 bis 27).

Vorschriften über die Anwendung der Pessarien.

In Rückenlage oder in Kniecllenbogenlage (die Scheide füllt sich, nachdem sie durch ein rinnenförmiges Speculum gestreckt wurde, mit Luft, die Gebärmutter und Adnexa fallen weit nach vorn) wird das betreffende Pessarium eingeführt.

1) Der runde biegsame Mayer'sche Kautschuk-Ring wird manuell oder durch die Fritsch'sche Zange (v. vor. Fig.) zusammengedrückt bis über den M. Constrictor cunni eingeführt und so gelegt, dass die Portio sich in die Ringöffnung einpasst; diese Oeffnung darf deshalb nicht zu klein sein. Der Ring soll die Scheide etwas dehnen.

2) Das S-förmige Hodge'sche und das ebenso geformte, aber in dem oberen breiter geformten Bügel stärker gekrümmte Thomas'sche Hebelpessar (aus Hartgummi — in heissem Wasser biegsam zu machen — oder aus Kupferdraht mit Kautschuk überzogen) (vorn-unten geschlossen!) werden vertical gestellt in die Vulva eingeführt, derart, dass die beiden Bügel die Vulva, bzw. Scheide sagittal weiten (vgl. Fig. 4). Ist das Pessar oberhalb des M. constrictor c. gelangt, so wird es um 90^0 gedreht, so dass es mit dem oberen breiteren Bügel in das hintere Scheidengewölbe zu liegen kommt, wie Fig. 24 i. Text zeigt.

Die Wirkung ist folgende: Der breite Bügel hebt den Fundus uteri und hebelt ihn nach vorn; — die Portio tritt nach hinten durch die Anspannung der Scheide in die Länge und die Quere; -- die Gebärmutter ruht (durch die neue Portiostellung und den Druck der Eingeweide auf die hintere Uterusfläche) fest auf der hinteren Scheidenwand, wodurch Be-

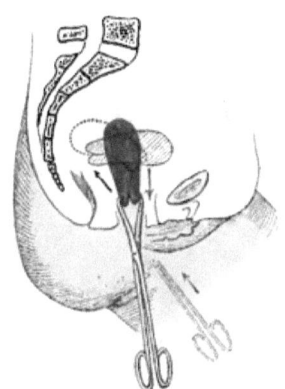

Fig. 1.

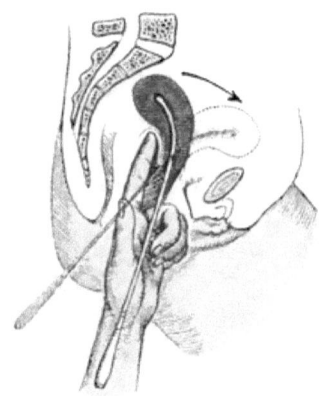

Fig. 2.

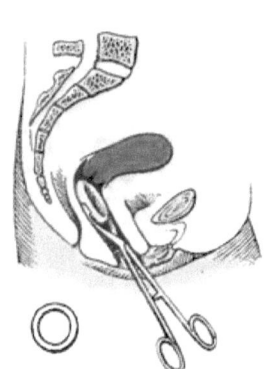

Fig. 3.

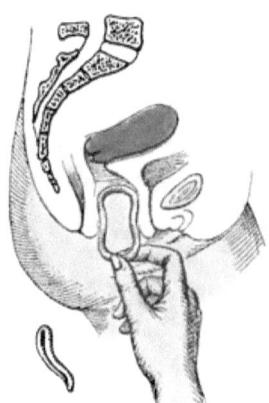

Fig. 4.

Tab. 61.

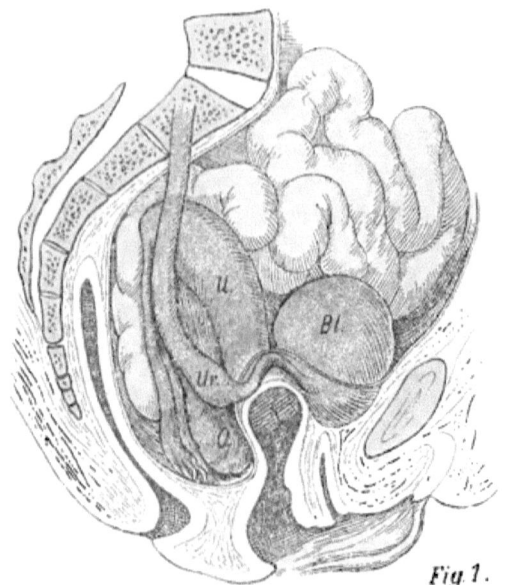

Fig. 1.

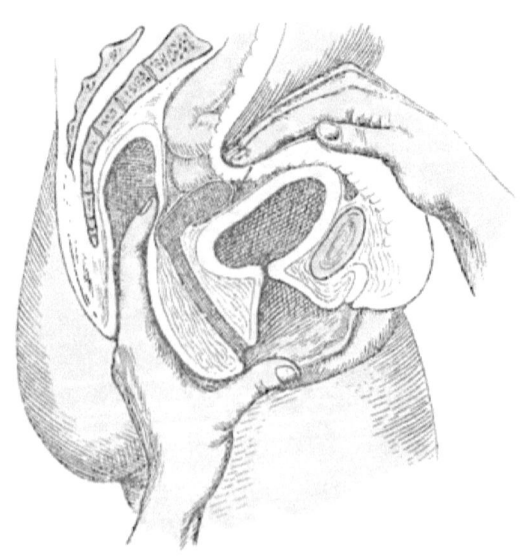

seitigung des Descensus und damit auch der Beschwerden (selbst wenn die Retrodeviation nicht gehoben sein sollte), zumal da endlich durch die **Querspannung und Hebung des Scheidengewölbes** die spannende Zerrung der Ligg. sacrouterina, als Folge der Senkung, aufhört. Bei **verheirateten** Frauen ist zur Ermöglichung der Cohabitation das nur **einfach gebogene** Pessar geeigneter, bei welchem sich der untere Bügel gegen die **Symphyse** anstemmt. Sollte dieser die **Urinentleerung erschweren**, wird eine entsprechende **concave Krümmung nach vorn** an ihm angebracht. Sollte der obere Bügel das Scheidengewölbe **zu straff** spannen, so ist derselbe nach **hinten zu** biegen.

3) Das 8-förmige **Schultze'sche Pessar** wird mit seiner kleineren Windung um die Portio gelegt und fixirt dieselbe so (vgl. Fig. 25 i. Text). Aus Hartgummi oder mit Kautschuk umkleidetem Kupferdraht. Der Ring ruht auf dem Beckenboden.

4) Das schlittenförmige Pessar von **Schultze** wird derart eingeführt, dass der längere Bügel hinter und über der Portio, der kurze vor derselben zu liegen kommt (vgl. Fig. 27 im Text). Die vorderste convexe Bügelwindung stützt sich gegen die Symphyse, deshalb an Stelle des vorigen bei schlaffem Beckenboden angewendet. — Ist die Scheide zu weit, wird der längere Bügel als Stütze verwendet und nach vorn gebracht, während der kleinere die Portio von vorn her in seine Concavität fasst (vgl. Fig. 26 i. Text). Material wie vor.: die 8-förmigen construirbar aus $8^{1}/_{2}$—10 cm grossen Ringen, die schlittenförmigen aus $10^{1}/_{2}$—12—14 cm Weiten (7—10 mm dick).

Ein Ring liegt gut, wenn sein unteres Ende nicht in der Vulva sichtbar wird, — wenn er nicht herauszufallen droht, — wenn er die Scheide nicht zu stark dehnt, wohl aber leicht um seine Längsachse drehbar ist, — wenn aber wohl das Scheidengewölbe bzw. die obere Scheidenhälfte mässig gespannt wird, — wenn endlich der Fundus uteri richtig vorn, die Portio hinten liegt, da sonst die Douglas'schen Falten nicht entspannt werden.

Liegt der Ring gut, so verschwinden die Beschwerden auffallend schnell, aber nur $^1/_5$ aller Fälle wird wirklich **dauernd geheilt**, so dass die Gebärmutter sich auch ohne Pessar vorn hält. **Nachtheile.**

Ist der Ring aus ungeeignetem Materiale (uneben, zu dünne oder aus Wolle, Haaren, Leder verfertigte Bügel) oder zu gross oder liegt er zu lange, so erregt er stärkere Secretion, Excoriationen, Eiterungen und Exulcerationen, welche in Fistelbildungen mit Nachbarorganen übergehen können. Verheilen und vernarben die Geschwüre oder setzen sich von dem Secret Phosphate und eingetrocknete Schleim- und Blutmassen auf dem Ringe ab, so ist es schwer, solche „incrustirte" eingewachsene Instrumente wieder zu entfernen. Nach Beseitigung des vorliegenden Granulationswalles wird der Ring mit der Kornzange gefasst und in Spiralbewegungen extrahirt, ev. sogar erst, nachdem er zerbrochen worden ist.

Um dieses zu verhüten, muss der Ring nach jeder Periode entfernt und gereinigt werden, obwohl ein gutes Pessarium in gesunden Genitalien ohne schädliche Folgen 2—3 Monate liegen bleiben kann. Ausserdem müssen öfter (bei Fluor täglich) wiederholte Scheidenausspülungen gemacht werden.

Sobald Schmerzen auftreten, sofort den Ring entfernen!

Sehr wichtig ist es auch, festzustellen, ob wirklich die Verlagerung die Ursache der Beschwerden ist oder die Complikationen!

Zu Tafel 61, Fig. 1: *Retroversio uteri; Ovariocele vaginalis; Abknickung und Dilatation der Ureteren*; Verticalstellung der Scheide. (Orig. Schema-Zeichn.). Vgl. § 7 u. 11.

Zu Tafel 61, Fig. 2: *Bimanuelle Exploration vom Mastdarm aus bei strangförmiger totaler Atresie der Scheide und rudimentärem soliden Uterus*. Bei Ausübung der Cohabitation hat die Immissio Penis in die Urethra hinein stattgefunden und dieselbe bis an den Sphincter der inneren Oeffnung erweitert. Der palpirende Finger dringt ohne Schwierigkeit bis in die Blase und ist beim Zurückziehen von einer Quantität ausfliessenden Urines gefolgt (vgl. § 1) (Orig. Schema-Zeichn.).

Zu Tafel 62, Fig. 1 u. 2: *Bimanuelle Exploration der Pyosalpinx* bei obstipirtem und entleertem Rectum. (Orig.-Schema-Zeichn.) Vor jeder bimanuellen Untersuchung sind sowohl Blase als auch Mastdarm zu entleeren, da, wie aus diesen Figuren ersichtlich, Täuschungen hinsichtlich der Grösse und Form der Tumoren, lediglich dadurch hervorgerufene Verlagerungen u. a. leicht sind.

Py. — Pyosalpinx; R. — Rectum; U. — Uterus.

Zu Tafel 62, Fig. 3: *Bimanuelle Exploration eines Ovarialkystom-Stieles*, mit Assistenz, n. B. S. Schultze. (Orig.-Schema-Zeichn.) Der Uterus wird mit der Korn-Zange abwärts gezogen; das Kystom von den Bauchdecken aus gehoben; die Palpation findet vom Mastdarm aus und unter dem Tumor statt. Auf diese Weise wird der Stiel möglichst gespannt. In unserer Figur ist er torquirt.

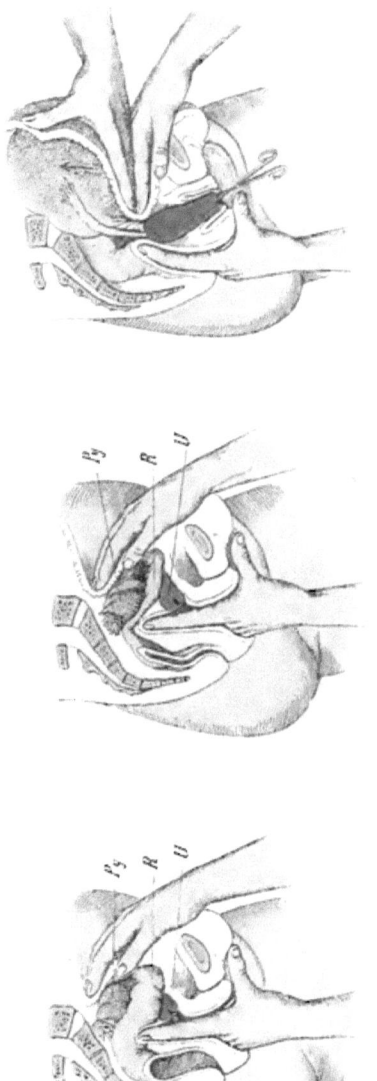

Fig. 1.   Fig. 2.   Fig. 3.

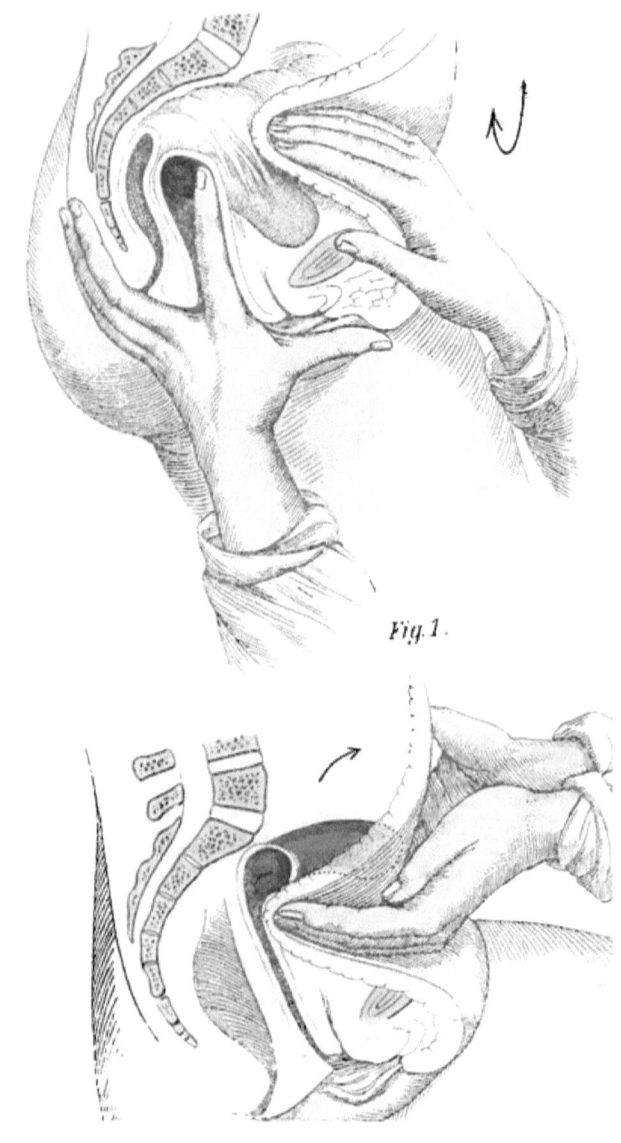

Fig. 1.

Zu Tafel 63: *Massage* (Thure Brandt.) Durch ähnliche Griffe, wie auf Taf. 38—40 begegnen sich die Fingerspitzen hinter dem retrovertirten Uterus und r e i b e n und d e h n e n die Adhäsionen zwischen Letzterem und dem Rectum. Zunächst wird die Fluxion zu den Strängen eine lebhaftere und diese dadurch weicher, leichter dehnbar. Zuletzt wird der Uterus „geliftet" (Fig. 2) (zur Dehnung parametraner Schwielen). (Orig.-Schema-Zeichn.)

Zu Tafel 64, Fig. 1: *Normaler Damm* als physiologische Stütze der Scheidenwände und weiterhin der Gebärmutter. (Orig.-Schema-Zeichn.) Der intacte Damm bildet den tiefsten Theil der Vulva, so dass er tiefer steht als das Ende der vorderen Scheidenwand bis zur Urethralmündung. Er schiebt sich als ein Dreieck unter das Scheidenostium hin, so dass das Tuberculum Vaginae sich auf den Damm stützen kann. Ebenso stützt sich die ganze hintere Scheidenwand auf ihn und die obere Hälfte der vorderen Vaginalwand auf die hintere. Die normal nach hinten stehende Portio stemmt sich gegen das hintere Gewölbe und der Uteruskörper ruht auf der vorderen. Abgesehen von den Bandapparaten und dem Mm. Constrictor cunni et levator ani kommt also dem Damm eine grosse Bedeutung für die Stützung der inneren Genitalien zu.

Zu Tafel 64, Fig. 2: *Dammriss III. Grades* (bis in das Rectum): Inversion der vorderen Scheidenwand mit beginnender Cystocele; Descensus uteri durch Verflachung des vorderen Scheidengewölbes. (Orig.-Schema-Zeichn.)

Zu Tafel 64, Fig. 3: *Dammriss I. bis II. Grades;* es ist veranschaulicht, wie die vordere Scheidenwand ihre Stütze verloren hat. (Orig.-Schema-Zeichn.)

Zu Tafel 64, Fig. 4: *Dammriss III. Grades: Inversion und Prolaps der hinteren Scheidenwand; beginnende Retroversion* der Gebärmutter. (Orig.-Schema-Zeich.)

Tab. 64.

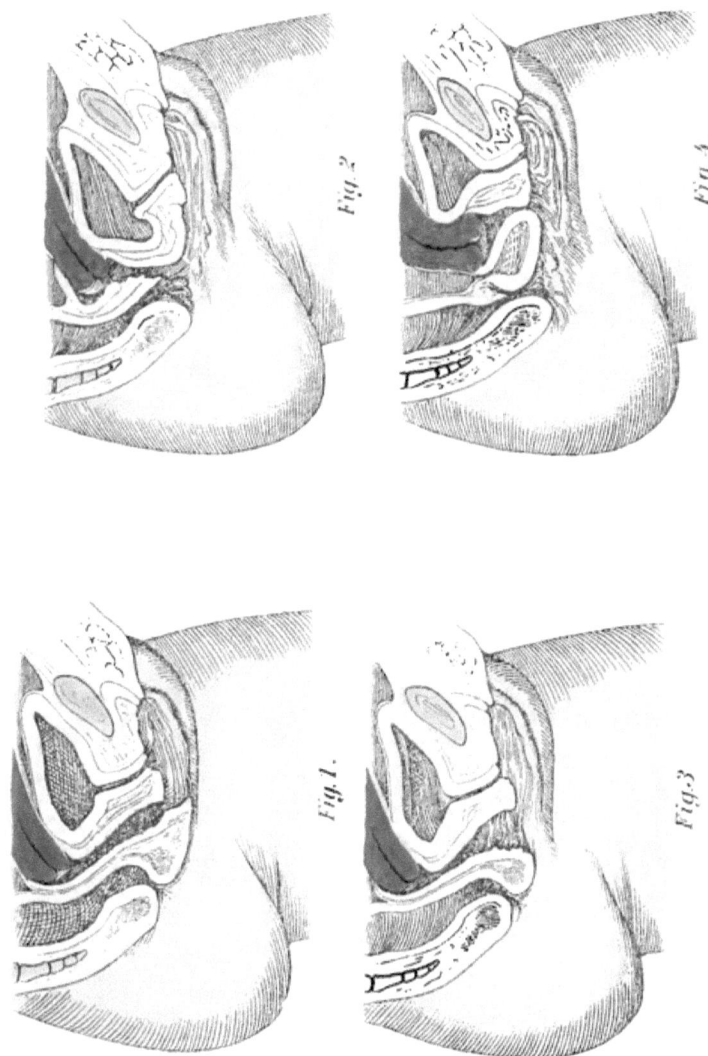

Gruppe I.
Bildungsanomalien u. Entwicklungs-Hemmungen.

Kapitel I.
Foetale Bildungsanomalien.

Die Bildungsanomalien der weiblichen Genitalien sind fast ausschliesslich Bildungshemmungen. Die Differencirung der beiden Müller'schen Fäden unterbleibt entweder ganz oder partiell oder die Letzteren schliessen sich unvollkommen aneinander, so dass die Verschmelzung der Beiden zu einem Rohre theilweise oder ganz unterbleibt.

Daraus erklären sich einerseits die Defecte des ganzen Genitaltractus oder einzelner Organtheile desselben, sowie die congenitalen Atresien und Fistelbildungen, andererseits die theilweise oder ganze Duplicität des Genitalrohres.

Klinisch sind folgende Formen für das sexuelle Leben von Bedeutung:

§ 1. **Aplasieen und Hypoplasieen der foetalen Anlage.**

1) Fehlen der Adnexa uteri;
2) Mangel des Uterus (Defectus uteri);
3) Fehlen des ganzen Genitaltractus — mit oder ohne
4) Hermaphroditismus (Zwitterbildung) und Pseudohermaphroditismus;

5) Uterus unicornis, i. e. Fehlen eines Theiles des einen Müller'schen Fadens (Tube + Uterusrohr einer Seite):
6) Atresien, strangförmig oder diaphragmatisch in der Cervix Uteri, entsprechend dem inneren oder äusseren Mm., in der Vagina, Hymenalatresie, Vulvaatresie (ev. Defectus vulvae);
7) Scheiden-Mastdarm- oder Vulva-Mastdarm-Fistel (Atresia ani vaginalis, bezw. hymenalis oder Cloaca vaginalis, bezw. Fistula recto-vestibularis):
8) Epispadia et Hypospadia feminalis.

1) u. 2) Der **totale Defect des Uterus und seiner Adnexa** ist sehr selten und wird naturgemäss meist in den Pubertätsjahren entdeckt. Gewöhnlich ziehen von einer rudimentären Vagina solide

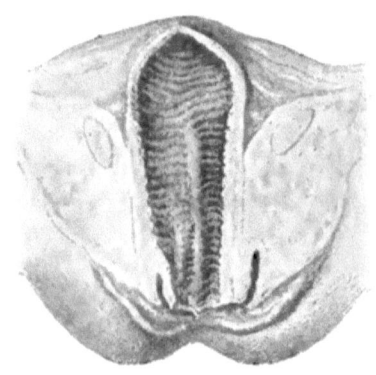

Fig. 1.
Foetale Genitalien sagittal median aufgeschnitten, so dass die durchtrennte Symphyse nach beiden Seiten auseinander geklappt ist. — Uterusdefect.

Muskelbündel an Stelle des Uterus in den als kleine Querwand im Becken erkennbaren ligg. lata in die Höhe. Während aber die Vulva meist ganz gut entwickelt ist (höchstens äusserlich Verkümmerung der Clitoris, Fehlen der Schamhaare, Kleinheit der Brüste auffallen), sind die Eierstöcke ganz gewöhnlich im Wachsthum zurückgeblieben oder fehlen ganz. Die Eileiter repräsentiren höchstens in dem ampullären Theile einen hohlen Kanal. In einem Fall constatirte[1]) ich einerseits totalen Defect der Adnexa und des Uterus, andererseits aber eine verlängerte Vagina, so dass wohl ein Theil der Uterusanlage diesen Blindsack ohne Bildung einer Portio mitformte (Fig. 1 i. Text).

Symptome: Aus letztgenanntem Befunde (Eierstöcke) erklärt es sich, dass, obwohl sexuelle Regungen gewöhnlich ganz fehlen, doch zuweilen solche vorkommen können und dass ferner das hervorstechendste Symptom, das Nichteintreten der Periode in den Pubertätsjahren, gleichwohl gepaart sein kann mit dem periodischen Auftreten von Molimina menstrualia. Ergeben sich solche Individuen dem sexuellen Verkehr, so treten neue Beschwerden auf durch die forcirte Erweiterung des Scheidenrudimentes oder häufig der Urethra (Incontinentia urinae zuweilen) (Taf. 61 Fig. 2).

Diagnose: Vor allem ist das Fehlen der Gebärmutter durch die bimanuelle Untersuchung festzustellen (Taf. 40 Fig. 1; Taf. 61 Fig. 2). Das Scheidenrudiment, sowie das Rectum werden hierzu benutzt, während der Gegendruck dem eingeführten Finger entgegen mittelst Durchtastens von den Bauchdecken aus — oder durch Einführung einer Sonde oder des Fingers nach Dilatation der Urethra (vgl. Cystitis) in die Blase — oder durch Tamponade der Scheide ausgeübt wird. Oberhalb des Vaginarudimentes ist nach der Gebärmutter, den Adnexis und Resten derselben zu suchen. Das Auffinden derselben ist keineswegs leicht.

3) u. 4) Der **Mangel der gesammten Sexualorgane** bedingt Geschlechtslosigkeit des Individuums und kann ohne weitere erhebliche, bezw. das Leben

---

[1]) Münch. Frauenklinik, bei einem Foetus, Arch. Gyn. 37,2.

ausschliessende Verbildungen des Körpers vorkommen. Die Vulvartheile können entweder ganz fehlen oder — bei stärkerer Ausbildung der Clitoris und der durch eine Raphe höher hinauf verschmolzenen Labia majora, Verkümmerung der Nymphen und Verkürzung, bezw. Atresie der Genitalspalte — einen **hermaphroditischen** Charakter annehmen; eine genaue Untersuchung ergibt in letzgenanntem Falle zuweilen das Vorhandensein von Geschlechtsdrüsen in den Labia majora, wodurch diese nicht nur die Gestalt von Hodensäcken annehmen, sondern auch in der That Testikel bergen können; dieses wird als Pseudohermaphroditismus bezeichnet.[2]) Kommen bei einem Individuum Hoden und Ovarien vor, so redet man von wahrer Zwitterbildung; es können beiderseitig je ein Eierstock und ein Hoden, oder nur an einer Seite zusammen vorkommen oder auf jeder Seite nur Eines dieser Organe (also H. bilateralis, unilateralis, lateralis).

Therapie: Eine Scheide bei Mangel der Gebärmutter herstellen zu wollen, ist zweck- und erfolglos. Aufklärung über den Zustand, und symptomatische Behandlung der Molimina menstrualia (Narkotika und äussere Ableitungen event. Castration), sowie bei Hermaphroditismus möglichst genaue Feststellung des vorherrschenden Geschlechtstypus sind die Aufgabe des Arztes, da es wiederholt vorgekommen ist, dass Ehen eingegangen sind oder dass ein Zwitter sich erst während der Ehe des wahren Sexus bewusst geworden ist.

5) Der **Uterus unicornis** entsteht dadurch, dass der eine Müller'sche Faden sich nicht zur entsprechenden Uterushälfte nebst zugehöriger Tube

---

[2]) Die Keimdrüsen meist rudimentär; die übrigen sexuellen Eigenschaften von entgegengesetztem Geschlechte. Gynandres: Hoher Grad von männlicher Hypospadie incl. Scrotum; Verkümmerung des Penis; Testikel noch in der Bauchhöhle oder im Leistenkanal. Viragines: Verwachsene Labien, vergrösserte Clitoris; menstruale Blutungen.

differencirt oder nur rudimentär ausbildet. Dementsprechend ist die Gebärmutter schmäler, spitzer zulaufend und meist nach der gut entwickelten Seite hin hornförmig gekrümmt; auch ist die Muscularis

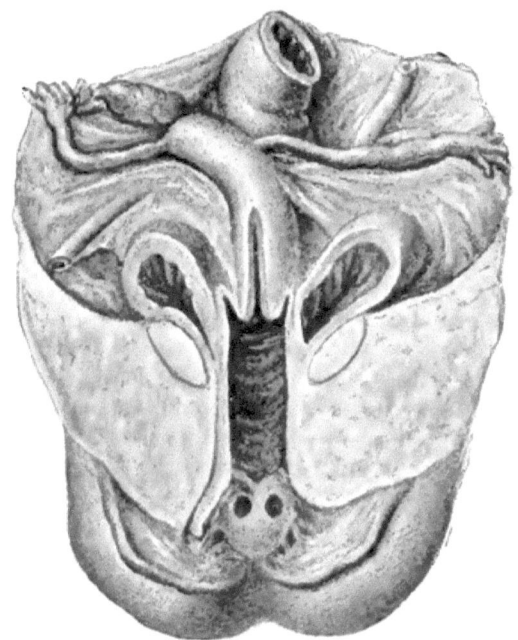

Fig. 2.
Uterus unicornis dexter; linke Hälfte nur als verlängertes Tubenrohr entwickelt. Hymen septus (Präparation vergl. Fig. 1).

der rudimentären Seite schwächer entwickelt (Fig. 2 i. Text). Der schwächste Grad ist der Ut. inaequalis ex impedita evolutione unius lateris[3]). Die Folgen für Schwangerschaft und Geburt sind in Atl. II, § 41 geschildert. Auf der rudimentären Seite

---

[3]) In 2 foetalen Fällen fand ich die Ligg. rot. nicht im Uterus-Tuben-Winkel inseriren, sondern gegen die Letztere ausstrahlen bei ungleicher Länge beider Tuben und Ligg. lata (Arch. f. Gyn. 37,2).

können Tube und Ovarium ganz fehlen oder es besteht von dem Eileiter ein entsprechend längeres, undifferencirtes Rohrstück, welches auch ganz oder partiell solide sein kann. Bei solchen Fällen hat man die Transmigratio seminis bezw. ovuli extrauterina constatirt.

Diagnostisch ist auf rechtzeitige Feststellung der Gravidität zu achten, sowie vor Allem auf Sitz derselben, da das Bersten eines graviden rudimentären Hornes gewöhnlich erfolgt und andererseits die Verwechslung mit Extrauteringravidität sehr nahe liegt (vergl. Atl. II. § 41 u. 44—46).

6, 7, 8) **Atresien** kommen an jedem Theile des Genitalapparates vor.

a) Entweder lassen sich dieselben als Bildungshemmungen aus früher embryonaler Zeit erklären, wo die beiden Müller'schen Fäden noch solide Zellstränge repräsentiren — solche Atresien werden gewöhnlich auch strangförmig einen längeren Rohrtheil betreffen (vergl. die Scheide Taf. 61 Fig. 2);

b) oder in wenig späterer, ebenfalls embryonaler Zeit (4.—6. Woche) unterbleiben bestimmte Eröffnungen und Einstülpungen eines Hohlorganes in das andere, z. B. **Atresia vulvae ani, urethrae**; diese Missbildungen kommen einfach für sich allein vor oder es hinterbleiben als weitere Hemmungs-Störungen Theile der Cloaca, d. h. jenes embryonalen Hohlraumes, welcher die Blase mit dem Mastdarm vereinigt und nach aussen verschlossen ist. Die Eröffnung nach aussen entsteht erst, wenn das Septum rectovesicale herabwächst und, indem dasselbe die Müller'schen Fäden mit in sich herabsinken lässt, allmählich den Damm bildet (vgl. Figg. 12—16 i. Text).

Fig. 3.
Atresia ani: Fistula recto-vaginalis congenita (oberhalb Hymen).

Ueberreste aus dieser Zeit sind die genannten Atresien in Verbindung mit bestimmten **congenitalen Fisteln**, so z. B. ein bei Atresia ani von dem Mastdarm zur hinteren Vaginalwand verlaufender Fistelkanal = **Atresia ani vaginalis** (vgl. Fig. 3 i. Text).

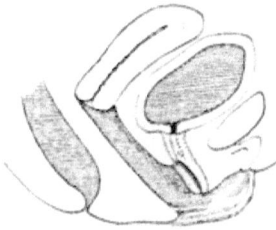
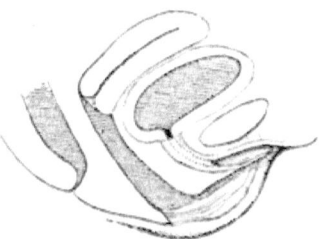

Fig. 4.
Hypospadie: hintere Wand der Urethra fehlt.

Fig. 5.
Epispadie (vordere Wand der Urethra fehlt, Clitoris fissa).

Mangelhafte Verschlüsse in der Rohrbildung der Urethra bilden die weibliche **Hypospadie** (vergl. Fig. 4 i. Text) (gegen das Vestibulum vaginae hin) und die seltenere **Epispadie** (vergl. Fig. 5 i. Text) (gegen die Clitoris hin; gewöhnlich gepaart mit Spaltung der Clitoris, der Symphyse (= pelvis fissa) und mit Inversio (Ektopia) vesicae, i. e. Fehlen der vorderen Blasenwand und zu Tagetreten der freien hinteren Blasenwand.

c) Erst in späterer embryonaler Zeit bildet sich die **Fistula recto-hymenalis s. vestibularis**, welche (im Gegensatz zu der genannten vaginalen) ausserhalb des Hymen in der Vulva mündet, ein Rest aus der Bildungsperiode des Dammes (also weit später als die Cloaca besteht) aus dem Septum urogenito-rectale und zwei seitlich herabwachsenden u.

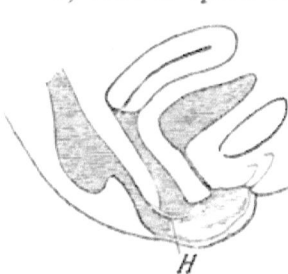

Fig. 6.
Fistula recto-vestibularis (hymenalis) bei Atresia ani congenita.

mit jenem durch die Raphe perinaealis verschmelzenden Höckern (vgl. Fig 6 i. Text).

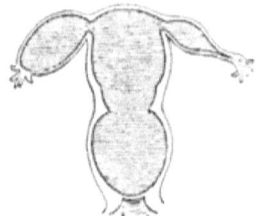

Fig. 7.
Atresia hymenalis, Haemato-Kolpos, -Metra, -Salpinx (beide Mm. erkennbar).

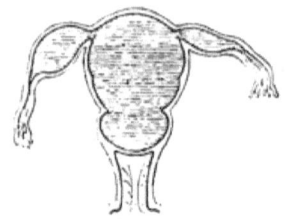

Fig. 8.
Atresia Vaginalis durch Quermembran (beide Mm. erkennbar), Haemato-Kolpos part., -Metra, -Salpinx part. beiderseits.

d) Eine vierte Gruppe von Atresien kann in dieser oder auch in viel späterer foetaler Zeit entstehen in Gestalt von **entzündlichen Verklebungen**. Diese werden weit häufiger diaphragmatischen Charakter annehmen, z. B. die **Atresien** der **Vulva** und des **Hymen**, Verschlüsse der **Vagina**, der **Cervix** und der **Orificien des Uterus** in Gestalt von Schleimhautbrücken oder Quermembranen.

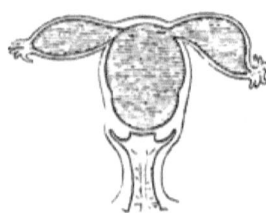

Fig. 9.
Atresia cervicalis uteri, Haemato-Metra, -Salpinx (innerer Mm. erkennbar; äusserer Mm. frei).

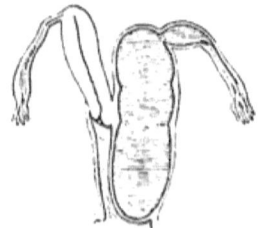

Fig. 10.
Atresia hymenalis bei Uterus et Vagina duplex; Haemato-Kolpos, -Metra, -Salpinx part. sin. (Beide Mm. erkennbar).

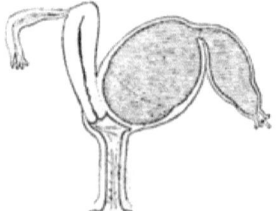

Fig. 11.
Atresia orificii externi uteri bicornis; Haematometra, Haematosalpinx sin.

Die Atresien kommen ebensowohl bei einfachen

Genitalien vor wie bei Uterus bicornis (vergl. Taf. 34 Fig. 3 und Figg. 7—11 im Text).

Die Symptome der Genitalatresien sind verschieden und treten zu verschiedener Lebenszeit auf, je nach der Art. Jedes neugeborene Kind ist sofort sorgfältig auf die Permeabilität der Harnröhre und des Afters hin zu untersuchen. So selbstverständlich das scheint, so oft wird es versäumt; dass Analatresien und erst recht Harnröhrenverschlüsse erst nach einigen Tagen zufallsweise oder durch die Retentionssymptome entdeckt werden, ist nicht selten. Auch die Durchgängigkeit des Hymen ist zu controlliren, obwohl diese Anomalie gewöhnlich erst in den Pubertätsjahren entdeckt wird; es sind sogar Fälle von Eingehen der Ehe bekannt, wo die Periode in Folge von Hymenalatresie nie eingetreten und letztere trotzdem nie entdeckt war.

Das gänzliche Ausbleiben der Periode ist das Cardinalsymptom aller **Genitalatresien**; Beschwerden treten indessen erst mit zunehmender Ausdehnung des Genitalrohres durch Schleim und Menstrualblut ein; es entstehen je nach dem Sitze des Verschlusses Haematokolpos, -Metra, -Salpinx. Die Beschwerden hiervon sind: Anfangs periodische, später dauernde Schmerzen, die wehenartig exacerbiren; der Blutsack erzeugt direkt Harn- und Stuhlbeschwerden, indirekt Indigestion, Erbrechen etc. Bei Gebärmutter-Verschluss tritt früher als bei Haematokolpos die Blutansammlung in der Tube ein (vgl. Taf. 18 Fig. 2), gefährlich wegen leichter Zerreisslichkeit der Wandungen (Vorsicht beim Untersuchen!), beschwerlich

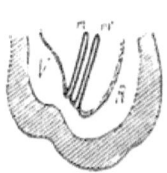

Fig. 12.
Die beiden Müller'schen Fäden (Erstanlage der weiblichen Genitalien m m') sind hier Einfachheit halber — statt neben einander — hinter einander gezeichnet. Sie münden in die nach aussen geschlossene Cloaca, welche Harnblase (Allantois V) und Mastdarm(R) verbindet. Eine seichte Einstülpung deutet schon den entstehenden Anus an; eine andere den Sinus urogenitalis.

wegen entzündlicher Irritationen des Bauchfells durch Austritt kleiner Mengen Blut aus dem Tubenostium. Dieselben Gefahren bestehen bei Blutansammlung im verschlossenen rudimentären Nebenhorn des Uterus. Geringer ist die Gefahr bei Atresie eines ganz verdoppelten Genitalkanales (Uterus septus c. vagina septa), weil hier das Bersten des Blutsackes in den offenen Genitalkanal das wahrscheinlichere ist (vgl. Figg. 10 und 11 i. Text). Platzt hingegen der atretische einfache Genitalkanal, so geschieht das meist an einer sich verdünnenden Stelle der Cervix, mithin entweder Erguss in die freie Bauchhöhle (Peritonitis!) oder subperitoneal (günstiger) mit Senkung paravaginal zum Beckenboden hinunter.

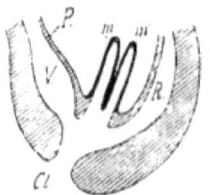

Fig. 13.
Die nunmehr excavirten Müller'schen Gänge haben sich mit dem Septum recto-vesicale gesenkt und münden in die offene Cloaca (P = Peritoneum).

Fig. 14.
Die beiden Müller'schen Gänge haben sich vereinigt zum Uterus (U); nur im Fundustheil besteht noch Septum. Langer sinus urogenitalis (s. u.) G = Genitalhöcker = künftige Clitoris. Pe = Damm. Die hoch mündende Harnröhre stellt gegenüber der Genitalmündung noch den bedeutenderen Canal dar.

Bei **Atresia ani vaginalis** findet der Kothabgang durch den Vaginalkanal statt (vgl. Fig. 3 i. Text). Besteht ein sphincterartiger Verschluss, so findet periodische Entleerung von Stuhl und Gasen statt; im anderen Falle oder wenn die Oeffnung sich zu hoch in der Scheide befindet, ist der Zustand trotz Anwendung peinlichster Sauberkeit unhaltbar. Ist die Oeffnung zu klein oder der Darm geknickt, so kommt es zu entzündlichen und Ileus-Erscheinungen.

Das gleiche gilt mutatis mutandis für die Atresia ani vestibularis (vgl. Fig. 6 i. Text).

Bei höheren Graden der Hypospadie und

besonders bei Epispadie besteht Incontinentia urinae (Harnträufeln) (vgl. Figg. 4 u. 5 i. Text).

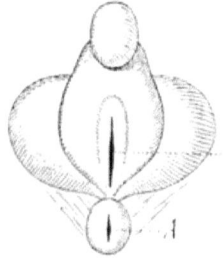

Fig. 13.
Hinter dem relativ bedeutenden Genitalhöcker (Clitoris) die spaltförmige Mündung des Sinus urogenitalis (G); dahinter der After (A). Aeusseres Situsbild zu Figg. 14 und 16.

Diagnose: Bei jedem dauernden Ausbleiben der Menstruation ist die Ocularinspection nothwendig. Bei Hymenal- und Vaginalatresie (vergl. Figg. 7—11 i. Text) sieht man die bläuliche, blasig vorgetriebene Membran; bei Cervicalatresie missglückt die Sondirung der Uterinhöhle; bei Verschluss des inneren Mm.'s ist ist die Cervix erhalten; bei derjenigen des äusseren Mm.'s hingegen verstrichen. Bei doppeltem Genitalrohr lässt sich nur das Eine sondiren.

Die Palpation vervollständigt das Bild. Wir fühlen vom Mastdarm aus gegen die Blase hin einen prall elastischen Tumor, auf welchem der Uteruskörper als härtliche kleine Ge-

Fig. 16.
Tiefertreten des Septum urogenitale; dadurch Verkürzung des sinus urog. (s. u.).

Geschwulst aufsitzt: bei noch stärkerer Ausdehnung behält die Gebärmutter immerhin Sanduhrform infolge des Widerstandes des inneren Muttermundes. Dagegen lassen sich dann seitlich die Tuben (vorsichtig!) als ebenfalls prall elastische Säcke palpiren (vgl. Figg. 7—11).

Strangförmige Scheidenatresien werden bimanuell festgestellt (vgl. Taf. 61 Fig. 2).

Therapie: Die gynatretischen Membranen sind unverzüglich zu eröffnen, indessen darf das Blut nur langsam (!) entleert werden, da hierbei ohne diese Vorsicht Collapse beobachtet sind. Sind die Tubarsäcke geplatzt, ist die sofortige

Entleerung des Blutes per Koeliotomiam indicirt. Ebenso ist der Bauchschnitt auszuführen zur Ent-

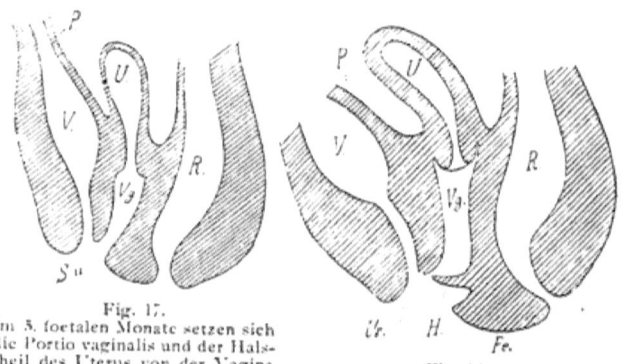

Fig. 17.
Im 3. foetalen Monate setzen sich die Portio vaginalis und der Halstheil des Uterus von der Vagina (Vg.) ab. Auch die Urethra ist deutlich von der Harnblase unterscheidbar. Das vesico-vaginale Septum bildet das Vestibulum mit.

Fig. 18.
Schema der fertigen Genitalien nach Bildung des Hymen (H.).

fernung der atretischen Haematometra eines rudimentären Nebenhornes. Bei Uterus, bezw. Vagina bilocularis (durch Septum) wird diese Scheidewand besser in toto ausgeschnitten, anstatt nur incidirt.

Fehlt die Scheide ganz (Taf. 61 Fig. 2). d. h. ist dieselbe strangförmig atretisch, so wird unter Sondirung von Blase und Mastdarm vorsichtig zwischen beiden hindurch im Bindegewebe in die Höhe präparirt, also eine künstliche Scheide geschaffen; die Verjauchung des theerartigen Blutes ist zu verhindern durch antiseptische Compressen; ebenso der narbige Wiederverschluss des neuen Scheidenrohres durch plastisch-operative Ueberhäutung. Findet dennoch Wiederverklebung statt oder wird eine solche a priori gefürchtet, so entfernt man per Koeliotomiam die Ovarien und näht den Uterus in die Vulvawunde ein zur Verhinderung einer noch möglichen Hydrometra.

Harnröhrenspalten werden plastisch-operativ geschlossen. Die Fisteln bei Atresia ani vaginalis und vestibularis heilen spontan oder nach leichter Aetzung, bezw. werden gespalten und verheilen dann, nachdem das Rectum thunlichst in natürlichem Situs herabgeleitet und mit Anus an gehörigem Orte versehen ist, d. h. indem vom Perinäum her operativ vorgegangen wird.

§ 2. Hyperplastische Bildungs-Anomalien der foetalen Anlage.

1) Verdopplungen ganzer Organe:

a) des ganzen Genitaltractus:

> α) Uterus didelphys, i. e. Uterus + Vagina, wachsen als 2 Müller'sche Fäden (vgl. Figg. 12 u. 13 i. Text) separirt weiter, ohne fernere Differencirung, also entweder als zwei solide Stränge oder als zwei blind endigende hohle Röhren;
>
> β) Uterus et vagina duplex, i. e. zwei vollkommen in Gebärmutter (vgl. Fig. 19 i. Text) und Scheiden differencirte Genitalrohre liegen neben einander; jedes Rohr hat naturgemäss nur eine Tube und ein Ovarium.
>
> Diese beiden Missbildungen kommen nur bei solchen Monstren vor, welche wegen anderer bedeutender Bildungs-Anomalien lebensunfähig sind. So fand ich in der Münchener Frauenklinik zwei Fälle von Typus α bei Ektopia viscerum und Totaldefect von Blase, Nieren, Cloakenbildung etc.; ebenso einen Fall von Typus β bei Hernia umbilicalis mit Eventration sämmtlicher Eingeweide und Atresia ani. Die vorkommende Verdopplung von Vulvartheilen hat keine praktische Bedeutung (vgl. Arch. f. Gyn. 37,2).

b) der Uterusadnexa: Ovarien, Tubenostien, — durch Spaltung der Keime entstanden.

c) des Uterus: **bicornis** (Taf. 9 Fig. 2 und Fig. 19 i. Text), i. e. Zweihörnigkeit der Gebärmutter, dadurch entstanden, dass diejenigen Theile der Müllerschen Gänge, welche das Corpus uteri bilden sollen, sich nicht an einander anschliessen, sondern sich einzeln, vom gemeinsamen Collum abgehend, weiter entwickeln. Diese Missbildung kann mit den folgenden gepaart sein. Bei dem geringsten

Grade ist der Fundus eingekerbt, daher Ut. introrsum arcuatus.

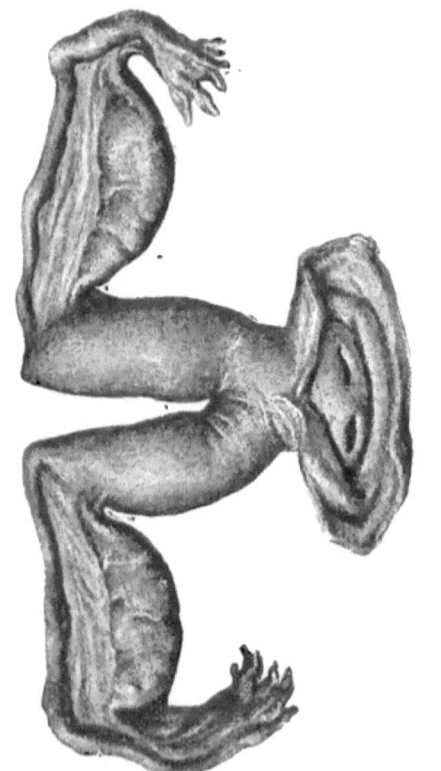

Fig. 19.
(Präp. d. Heidelberger Frauenklinik.) Uterus bicornis bicollis bei Vagina simplex.

2) **Verdopplung durch ein Septum** entsteht dadurch, dass sich die Müller'schen Gänge zwar an einander legen, dass aber die zwischen ihnen bestehende Scheidewand nicht schmilzt (vgl. Figg. 14 u. 17 i. Text). Normalerweise beginnt dieser Prozess in der 8.—12. Woche, u. zw. zuerst in jenem Theile des Rohres, in welchem die Portio vaginalis sich in der 20.—30. Woche bildet. Daher ist es erklärlich, dass

alle Grade von Bicornität mit allen Graden von
Septumbildung in Scheide und Uterus vorkommen

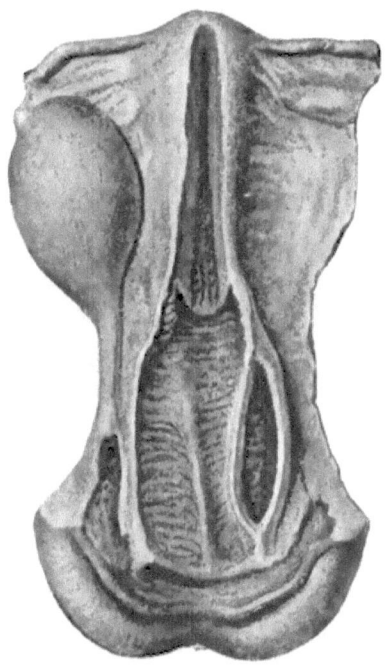

Fig. 20.
Vagina septa mit einem atretischen Canal (Münch.
Frauenklin. Arch. f. Gyn. 37,2).

können. So giebt es Uterus bicornis septus oder
bicollis und subseptus oder unicollis, beides wieder
mit oder ohne Vagina septa, bezw. subsepta
(vergl. Taf. 9 Fig. 2 und Figg. 20 und 21 i. Text).
Das eine Rohr kann, wie schon oben (§ 1) erwähnt,
atretisch sein (Figg. 10 und 11 i. Text).

Es giebt auch einen Hymen septus oder
bifenestratus, der durch seine derbe Widerstands-
fähigkeit in der Pathologie des sexuellen Lebens eine
Bedeutung spielen kann (Fig. 2 i. Text).

¶ **Symptomatologie:** Den Einfluss dieser Missbildungen auf die Geburt habe ich in Atl. II § 41 beschrieben. Oft tritt aber zu Folge von geringer Entwicklung der ganzen Genitalien gar keine Conception ein. Es besteht dann meist Amenorrhoe bei an sich schon schwächlichen Individuen. Solchen ist vom Heirathen abzurathen.

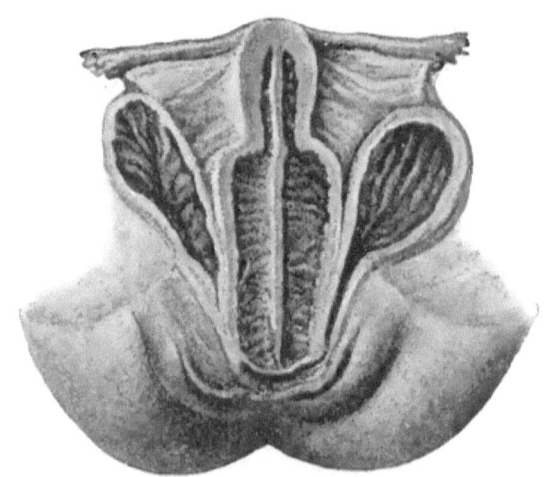

Fig. 21.
Uterus et Vagina septa (Münch. Frauenklinik).

Therapie: Unterbindung oder Durchtrennung (Paquelin) der Septa. — Bei Castration wegen Myomblutungen oder bei Totalexstirpation der Gebärmutter ist zu Folge des etwaigen Vorhandenseins eines dritten Eierstockes an die Möglichkeit eines Misserfolges oder einer eintretenden Abdominalgravidität zu denken.

Kapitel II.
Entwicklungs-Hemmungen und Anomalien der infantilen und der Pubertäts-Periode.

1) Uterus foetalis (oft planifundalis);
2) „ infantilis und Ut. membranaceus;
3) Anteflexio Ut. infantilis;
4) Stenosis cervicis et orificii externi;
5) „ vulvovaginalis s. hymenalis;
6) Evolutio praecox;
7) Oligo- und Amenorrhoe;
8) Dysmenorrhoe;
9) Menorrhagien;
10) Sterilität.

§ 3. Die infantilen Bildungs-Anomalien.

1, 2) Jene Bildungshemmungen, die wir als **Ut. foetalis**, bezw. **infantilis** bezeichnen, gehen combinirt mit functionellen Störungen (= Symptomen), die sub 3—8 angeführt sind, und allgemeiner schwächlicher Körperconstitution, Idiotie etc. Bei der foetalen Form ist der Uteruskörper im Wachsthum zurückgeblieben, so dass das Collum relativ an Grösse überwiegt: die Portio vaginalis uteri ist sehr klein und mit minimaler Oeffnung versehen. Letzteres ist auch beim infantilen Uterus der Fall (Taf. IX Fig. 1), indessen ist das Corpus ut. doch so weit entwickelt, dass die Muscularis gleiche Wandungsstärke hat wie der Gebärmutterhals. Was die Form aber

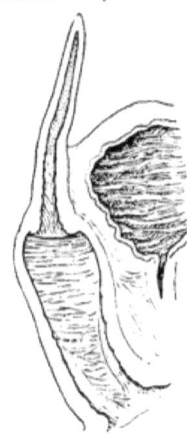
Fig. 22.
Uterus membranaceus.

anlangt, so sitzt der Körper dem Halse mehr als Letzterem, gleichwerthige walzenförmige Fortsetzung auf, denn als mächtigerer, birnförmiger Haupttheil. Der **Ut. membranaceus** repräsentirt eine einfache primäre Atrophie des Organes Fig. 22 i. Text). Alle 3 Formen weisen absolut zu kleine Organe auf. Die **Diagnose** wird mittelst der bimanuellen Exploration, event. vom Rectum aus, und unter vorsichtiger Einführung der Uterinsonde gestellt.[4])

Therapie: Bekämpfung der Anämie, Tuberkulose durch Roborantien. Hebung der lokalen Blutzufuhr durch Massage, warme Sitzbäder, reizende Scheideninjectionen und Intrauterinstifte, häufige Scarificationen. Senfteige auf die Oberschenkel zur Zeit der Molimina menstrualia. Faradisation mittelst in den Uterus eingeführter neg. Sonde, Pol auf Mons Veneris.

3, 4) Die **infantile Anteflexion** (Taf. 34 Fig. 3) bei Kleinheit des Organes kommt oft gepaart mit **Stenose** des Cervicalkanales oder des Muttermundes vor. — Eine andere Art, die puerile Anteflexion besteht in der Vorwärtsknickung eines normal grossen flexiblen Organes bei verkürzter vorderer Scheidenwand, in deren verlängerter Achse der spitze, intermediär hypertrophische Gebärmutterhals liegt.

Symptome: Dysmenorrhoe (vergl. 8) und Sterilität. Beide können rein mechanisch durch die Passagenenge entstehen, bezw. durch den Knickungswinkel, zumal wenn Letzterer bei langer Dauer der Knickung durch secundäre entzündliche Prozesse „steif" geworden ist, das Organ also seine Flexibilität verloren hat. Indessen ist die häufigere Ursache Beider die Stauungshyperämie und die

---

[4]) Die normale Uteruslänge beträgt für die Sonde 6 cm.

daraus allmählich resultirende, wuchernde Endometritis; für die Sterilität ausserdem noch die häufige Hypoplasie.

Diagnose: Die Anteflexion wird bimanuell bei entleerter Blase festgestellt (Taf. 40 Fig. 1), wobei Form und Richtung des Scheidentheiles beachtet wird. Die Sonde controllirt die Richtung und stellt die Enge des Gebärmutterhalses[5]) fest, bezw. ob dieser in toto oder nur an Einem der beiden Orificia verengt ist und ferner die secundäre Erweiterung der Uterinhöhle oder des Cervicalkanales (Taf. 34 Fig. 3).

Therapie: Zur Beseitigung der Stenose (vorausgesetzt, dass keine andere Ursache der Beschwerden besteht, z. B. Endometritis): Dilatation durch Metalldilatatoren, Laminariastifte oder Jodoformgazetamponade. — besser die dauernd wirkenden bilateralen ca. 1 cm tiefen Discisionen der Muttermundscommissuren mittelst der Cowper'schen Scheere unmittelbar nach der Periode; Suturen, in seitlicher Richtung angelegt, vereinigen die Cervicalmucosa mit der Portioschleimhaut; die Nahtreihe läuft also unter Klaffen des Mm.'s von der vorderen zur hinteren Lippe. Da bei dieser Sims'schen Methode die Wundflächen leicht wieder mit einander verkleben, legt man zweckmässiger 4 radiäre Schnitte (Kehrer). Tamponade mit Eisenchlorid-Watte. Bei Stenose des ganzen Cervicalkanales: Faradisation mittelst des negativen Sondenpoles in demselben (50Milliampères).

Betr. der Anteflexio Application des Intrauterinstiftes, eines kurzen, sondenartig in die Cervix eingeführten Stäbchens aus Fischbein (2—3 mm dick; die Länge muss 1—1½ cm kürzer als die der Uterinhöhle gewählt werden) mit einer Horn-

---

[5]) Der normale Cervicalkanal lässt eine Sonde von 4 mm Dicke passiren, bezw. Bougie 11 u. m.

platte (von 2—2½cm Durchmesser, v. Winckel). Misslingt die direkte Einführung, so wird der Uterus erst mittelst einer Sonde gestreckt und längs dieser der Stift applicirt. In den ersten Tagen Fixation desselben durch einen Wattetampon und ruhiges Verhalten. Entfernung desselben, sowie Schmerzen entzündliche Reactionen andeuten.

Dieser Stift soll nicht nur die Knickung als solche beseitigen, vielmehr wirkt er erfahrungsgemäss (v. Winckel) günstig gegen die Dysmenorrhoe und die Sterilität. Zugleich wirkt er günstig reizend auf die Kräftigung des Organes. Wechsel alle paar Monate; antiseptische Scheidenausspülungen.

5) **Stenosis vulvo-vaginalis**, bezw. **hymenalis**: nur bei höheren Graden von Vagina infantilis braucht incidirt zu werden: es muss dann aber gleichzeitig ein Transplantationslappen eingeheilt werden. Einen zu derben, den Coitus behindernden Hymen incidire bezw. vernähe man mit Catgut, da bedenkliche Blutungen durch seitliches Einreissen bei forcirter Immissio penis oder bei der Geburt zu Stande kommen können. — Bei geringeren Graden dehnen, forcirt oder langsam mit Jodoformgaze.

§ 4. Die Anomalien der Menstruation.

Die **physiologische Menstruation** tritt als Zeichen der sexuellen Reife im Pubertätsalter (14. bis 16. Jahr in unserem Klima; in wärmeren Gegenden früher; in grossen Städten früher als auf dem Lande) zuerst ein in Gestalt einer Blutung, als Folge einer regelmässigen monatlichen Blutfluxion zu den Genitalien, welche unter gleichzeitiger Reifung und Loslösung eines Eichens vom Eierstock (Platzen eines Graaf'schen Follikels = Ovulation) den Zweck hat, die Schleimhaut der Gebärmutter durch Lockerung und Blutfüllung für die Aufnahme und Weiterernährung eines geschwängerten ovulum zu präpariren. Dieser gesammte Vorgang (Ovulation + Menstruation) wird central regulirt. Der Sitz der Blutung ist die Schleimhaut des Uteruskörpers, wenn keine Gravidität eintritt.

Häufig sind mit der Menstruation Beschwerden verbunden als vorhergehende oder begleitende Erscheinungen: Exantheme (Herpes labialis, Acne), Jucken, Frösteln, Neuralgien, Müdigkeit, Schwindel, Koliern im Leib, Diarrhoe mit plötzlich eintretender Obstipation, fluor albus zwei Tage vorher, häufigerer Drang zum Uriniren.

6) Die **Evolutio praecox** lässt die Menstruation bereits im kindlichen Alter unter gleichzeitiger Vollendung der Geschlechtsreife eintreten. (Gar nicht so selten vorkommende Blutungen aus den Genitalien Neugeborener werden fälschlicherweise hierzu gerechnet.) Werden solche Individuen, deren übriger Habitus — Mammae, Behaarung — ebenfalls derjenige einer Erwachsenen ist, gravid, so vollziehen sich die Geburten gewöhnlich ohne besondere Schwierigkeiten.

7) Die **Oligo- und Amenorrhoe: Aetiologie**: in §§ 1—3 finden wir bereits eine Reihe Ursachen für die Amenorrhoe in Bildungs-Anomalien der Genitalien. Wir können dieselben eintheilen in: a) dauernde organische Ursachen: Defecte von Uterus oder Ovarien oder der Graaf'schen Follikel bei sonst völliger Entwicklung der Genitalien (sei es congenital oder als Folge von Oophoritiden vor der Pubertät); b) nicht in jedem Falle bleibende functionelle Störung: infantil gebliebene Genitalien (Kleinheit, Anteflexio, Stenose, ungenügend entwickelte Mucosa), Anämie (ungenügende Stärke der Uterushyperämie); c) mechanische, zu beseitigende Hindernisse: Atresien: d) Ursachen der secundären, zeitweilig oder späterhin auftretenden Amenorrhoe: Constitutionelle Leiden (auch z. B. Morphinismus, Fettleibigkeit), schwere acute Erkrankungen, intensive Gemüths-Bewegungen (Schreck, Furcht vor Schwangerschaft), Erkrankungen der Genitalien = Metritiden (Schrumpfung der

Schleimhaut), Perimetritiden (Ovarien in Exsudatmassen eingebettet, Tubenostien damit umsponnen) und Oophoritiden, Ovarialtumoren, puerperale Hyperinvolution (Atrophie der Genitalien) — endlich als physiologischer Process die Gravidität, wobei zu bemerken ist, dass trotz Amenorrhoe Ovulation und Conception statt haben können!

Therapie: Zunächst ist es unerlässlich, festzustellen, ob überhaupt eine wahre Amenorrhoe besteht, d. h. ob nicht eine mechanische Behinderung des Blutausflusses besteht; es ist demgemäss die Beseitigung der Atresien anzustreben (§ 1 und Taf. 31).

Demnächst ist durch Exploration obige sub a angeführte A. auszuschliessen, welche der in § 1 angegebenen symptomatischen Behandlung unterliegt.

Eine langwierigere, wenn auch bei nöthiger Consequenz oft erfolgreiche Behandlung beansprucht Gruppe b (vergl. § 3). Die Regelung der ganzen Lebensweise zum Zwecke der Kräftigung ist hier Cardinalprämisse.

Alle Schädlichkeiten sind auszuschliessen: Ueberanstrengungen, vor allem psychischer Natur (vieles Auswendiglernen und stundenlanges Sitzen über Schulaufgaben, Stickereien oder sonstigen Handarbeiten, häufige Besuche von Schaustellungen, Bällen u. dgl.) zu wenig und zu viel Schlafen, erschöpfende Säfteverluste (Diarrhöen, fluor albus, Folgen von Masturbationen), ungeeignete Ernährungsweise usw.

Zu empfehlen ist: zuerst blande, kräftigende, nicht verstopfende oder blähende, dann erst Fleischkost, — regelmässige geordnete Arbeit in Küche und Keller, wenn möglich auf dem Lande, — tgl. 1—2 Stunden ohne Ermüdung spazieren gehen — Regulirung des Stuhles (Genuss von Früchten; Einläufe von lauwarmem Wasser ohne oder mit Seife, Oel, ferner milde Laxantien). Als Unterstützung und zur Appetitanregung dienen vor allem Hommel's Hämatogen (Hämoglobinum liqu.) oder Dahmen's Haemalbumin-Pulver, sonst Eisenpeptonat-Weine, Blaud'sche Pillen mit Chinatinctur u. dgl. m.

Zur Regelung der Blutcirculation dienen warme Fussbäder (28—30° R. mit einigen Esslöffeln Salz oder Senfmehl, tägl. 1—2 Mal) oder auch warme Sitz- oder Vollbäder, sowie Auflegen von Sinapismen auf die Oberschenkel zu Zeiten, wo Congestion zu den Beckenorganen sowie schleimiger Ausfluss den eigentlichen Eintritt der Periode andeuten. Andererseits dürfen kühle Bäder, Flussbäder nicht genommen, wie überhaupt Kleidung und Lebensweise eine warme sein muss. Von Badeorten sind Wildbad, Pyrmont, Driburg, Schwalbach und Schlangenbad, St. Moriz u. a. empfehlenswerth, dagegen Seebäder nur als Luftkurorte, welche zugleich appetitanregend wirken.

Bei besonders nervösen bleichsüchtigen Mädchen ist die Weir Mitchell-Playfair'sche Mastkur am Platze.

Die lokale Behandlung vgl. in § 3; zu betonen ist hier noch die Massage.

Die Gruppe d ist entsprechend den einzelnen Primärleiden zu behandeln. Die Hyperinvolution wird mit Massage und Inductionselektrizität (vergl. § 3 Stenose) behandelt.

Bei der Amenorrhoe haben wir eine Reihe von **Folgezuständen** zu beobachten und zu behandeln:

1) vicariirende Blutungen (Haemoptoë, Hämatemesis, Haemorrhoiden) aus anderen Schleimhäuten (Blutungen aus Nieren, Blase, Haut, Nase, Augenlid, vorderer Augenkammer, Ohren, Lippen, Narben); indessen ist meist schwer zu entscheiden, ob diese Folge oder nicht vielmehr Ursache der Amenorrhoe sind, zumal sie nicht streng periodisch auftreten.

2) Exantheme: erythematöse, impetiginöse, herpetiginöse (besonders am Lippenrande) und pustulöse (Acne) — ebenfalls vicariirend.

Therapie gegen Acne: Kummerfeld'sches Waschwasser, Lassar'sche Schälpaste, Schwefelsalbe, Pillen von ammon. caust. (0,1 in Dragées); gegen Urticaria und Erytheme: Laxantien, Salicylalkohol, Atrop. od. Natr. salicyl. (6—8 gr. pro die); gegen impetiginöses Eczem (Pusteln mit honiggelber Kruste): Ung. diach. vaselini oder Wilson's Ung. Zinc. benzoat. oder Bismuthsalbe; gegen Herpes: Ung. Wilsonii Zinci benzoati.

3) Neurosen ebenfalls periodisch: Neuralgien, Herzpalpitationen, congestive Wallungen nach dem Kopfe, Dyspnoen (asthma uterinum), Magenkrämpfe, Verdauungsstörungen etc.

Therapie bei Neuralgien und Asthma: Coffein, Antipyrin, Chloroform-Inhalationen, Inf. digital. und Eisbeutel auf's Herz.

8) Die **Dysmenorrhoe** wird charakterisirt durch heftige, zur Ruhe zwingende, (reflektorisch Uebelkeit, Erbrechen, Schwindel, Ohnmacht hervorrufende) Uterin-Schmerzen.

Es lassen sich aetiologisch 7 Formen unterscheiden:

a) reflectorisch bei Erkrankungen der Ovarien, Tuben, des Perimetriums etc.;

b) im Initialstadium der Myomata intramuralia;

c) als Neuralgia uteri, durch Schreck, Coitus interruptus, Masturbationen, mechanische Irritationen und Insulte;

d) Congestiv bei Uterusknickungen und allen Zuständen, welche eine Hyperämie des Organes hervorrufen; der Schmerz geht dem Blutfluss vorher und schwindet mit diesem, also mit der Entlastung der Gefässe;

e) entzündlich bei Endometritis, Metritis, Para- und Perimetritis: hier ist der Schmerz mit dem Beginne der Periode am stärksten und lässt langsam nach; der Uterus selbst ist sehr empfindlich. Im höchsten Stadium der Entwicklung der Krankheit werden Schleimhautfetzen, zuweilen die ganze Mucosa als 3-eckiger Lappen (Decidua menstrualis) ausgestossen, daher Dysmenorrhoea membranacea bei Endometritis exfoliativa;

f) mechanisch-obstructiv, oft ein Vorläufer der vorigen (vergl. § 3 u. 4 Amenorrhoe), — entweder durch zu rasche, massenhafte Blutausscheidung, oder durch Stenose oder Knickung des Gebärmutterhalses entstehend: die Schmerzen sind wehenartig. Dicke Blutcoagula oder Schleimhautfetzen werden entleert;

g) die Exfoliatio mucosae menstrualis oder Dysmenorrhoea membranacea ohne Endometritis.

Diagnose und **Therapie**: Zu a: bei jeder Dysmenorrhoe ist durch genaue bimanuelle und Sonden-Exploration der gesammte Genitalbefund festzustellen und die Constitution der Pat. zu berücksichtigen.

Zu b: die kleinen intramuralen Myome sind nicht zu diagnosticiren; es sei denn, dass sie beginnen die Uteruswand vorzuwölben oder nachweislich Consistenzveränderung hervorbringen. Charakteristisch sind hierfür heftige bohrende fixe Schmerzen ohne Fieber. Suppositorien oder Injectionen oder Globuli mit Chloralhydrat, Extr. Belladonnae oder Hyoscyami oder Tr. thebaica oder Antipyrin (Beide ebenso wie auch Chloralhydrat per rectum), zur Bekämpfung der Schmerzen. Hautreize (Sinapismen, Kampherspiritus auf Compressen) Ergotin und Soolbäder im Hause oder in Kreuznach, Tölz, Hall (Ob.-Oestr.). — Beim Anfall Bettruhe.

Zu c: Bromkali, Antipyrin (ev. als Lavement) und dieselben erwähnten Globuli und Hautreize.

Zu d: Bettruhe, warme Bedeckung des Abdomen und des ganzen Körpers, heisse Handbäder,

Hautreize (wie b). Laxantien und Ipecacuanha gegen Magenüberfüllung und gegen Katarrhe (auch Antimonialien, Diaphoretika). Zur lokalen Entlastung der Gefässe Scarificationen oder 2 Blutegel ad portionem.

Zur Bekämpfung der Schmerzen sollen erst dann die sub b angeführten Narkotika applicirt werden, als Injectionen in vaginam oder per rectum, als suppositoria oder globuli. Die ursächlichen Veränderungen sind als solche zu behandeln; Knickungen mit Ringen und Massage u. dgl. m.; Stenosen event mit Laminaria, Tupelo (Quellstifte).

Zu e: Beseitigung der Entzündungen. Die Anfälle werden wie bei d behandelt, vor allem Blutentleerung (2 Blutegel) und Laxantien, Scarificationen der Cervicalmucosa, Keilexcision (vgl. Metritis).

Zu f: vgl. Therapie der Stenose und der Amenorrhoe in §§ 3 und 4. Die Schmerzen treten nach Beginn der Menses ein.

Zu g: 2 Blutegel ad portionem, mehrmalig, verhinderte (nach v. Winckel) die Ausstossung der Decidua menstrualis und bewirkte Conception und Heilung. — Versuch mit Curettement und Aetzen (Eisenchlorid post operat.; Chlorzink). Symptomatisch wie bei b und d.

Hitze- und Kältegefühl, Uebelkeit, Erbrechen, Schwindel, Kopfweh, Ohnmacht als Prodrome mit oder ohne hysterische Convulsionen. Circumscripter Schmerz im Unterleib. — Der Blutabgang kann gering sein. —

Mit oder ohne Schmerz geht die oben erwähnte Membran ab; wenn sie vollständig ist, ist sie ein dreieckiger Sack oder Lappen mit den 3 Uterinöffnungen (Ostia tubarum, os internum). Die von der Uterinwand abgerissene Aussenfläche ist rauh, fetzig, — die Innenfläche glatt mit Furchen und punktförmigen Drüsenöffnungen. Mikr.: Structur der Decidua menstrualis: Bindegewebe mit zahlreichen kleinen Rundzellen, welche Ersteres nicht verdecken; dazwischen Querschnitte und Oeffnungen von Utriculardrüsen mit Cylinder-Epithel und Blutgefässe. Nur ganz vereinzelt können grössere Zellen vorkommen. Zuweilen stossen sich bei Colpitis exfoliativa auch Membranen aus der Scheide ab, bestehend aus polygonalen

Plattenepithelien mit relativ kleinem, bläschenförmigem Kern. (Vgl. auch Taf. VIII Fig. 1 mit 3.)
≅ Mikr. Diff. Diagn.: (vergl. Atl. II, Fig. 58, 121, 124, 126, 127). Die Decidua vera graviditatis besteht aus einer Platte von grossen, unregelmässigen rundlichen (Decidua-) Zellen mit grossen, oft mehreren Kernen, derart, dass das ohnehin spärliche Bindegewebe ganz verdeckt ist.

9) **Die Menorrhagie.** Unter M. werden nur solche Uterinblutungen verstanden, welche eine im Verhältniss zu dem Gesammtbefinden zu reichliche Periode repräsentiren, so dass Symptome von Anämie auftreten oder dieselben bei schon Anämischen verstärkt werden: Schwindel, Ohnmacht, Ohrensausen, Augenflimmern, Uebelkeit, Erbrechen, Obstipation, auffallende Blässe der Schleimhäute, Müdigkeit, Kurzathmigkeit u. s. w. Die M. kann habituell oder vorübergehend auftreten.

Aetiologie: a) Genitalerkrankungen: Tumoren, Verlagerungen und Entzündungen ; b) Krankheiten anderer Organe, welche Circulationsstörungen hervorrufen (Herz, Lungen, Nieren, Milz, Leber); c) in Begleitung von Darmerkrankungen (Dysenterie, Obstipation); d) nervöse Hyperämien (Gemüthsbewegung, erhitzende Getränke); e) in Begleitung constitutioneller Erkrankungen (Werlhof'sche Krankheit, zu starke Entwicklung des panniculus adiposus).

Therapie: Symptomatisch: Ruhe in horizontaler Lage, blande Diät, beruhigende Getränke (Säuren, Brausepulver).

Betr. Genitalerkrankungen (Gruppe a) vgl. die Behandlung von Endometritiden (spez. fungosa et haemorrhagica), Metritis chronica im Anschoppungsstadium (I.), Para- und Perimetritiden, — Fibröse und Schleimpolypen des Uterus, Sarcom und Carcinom, Ovarialtumoren, — Flexion und Prolaps des Uterus.

Bis zur Radicalbehandlung wird die Blutung mit Ergotin und Secale cornutum oder Hydrastis canadensis (bezw. Hydrastin), sowie mit heissen (36—42° R.) Scheidenausspülungen (in 3- bis 6-stündigen Pausen) oder sehr fester Scheidentamponade (Jodoformgaze oder Salicylwatte) bekämpft, event. sogar Tamponade der Cervix mit Jodoformgaze oder Laminaria.

Als direkt local wirkendes Blutstillungsmittel wird Liqu. ferri sesquichlorati auf Watte applicirt, event. bleibt die armirte Sonde (Aluminium oder Holz) 2—3 Stunden in der Cervix liegen. Das Ferripyrin erprobte ich als gutes Blutstillungsmittel ohne ätzende Nebeneigenschaften.

Specifisch bei Gruppe b wirken resp. Digitalis, Exspectorantia, — die Curbrunnen von Karlsbad, Wildungen, Neuenahr, Vichy.

Bei Gruppe c: Laxantia (Inf. Sennae als Klystier, starkes Rheuminfus. = 10 : 100, ol. Ricini).

Bei Gruppe d: vgl. bei Dysmenorrhoe.

Bei Gruppe e: locale Blutstillung wie bei a und Ergotin, bezw. Entfettungskuren nach Banting, Epstein, Oertel, combinirt mit Marienbad.

§ 5. Sterilität.

Die Ursachen der Kinderlosigkeit können in der rein körperlichen oder psychischen Beschaffenheit des Mannes oder der Frau oder in habitueller Erkrankung der Früchte gefunden werden; sie lassen sich in 4 Gruppen eintheilen:

1) Impotentia coeundi durch Organfehler oder nervöse oder psychische Einflüsse.

Mann:	Frau:
Epi- und Hypospadie; Parrhese oder Paralyse der Nn. erigentes in Folge von psychischer Beeinflussung oder nervöser Schwäche (Hirn- und Rückenmarksleiden, Alter, perverse Gewohnheiten etc.); Aspermatismus durch Narbenstenosen, Prostatahypertrophie.	Atresie oder Stenose des Hymen oder der Scheide. Vaginismus; Hindernde Tumoren oder Entzündungen; Mangel an Libido.

2) Azoospermie bezw. aufgehobene Eibildung.
Hodenatrophie (durch gonorrh. Congenital oder durch Oopho-
Orchitis, Traumen u. dgl.); ritis, Nichterfolgen des Folli-
Atresien der Duct. ejaculat. kelplatzens. Ovarialtumoren.
3) Das Sperma gelangt innerhalb der weiblichen Genitalien nicht zum Ovulum.
        Atresie oder Stenose im Uterus
        oder Tuben (Knickungen Beider);
        zäher Cervicalpfropf (Endometritis);
        Uterin- oder Tuben-Tumoren;
        Tubenatresien u. dgl. m., perioophoritische Pseudomembranen.
4) Das Ei haftet nicht in der Uterinmucosa.
        Endometritis; Uterintumoren, Schwäche;
        Krankheiten des Eies.

Untersuchung:

Mann: Frau (vergl. § 1 bis 4).
Da Gonorrhoe eine häufige Ursache der Azoospermie, sowie von Narbenstenosen ist, so ist anamnestisch sowie durch objective Untersuchung hierauf zu fahnden, ob Strictur, Schleimabsonderung, Spermatozoen (in gehöriger Form und Menge) im Sperma.

Beschaffenheit der Menses; ob Fluor albus? (Gonokokken): Uterus im Speculum und sondiren; Uterus et adnexa bimanuell.

Therapie: entsprechend dem jeweiligen Befund. Wird keine Ursache gefunden, den Rath geben, das Sperma bei fest geschlossenen Beinen möglichst lange in der Vagina zu behalten, da M. Sims feststellte, dass das hintere Scheidengewölbe als receptaculum seminis für die bei normaler Uteruslage daheineintauchende Portio vaginalis fungirte. Der Coitus muss bei erhöhtem Becken der Frau oder a posterioribus ausgeübt werden.

Gruppe II.
Gestalt- und Lageveränderungen.
Kapitel I.
Hernien.

Einstülpung von Bauch-Organen in natürliche, durch grössere Nachgiebigkeit präformirte Kanäle innerhalb der gegen aussen deckenden und einhüllenden Weichtheile zeigen sich an den Bauchdecken, in der Glutäalgegend, im Verlaufe des Kanales der Schenkelgefässe, in der Scheide und in den Labien. Die Scheidenhernien vgl. sub Inversio vaginae. § 7.

§ 6. Hernien und andere Gestaltsveränderungen der Vulva.

Der Bruchinhalt kann bestehen aus Uterus, — zumal eines Uterushornes (vgl. Atl. II Fig. 35 und § 36 das herniös gelagerte gravide Horn) bei Uterus bicornis — und seinen Adnexen (Ovarium, vgl. § 1 Pseudohermaphroditismus), mit oder ohne Därme und deren Anhänge oder diese allein.

Der häufigere Weg führt durch den Leistenkanal (Taf. IV Fig. 1), seltener vor dem breiten Mutterband längs dem Musc. levator ani: im ersteren Falle spricht man von einer Hernia inguinalis labialis (anterior), im letzteren von einer H. vaginalis labialis (posterior). Die Säcke können Melonengrösse erreichen.

Diagnose: Der verschiedene Füllungsgrad und die Reponibilität der darin enthaltenen Organe mit meist flüssigem und gasigem Inhalte und demgemäss gurrenden Geräuschen — oder die charakteristische Form und Druckempfindlichkeit des Ovariums — das stärkere Hervortreten bei Anwendung der Bauchpresse.

Therapie: Wie bei anderen Brüchen Taxis und Retention durch eine Pelotte (Scarpa) oder einen grossen hohlen Scheidenring (Hartgummi), bezw. Eröffnung des Bruchsackes oder, wenn die Reposition auf dem ursprünglichen Wege nicht möglich, per Koeliotomiam und innere Nahtfixation und Nahtverschluss der Bruchpforte.

Von anderen Gestaltsveränderungen kommen namentlich Verdopplungen und Vergrösserungen einzelner Theile, z. B. Nymphen, Clitoris, vor, wodurch Reizzustände, Wundwerden, Oedeme etc. entstehen können.

Therapie: häufige Waschungen ev. mit adstringirenden Wässern, und Umschläge, z. B. mit Abkochung von Eichenrinde, Bleiwasser oder zur Heilung: Borvaseline, Sitzbäder mit Kleie, Dermatol, oder zur Beruhigung starke Cocainlösungen auftupfen.

Kapitel II.
Inversion (Umstülpung) und Descensus, bezw. Prolaps (Vorfall).

Die Inversion und der Prolaps stehen, insofern als die Erstere eine bedeutende Praedisposition für den Letzteren abgibt, in einem gewissen Zusammenhang. Die invertirte Scheide zieht leicht die Gebärmutter mit zur Vulva, noch ungerechnet jene Fälle, wo der Inversio Vaginae und dem Prolapsus Uteri dieselbe Ursache zu Grunde liegt. Die Inversio Uteri zieht ebenso leicht ein Tiefer- und gänzliches Heraustreten des Organes aus der Vulva nach sich. Andererseits kann der Gebärmuttervorfall, bezw. auch der scheinbare Vorfall derselben durch Cervixhypertrophie zur Umstülpung der Scheidenschleimhaut führen.

§ 7. Die Inversion von Vagina und Uterus.
(Taf. 4, 21, 22, 25, 64).

Die **Scheideninversion** führt meist zur Bildung von Hernien: am häufigsten sind diejenige des hinteren Blasentheiles (= **Cystocele**, Taf. 22 Fig. 4) und der vorderen Rectalwand (= **Rectocele**, Taf. 22 Fig. 3). Weit seltener stülpen sich andere Organe in die Scheide ein, sei es von der hinteren oder vorderen Excavatio peritonealis her oder parametran, bezw. paravaginal. In Atl. II werden (Figg. 85 bis 88, § 23, 24) bereits Fälle von Graviditas uteri retroflexi incarcerati und von Extrauteringravidität aufgeführt, bei welchen die Fruchtsäcke sich nach der Scheidenwand hin durchbohrten.

Weiterhin kommen von seltenen Fällen in Betracht die **Ovario-**, die **Entero-** (Taf. 61 Fig. 1), die **Hydro-** und **Pyo-Colpocele** (Taf. 43 Fig. 3) und jene Einstülpungen der Scheidenwand, welche durch **Tumoren** des Douglas (Taf. 42 u. 43 und Atl. II Figg. 97 u. 98) oder der Septa vaginalia (Taf. 42 Fig. 1, Taf. 57 Fig. 5, 6, von Blase oder Rectum her) zu Stande kommen.

Sind Ovarium oder Darmschlingen (Netz) in den Douglas getreten und daselbst fixirt, so können dieselben, zumal bei retroflectirter oder prolabirter Gebärmutter die Scheidenwand einstülpen und in extremen Fällen bis vor die Vulva drängen. Dass auf diese Weise sehr selten Einstülpungen der hinteren und der vorderen Scheidenwand zugleich vorkommen, ist einleuchtend, weil dann die Einwirkung von der Excavatio recto- und der vesico-uterina aus gleichzeitig stattfinden muss.

Selten durch Ascites (bei retroflectirtem oder vertical gestelltem Uterus), häufiger durch Eiter bei abgekapseltem Peritonealexsudat (Pyocolpocele).

Diagnose (vgl. das später über die Differentialdiagnose der Douglas-Tumoren Gesagte).

Die Ovariocele kenntlich bei der bimanuellen Exploration an der Form, der Druckempfindlichkeit, dem Lagerungsverhältniss zu Tube und Uterus. Ist das Organ aber vergrössert oder in Exsudatmassen eingebettet, so müssen alle diff. diagn. Momente herangezogen werden.

Die Enterocele erkennt man an denselben Zeichen, wie alle Darmhernien; auch hier beeinflussen Husten und Bauchpresse die Inhaltszunahme des Bauchsackes.

Die Hydro- und die Pyocolpocele werden nach allen für Hervorrufung von Ascites und Peritonitiden bekannten Symptomen beurtheilt (vergl. diese sub Peritonitis).

Prognose und **Therapie**: Die Enterocele kann nur sub partu unbequem werden; Reposition ev. vom Rectum aus. Ev. auch Kolporrhaphie.

Die in Seiten- oder Knie-Ellenbogen-Lage (ev. in Narkose) vorzunehmende Reposition des eingekeilten Eierstockes ist in Abhängigkeit von den Adhäsionen mehr oder weniger schwer, führt aber zu bedenklichen Consequenzen bei Ovarialtumoren und eingetretener Gravidität oder Geburt (vgl. Atl. II. § 37, 40; Fig. 97). Misslingt hier die Reposition, so muss die Geschwulst von der Scheide aus mittelst Troicart verkleinert, oder entfernt werden.

Die Hydro- und Pyocolpocele hangen prognostisch und therapeutisch von dem betr. Grundleiden ab (vgl. d.). Gegebenenfalls Punction von der Scheide aus.

Die **Inversion** der **hinteren Scheidenwand** kann zur **Rectocele** führen, aber, da nur lockeres Bindegewebe die beiden Organe verbindet, so tritt diese Verlagerung nicht allemal ein; meist sogar giebt das R e c t u m den p r i m ä r e n Anlass. Als gewöhnliche U r s a c h e findet man Schlaffheit der Scheidenwandungen, Klaffen der Schamspalte mit und ohne Dammriss und Prolapsus uteri. Die Rectocele ist für den eingeführten Finger als Tasche erkennbar (Taf. 22, Fig. 3; Taf. 23, Fig. 1 u. 2; Taf. 27, Fig. 2), welche zur Ursache von Obstipation und Stuhlzwang (Tenesmus) wird.

Die **Therapie** hat sich mit der Wiederherstellung des Dammes und der Verkürzung und Verengerung des Vaginalrohres zu befassen. Vgl. die Operationen sub Uterusprolaps. Bei S c h l a f f h e i t der Scheidenmuscularis durch Kolpitis: Adstringentia als Injectionen, auf Tampons oder als Globuli. Das Einlegen von Ringen kann nur als Aushilfsmittel angesehen werden.

Weit häufiger schliesst sich die **Cystocele** an die **Inversion der vorderen Vaginalwand** an, weil Beide fest mit einander verbunden sind und der intraabdominelle Druck die Blase der Vaginalwand nachfolgen lässt. Die Blase zerfällt in 2 ausgebuchtete Theile, deren Einer sich hinter der Schoosfuge befindet, deren Anderer in dem Inversionssack liegt und die Harnröhre in S-form mit herabzieht. Dementsprechend lässt sich der Katheter durch die Harnröhre in den Sack einführen, indem die Concavität nach unten sieht (vgl. Taf. 22, Fig. 2 u. 4; Taf. 23, Fig. 3; Taf. 24, Fig. 1, 2, 4; Taf. 29; Taf. 30 (Kathetersondirung); Taf. 32 und Atl. II, § 39, Verhalten bei der Geburt).

Die in den invertirten Theilen eingetretenen Circulationsstörungen rufen zuweilen Dysurie hervor; diese, als auch besonders die Unfähigkeit, die Blase ganz zu entleeren, führen zum Blasenkatarrh, zur Cystitis, bezw. zur Concrementbildung.

T h e r a p i e: wie vor.

Die Inversio uteri

ist ein wesentlich schwereres Leiden, das aber unter ganz ähnlichen Umständen entsteht. Das **aetiologische** Hauptmoment ist auch hier Erschlaffung und Erweiterung sowohl des Körpers als auch der Cervicalwandungen und des Mm.'s. Hiezu kommen muss aber eine Veranlassung, und diese ist am häufigsten eine acute puerperale (partus praecipitatus, forcirter Credé'scher Handgriff, Zug an der Nabelschnur) oder eine chronische durch Zug, hervorgerufen durch einen fibrösen Uteruspolypen, bei dessen „Geburt" der Gebärmuttergrund z. B. mit herab und durch die Cervix tritt. Ist dieser Tumor submucös, so stülpt er nur die Schleimhaut mit hinunter; ist er intramural, auch die Muscularis, oder er zieht auch die seröse Bekleidung mit und bildet so einen peritonealen Trichter, in dem (nur bei puerperaler Inversion) die Adnexorgane oder Darmschlingen liegen können (Kehrer), welche bei längerer Dauer mit Adhäsionen verbunden sind (vgl. die Abbildungen Taf. 21, Fig. 2; Taf. 22, Fig. 1).

Auch verschiedene Grade der Inversion lassen sich unterscheiden: Complet incl. der Cervix bis zum äusseren Mm., — complet mit invertirter Scheide = Inversio uteri cum prolapsu, — incomplet bis zum inneren Mm. Der schwächste Grad ist die Impressio fundi uteri (vgl. Taf. 21, Fig. 1—4; Taf. 22, Fig. 1 u. Taf. 25 Fig. 2). Die acute puerperale Umstülpung kann bestehen bleiben.

Symptome: Durch die Einschnürung schwillt und wuchert die Mucosa und blutet leicht; durch Decubitus entstehen Geschwüre, welche mit der Scheidenmucosa verwachsen können. Es kann Gangrän eintreten. Die acuten puerperalen Inversionen kommen unter heftigen shokartigen Erscheinungen zu stande.

Die Schmerzen und Blutungen als Hauptsymptome sind individuell verschieden und von dem Verhalten der Tumoren abhängig; hiervon wieder die Folgen: Bettlägerigkeit und Anämie.

Diagnose: Das schon wiederholt vorgekommene Abschneiden der umgestülpten Gebärmutter, wegen Verwechslung derselben mit einem Polypen, fordert zu einer ganz genauen Klarstellung der Verhältnisse auf.

Bei In versio completa cum prolapsu finden wir eine leicht blutende, rothe, elastisch-feste Geschwulst, die bei Berührung empfindlich ist, an der wir vielleicht die ostia uterina der beiden Tuben erkennen können.

Bei incompleter Inversion lässt sich die Sonde neben dem Tumor (Corpus uteri) eine Strecke weit in den Uterus (Cervix) hineinschieben, vorn weiter als hinten (3—4 cm). Wichtig ist die bimanuelle Untersuchung, da sie das Fehlen des Uterus an gewöhnlicher Stelle und statt seiner das Vorhandensein des Peritonealtrichter constatirt.

Therapie:

Bei einem Tumor: Enucleation desselben, worauf der Uterus sich selbst gewöhnlich sofort reinvertirt; Amputation des Uterus, wenn derselbe in Folge erheblicher Wucherungsverdickung der Wandungen irreponibel ist, u. zw. dann dicht am äusseren Mm. unter sorgfältiger Vernähung des Peritonealtrichters.

Bei acuter puerperaler Inversion: Manual-Reposition, u. zw. (ähnlich wie bei Phimose) den dem äusseren Mm. anliegenden Theil der Cervicalwand zuerst zurückzuschieben versuchen, unter bimanuellem Gegendruck von den Bauchdecken her, damit die Scheide nicht zu sehr in die Länge gezogen und verengt oder gar zerrissen wird.

Misslingt die Reinversion, so wird nach vorhergegangener Desinfection mittelst des stetig nachzufüllenden Kolpeurynters oder Watte-Tampons (mit adstringirenden Medicamenten unter starkem Druck eingeführt und gehalten) der Uterus zurückgedrückt, bis er z. Th. in die Cervix zurückgeschlüpft ist; Kaltwasser-Injection vollendet die Reinversion und Secale bewirkt die Contraction des Organes. Massage des Uterus unterstützt die Wirkung der Kolpeuryse wirksam.

Die bestehende Inversion wird wegen der Blutung mit Heisswasserirrigationen (37—42° R.) behandelt, mehrmals täglich, während die Repositionsversuche immer wieder angestellt werden müssen.

Nur in extremis ist die Koeliotomie indicirt. Besser ist die Methode von Küstner: um von der Bauchhöhle her die hintere Uteruswand ganz der Länge nach einschneiden zu können, legt er einen Querschnitt durch das hintere Scheidengewölbe. Hierauf Reinversion des Fundus uteri etc.

§ 8. Prolapsus Vaginae et Uteri.

Senkt sich der äussere Muttermund unter die Interspinallinie, so spricht man von Descensus uteri. Ist zugleich mit dem Herabtritt des Collum der untere Theil der Scheide zur Vulva hinaus invertirt, so repräsentirt dieses einen prolapsus incompletus oder partialis vaginae, — completus, wenn das Scheidengewölbe ebenfalls prolabirt ist. Analog wird incompleter Uterusprolaps der Vorfall von Portio oder Collum vor die Vulva genannt; beim completen Uterusprolaps liegt das ganze Organ — mit total invertirter Scheide und Cystocele oder Rectocele oder Beiden — ausserhalb des Introitus vaginae.

Die vorgetretenen Schleimhautparthien der Scheide und des Scheidentheiles der Gebärmutter excoriiren einerseits leicht (Taf. 30) und überziehen sich andererseits mit einer verdickten und oberflächlich verhornten Epithelschicht (vgl. Taf. 5 Fig. 2). Die Mm.-Lippen sind ektropionirt (Taf. 26 u. 27 F. 1 u. Taf. 28). Der Introitus Vaginae (ca. 1—2 cm der Scheide) bleibt selbst bei den extremsten Fällen in situ und bildet einen wulstartigen Ring (Taf. 29) um den vorgefallenen Tumor, der aus Scheide und Uterus, bezw. auch Blasen- und Mastdarmbuchten besteht. In diesen Buchten stauen sich Urin, bzw. Faeces und können zur Bildung von Concrementsteinen und Katarrhen Anlass geben, zumal da die Urethra ganz gewöhnlich hierbei geknickt ist. Bildet die ganze untere und hintere Blasenhälfte, vielleicht sogar einschliesslich Blasenscheitel und Excavatio vesico-uterina (Taf. 21) jenes Divertikel, so sind die Ureteren ebenfalls geknickt und können Veranlassung zur Entstehung einer Hydronephrose geben; Praedisposition hierzu wie zum Vorfall überhaupt giebt die Retroversio uteri, zumal wenn sie mit Dammriss (fehlender Stützpunkt für die Scheidenwände) und descensus uteri combinirt ist (vgl. Taf. 23 Fig. 1 u. 2; Taf. 29; Taf. 33 Fig. 3, Taf. 61 Fig. 1). Da das cavum Douglasii sehr dicht über dem hinteren Scheidengewölbe liegt, so tritt dasselbe ebenfalls tief herab (Taf. 23 Fig. 3 u. Taf. 24 Fig. 2) und lässt Darmschlingen mit herabgleiten.

Hieraus lassen sich die **Symptome** leicht erklären; lästig ist das Gefühl des tiefergetretenen Organes, als ob es beim Aufrechtstehen und Gehen hervorstürzen wollte, bzw. ist der bereits ganz vorgefallene runde Körper beim Gehen hinderlich; er wird durch die Reibung schmerzhaft und wund, — ebenso die Oberschenkel. Die Mucosa vaginae et cervicis wird entzündlich gereizt und infolge dessen secernirt sie nicht nur schleimig und eitrig, sondern producirt auch eine zu starke oder schmerzhafte Menstrualblutung. Die prolabirten Theile sind stark vergrössert (Taf. 28 u. 32). Anfangs nur durch Stauung, später durch Bindegewebswucherung (chronische Metritis). Die Zerrung der Adnexstränge ruft nervöse und dyspeptische Erscheinungen hervor. Die Ausscheidung von Faeces und Urin ist gestört, bzw. treten secundäre Retentionserscheinungen ein. Secundäre Entzündungszustände der Serosa führen, abgesehen von subjectiven Unbehaglichkeiten, durch Umkapselung der Tube und des Ovariums mit peritonitischen Strängen zur Sterilität, deren Ursache freilich auch in Structurveränderungen der Gebärmutterschleimhaut und in der Erschwerung der Cohabitation und der Retentio seminis zu suchen ist.

Aetiologie. Der angeborene Uterusvorfall ist eine der grössten Raritäten; ich fand einen solchen bei einem Kinde mit Hydromeningocele (in der Münchener Frauenklinik; vergl. Fig. 23 i. Text); einen zweiten sah ich in der Heidelberger Frauenklinik 1894[1]). Auch bei Virgines kommt der Vorfall selten u. zw. durch schweres Heben zu stande. Die häufigsten ursächlichen Momente sind in puerperalen Schädigungen und zu früher starker Anwendung der Bauchpresse zu suchen, da ohnehin der Uterus um diese Zeit Neigung besitzt, eine Retrodeviation einzugehen, bzw. sie zu behalten — ausserdem aber schwere Geburten (Forceps) zu Dammdefecten und Dehnungen und Erschlaffungen der Genitalwandungen und des Suspensionsapparates (Ligamente, Mm. constrictor cunni et levator ani) führen (vgl. Erläuterungen zu Taf. 29, 33 u. 64).

---

[1]) Beschrieben i. Arch. f. Gyn. von dem Herrn Assistenten Dr. Heil. Ich kenne nur noch einen 3ten ähnlichen Fall von Qviesling (C. f. Gyn. 1890).

Ebenso wie die leicht zur Retroversion führende puerperale **Subinvolution** des weichen, nachgiebigen Uterus bei schlaffer, weiter Vagina, wirken **langdauernde Entzündungszustände, häufige Geburten** bei schwächlichem Organismus — andererseits bedeutende **Tumoren**, welche die Gebärmutter nach unten drängen (vgl. Atl. II Fig. 88). Nach jeder normalen Geburt lässt sich die vordere Mm.-Lippe tief im Introitus vaginae touchiren.

Prognostisch besteht die acute Gefahr der Gangrän als Folge von Einschnürung nur ganz selten, wohl aber wirkt der Zustand schwächend durch alle obigen Erscheinungen. In den Excoriationen liegt eine Praedisposition zum Cancroid (v. Winckel.)

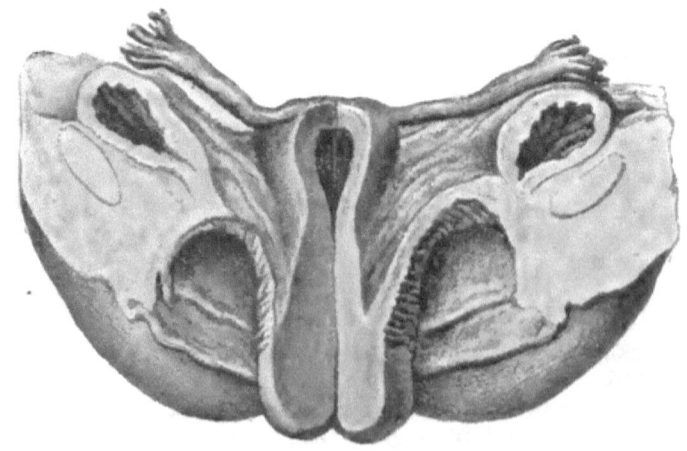

Fig. 23.
Prolapsus uteri incompletus congenitalis bei einem ausgetragenen Foetus mit Hydromeningocele (München, Frauenklinik 1889; Arch. f. Gyn. 37,2). Hypertrophie des mittleren Collumtheiles; Inversion des Scheidengewölbes; starke Entwicklung der Art. spermatica bei geringem Lumen der A. iliaca. Der Muttermund ist gekerbt bei leichter Ektropionirung.

Diagnostisch ist das Tiefer- bezw. Heraustreten des Tumors bei Anspannung der Bauchpresse (Husten, Pressen) zu constatiren, da im Liegen und ruhigen Verhalten bei vielen Patientinnen der Vorfall zurücktritt.

Ist in dem Tumor der Uterus enthalten? Wie viel von der Scheide? Auch Blasen- oder Mastdarmdivertikel? Die Inspection lässt manche Schlüsse zu (vgl. Taf. 26—28, 30). Die Sonde und die Digitalexploration lassen Muttermund und Cervicalkanal erkennen, sowie die Länge des noch nicht invertirten Scheidenstückes. Der in's Rectum eingeführte Finger constatirt eine etwaige Proktocele und weiterhin in zweifelhaften Fällen das Fehlen der Gebärmutter am gehörigen Orte oberhalb der Beckenenge. Der Katheter endlich lässt den Verlauf des Blasendivertikels verfolgen.

Ist der Uterus ganz vorgefallen, so können wir vor der Vulva den Körper desselben umfassen und zugleich die Haltung des Organes erkennen, ob (wie meist) retro- oder anteflectirt oder gestreckt (vgl. Taf. 23, 26, 27).

Bei incompletem Prolaps haben wir uns vom Rectum aus zu vergewissern, wo der Fundus steht, d. h. ob wir es nicht mit einer **Cervixhypertrophie** zu thun haben; die Sonde giebt hierüber Aufschluss (der normale Uterus hat eine Kanallänge von 6 cm); hierbei ist die Distanz vom äusseren zum inneren Mm. mittels der graduirten Sonde zu messen (Letzterer ist an dem Widerstande beim Passiren des Sondenknopfes zu erkennen), sodann die Höhe des vorderen und des hinteren Vaginalgewölbes vom äusseren Mm. ab (vgl. das Weitere in der Erläuterung zu Tafel 24, sowie in Atl. II, Fig. 28).

Endlich ist festzustellen, ob der Uterus frei beweglich oder schon durch Adhäsionen mit event. descendirten Darmschlingen und seinen Adnexen im Bruchsack fixirt ist.

Therapie: prophylaktisch sind Dammrisse sofort per I. intentionem zu heilen oder möglichst bald zu beseitigen (vgl. Taf. 64). Bei bekannter Neigung der Gebärmutter zur **Retrodeviation** ist die Puerpera thunlichst in Seitenlage zu halten. Zu frühes Aufstehen (nie vor dem 10.—14. Tage), zumal bei den oben angegebenen praedisponirenden Momenten, und erst recht zu frühes schweres Arbeiten, Heben u. ä. sind zu verbieten; das Aufstehen erst nach der 2. oder 3. Woche zu gestatten. Bei schlaffen Genitalien stützt eine T-Binde den Damm und damit die zu invertiren drohende Vagina. Katarrhe, Obstipationen, Tumoren sind zu beseitigen.

Ist der Vorfall nicht mehr zu inhibiren, so wäre a priori nach unseren durch Kimmel's Experimente[1]) gestützten Kenntnissen von den Stützapparaten der inneren Genitalien (vergl. Taf. 22 u. f.) die gymnastische Kräftigung der Mm. constrictores cunni, levatores ani sowie der ganzen Damm-Muskulatur durch Massage die geeignetste Therapie; viele und dauernde Erfolge habe ich indessen nicht gesehen. Vorläufig erfüllt unsere bisherige operative und sogar die Ring-Behandlung ihren Zweck weit leichter, sicherer und andauernder.

Radical und sicher ist die **operative** Behandlung: Die Gebärmutter wird bei Rückwärtsstellung in die normale Lage nach vorn gebracht durch Loslösung von der Blase und Annähung an das vordere Scheidengewölbe (**Vaginofixation** nach Dührssen, Mackenrodt) und die Retention bewirkt durch Verengerung der Scheide und Erneuerung des Dammes: **Kolporrhaphia anterior** nach Sims bei Cystocele durch Ausschneiden eines myrthenblattförmigen Stückes Schleimhaut und Vernähung der Wundränder. — **K. posterior** nach G. Simon, Hegar, Bischoff, Martin, v. Winckel.

---
[1]) Kimmel. In.-Diss. 1894. Heidelberg.

Fritsch, Neugebauer. Kehrer durch Ausschneiden eines Dreieckes, dessen Basis der Damm, bzw. das ursprüngliche Frenulum perinaei ist, oder von zackigen Schleimhautfiguren, welche die Tendenz erkennen lassen, entweder die Columna rugarum vaginae zu schonen, oder unter Entfernung von Scheidenschleimhaut, seitlich so viel Material herbeizuschaffen, dass die hintere Vaginalwand verengt und verlängert und normal geknickt, der Damm aber plastisch erhöht, d.h. restaurirt wird; die K. posterior ist also combinirt mit der Dammplastik, daher **Kolpoperinaeauxesis** (Hegar, Kaltenbach) oder **Kolpoperinaeoplastik** (Bischoff). Minutiöse Ausführung (genaue, glatte Bloslegung des Operationsfeldes, planmässige vorherige Aufzeichnung der Excisionsfigur, exacte Nahtlegung) und Erfahrung in der Beurtheilung des Effectes sind nöthig, um kein Zuviel oder Zuwenig in der künstlichen Verengerung der Scheide zu leisten und nach der Operation das Klaffen der Vulva beseitigt zu sehen und den Scheidenwänden in dem neuen Damm die gehörige Stütze wiedergegeben zu haben. Als Nahtmaterial sind versenkte Catgutfäden sowie Catgut in der Scheide, Fil de Florence oder Silberdraht in der Dammnaht empfehlenswerth.

Besteht ein Ektropion oder Ulceration, so werden diese Parthien des Muttermundes zweckmässig dadurch mitentfernt, dass der Kolporrhaphie-Schnitt soweit hinauf geführt wird. Auf dieselbe Weise können nicht nur oberflächliche Schleimhautparthien, sondern auch tiefere Muskelkeile (vgl. Metritis) oder konische Stücke aus der hypertrophirten Portio oder endlich amputatorisch Stücke des Collum excidirt bezw. abgetragen werden. Tiefe feste Nähte von Seide oder Silkworm.

Die Vorbereitungen wie die Nachbehandlung der Operation müssen ebenso exact, wie diese selbst sein: vorher laxiren, Scheide gut antiseptisch ausreiben (3 Mal, einschliesslich der Cervixmucosa), und den Vorfall vorher zurückbringen, weil die Theile dann weniger blutreich sind. Nachher 3 Wochen Bettruhe: am Ende der 1. Woche die Dammnähte entfernen; liegen nicht resorbirbare Scheidensuturen, so dürfen diese erst am Ende der Zeit ausgezogen werden. Scheidenausspülungen; Laxiren zur Schonung der Wundnähte.

Ist der Uterus im Bruchsack so stark verwachsen, dass eine Reposition unmöglich ist oder nicht ertragen wird (trotz massirender Dehnung und Zerreissung der Pseudoligamente), und sind die Beschwerden erheblich, so bleibt nur die **Totalexstirpation** übrig. (Kehrer.)

Wird die Operation verweigert, so gelangen **Pessarien, Ringe** als Retentionsapparate zur Anwendung, vor allem

1) der runde Mayer'sche Ring (vgl. Taf. 60 Fig. 3) bei unten noch enger Scheide, leider schädlich insofern als er die Scheide dehnt.

2) das B. S. Schultze'sche Schlittenpessar (vgl. Fig. 26 u. 27 i. Text), corrigirt die Retrodeviation der Gebärmutter, gewährt ihr die natürliche Motilität und eignet sich bei Prolapsen besser als

3) das Schultze'sche S-Pessar, welches darauf berechnet ist, sich auf den Damm zu stützen. (Fig. 25 i. Text) und bei intactem Scheideneingang seine Dienste vollkommen thut.

4) das Hodge'sche Hebelpessar bei Inversion der vorderen Scheidenwand (Taf. 60 Fig. 4 u. Fig. 24 i. Text), zweckmässig, weil es die Scheide nicht dehnt, sondern streckt.

5) das von E. Martin modificirte Zängerle'sche gestielte Pessar (vgl. Taf. 24 Fig. 3) stützt sich auf den M. Levator ani und ist applicabel bei hartnäckig wiederkehrendem Vorfall und weiten, schlaffen Genitalien (die älteren, bekannten gestielten Hysterophore taugen gar nichts und sind höchstens als ultimum refugium bei unten weiter Scheide einzulegen.

Dagegen werden 2 Pessare nicht genügend in der Praxis gewürdigt:

6) Hewitt's Wiegen- oder Klammerpessar (VI-förmiger, zusammengebogener Ring) und

7) die von Breisky wieder eingeführten ovalen, hohlen, eiförmigen Hartgummi-Pessare (meist Nr. 2 und 3), event. mit T-Bandage, bei inoperablen Frauen jenseits der Menopause. Diese Pessare müssen mit einer Zange entfernt werden.

Ueber die bei der Ringbehandlung zu beobachtenden Vorschriften vgl. Taf. 60 Fig. 3 u. 4.

Zunächst wird in Rückenlage die **Reposition** der prolabirten Organe vollzogen, derart dass der Druck auf die Portio in der Richtung der Scheidenachse nach hinten-oben wirkt, dann wird die hintere Vaginalwand, weiter der Uterus und endlich die vordere Scheidenwand zurückgestülpt. Provisorisch können Tampons (event. in Glycerin getränkt, 2mal tgl. erneuert) die Retention ausüben bei Innehaltung der Rückenlage. Breisky gab einen Tamponträger mit Conductor zum Selbsteinführen des Tampons Seitens d. Pat. an.

Anhangsweise thue ich hier der **Elevatio uteri** Erwähnung; die Gebärmutter spielt bei dieser Lageveränderung nur eine passive Rolle, indem entweder Tumoren von ihr selber oder Nachbarorganen oder peritonitische Residuen, Pseudoligamente sie ganz oder theilweise über den B.-Eingang erheben.

Die Diagnose und die Therapie sind mithin ganz abhängig von derjenigen des ursächlichen Leidens; oft ist die Erstere nicht leicht, und da es sich hierbei meist um erhebliche oder alte Veränderungen handelt, so ist die Sonde wegen Structurmetamorphosen des Organes (mürber, verdünnt) vorsichtig anzuwenden. Zu bedenken ist ferner, dass der Uterus ebensogut nach oben verschoben

sein kann, d. h. von unten her verhindert, in das
kleine B. herabzutreten, wie nach oben gezerrt
(vgl. Atl. II Fig. 97.)

Kapitel III.
Die pathologischen Positionen, Versionen und Flexionen des Uterus.

Pathologische Positionen sind Verschiebungen des Uterus in toto bei normal bewahrter Haltung desselben (in seinen einzelnen Theilen zu einander) nach vorn, hinten oder seitlich. Bei den Versionen ist das Organ bei normaler Haltung um eine (meist durch den inneren Mm. zu denkende) quere oder sagittale Achse gedreht, ohne aber in seiner Haltung eine Änderung zu erleiden, was bei den Flexionen der Fall ist, wo der Uteruskörper gegen den Hals geknickt ist. Diese 3 Formen können mit einander und mit einem veränderten Höhenstand (vgl. vor. §) der Gebärmutter combinirt vorkommen.

§ 9. **Die pathologischen Positionen des Uterus und seiner Adnexa.**

Die Verlagerungen des ganzen Uterus in seiner normalen Haltung können nach vorn, nach hinten und zur Seite stattfinden: Ante-, Retro-, Latero-, bezw. Dextro- und Sinistropositio. Das Organ wird passiv verschoben und zwar am häufigsten durch parametrane oder perimetritische Exsudate, sei es dass die frische Tumorartige Masse die Gebärmutter in die entgegengesetzte Richtung fortdrängt, sei es dass die geschrumpften Strang- und Narbenförmigen Residuen dieselbe in derselben Richtung fortzerrt wie z. B. Taf. 17 u. 20. So kann es kommen, dass der Uterus im Verlaufe der Krankheit in zwei einander divergenten Richtungen fortbewegt wird (vgl. Taf. 33, Fig. 1; Taf. 42, Fig. 2; Taf. 36, Fig. 1; Atl. II Fig. 108, 109, 113 bis 115 = Extrauteringraviditäten.) Ebenso wirken Tumoren, — sei es des Uterus selber (z. B. Antepositio durch Myome der hinteren Wand, Taf. 42, 4 und Atl. II. Fig. 97), sei es der Nachbarorgane (vgl. Taf. 43, 2 und 4 = Ovarialkystome; ebenso Tumoren der Douglasserosa, besonders des Mastdarmes, des Sacrum) — oder endlich übermässige Auftreibungen der Nachbarorgane, z. B. der Blase (Taf. 33, 2 und 35, 4), des Rectum bei chronischer Obstipation, der Tube (vgl. Pyosalpinx Taf. 43, 3.)

Eine besondere Art der Lateropositionen ist congenitaler und physiologischer Natur, hervorgerufen durch Ungleichheit im Wachstum der Müller'schen Fäden und zugehörigen Adnexa (Tuben, Ligg. lata.)[1] (Vgl. Fig. 2 im Text.)

Bei der **Diagnose** ist vor allem bimanuell die normale Haltung der Gebärmutter festzustellen (vgl. Erläuterung zu Tafel 40, 1), sodann die Ursache der Stellungs-Verschiebung. Ganz gewöhnlich ist mit der Positionsveränderung auch eine anderweitige Lageveränderung der Gebärmutter verbunden (vgl. Taf. 33, 2 = Retroversion; Taf. 35, 4 = Elevation; Taf. 36, 1 letzteres Beides zusammen.) Bei den seitlichen Adnex- sowie bei den Douglas-Tumoren sind auch Recherchen bzgl. Extrauteringravidität anzustellen. Die Sonde ist erst anzuwenden, wenn die Exploration ein genaues Ergebniss bzgl. der Lage des Uteruskörpers ergeben hat. Dass eine genaue Diff. Diagn. speziell bzgl. der Douglas-Tumoren gestellt werden muss, erhellt aus dem Gesagten; ich verweise desshalb auf die Erläuterung zu Taf. 37.

Bei uncomplicirten Positionsveränderungen behalten beide Scheidengewölbe ihre normalen Formen und Verhältnisse; dagegen ist die Lagerungsveränderung der Scheide und ihre geringere Krüm-

---

[1] Unter 130 Sectionspräparaten erwachsener weiblicher Genitalien fand ich in 31,3 % die rechtsseitigen Adnexa länger, in 27,0 % die linksseitigen.

mung und grössere Streckung (bei Anteposition nach vorn) zu beachten. Die **Behandlung** betrifft die Entfernung der Tumoren und die Dehnung der Stränge durch Massage.

Die **Adnexorgane** des Uterus, **Tube und Ovarium**, sind sehr häufig durch entzündliche Processe **verlagert**: indem von dem Innern des Eileiters aus das entzündliche Virus (meist Gono-, Staphylo- und Streptokokken) das Ostium abdominale überschreitet, kommen perimetritische, perisalpingitische und perioophoritische Exsudationen und Verklebungen zu Stande, deren narbige Schrumpfung die genannten freibeweglichen Organe an die Darm- oder Douglas-Serosa adhärent macht und verlagert. (Taf. 17 und 20.) Die Tuben können hierbei geknickt werden. Der Ovario- und Pyokolpocele ist schon in § 7 Erwähnung gethan, und ebenso können Jene mit oder ohne Gebärmutter den Inhalt fast aller Arten Abdominalhernien bilden (vgl. § 6 und Atl. II, Fig. 95, § 36.) Ferner bei Inversio uteri prolapsi; vgl. § 7; Taf. 21, Fig. 2.

Die Ovarien verändern ihre Stellung ganz gewöhnlich zusammen mit der Gebärmutter, so dass Verlagerungen in allen Richtungen, ein- oder beiderseits, gefunden werden können. Am häufigsten kommt der **Descensus ovariorum** zusammen mit Retroversio uteri vor (Taf. 61, Fig. 1), wobei der Eierstock unter dem Uterus liegend palpirt wird.

Auch bei diesen Verlagerungen spielen Tumoren ihre Rolle, sei es, dass sie dem Ovarium selbst angehören und dasselbe (mit oder ohne spätere Verlöthungen an andere Organe) verlagern, oder dass sie Tube und Eierstock, von anderen Organen ausgehend, von ihrem Platze verschieben. Ueber die normale Lage der inneren Genitalien vgl. das im Tafeltext zu Taf. 38 bis 40 Gesagte!

Betreffs Symptome, Diagnose und Therapie vgl. die Kapitel über die Entzündungen dieser Theile.

§ 10. Die Anteversionen und -Flexionen des Uterus.

Nicht jede Anteversion oder Anteflexion ist eine pathologische. Wir verstehen unter einer letzteren nur solche, welche dauernd ist bei geringerer Beweglichkeit des Uteruskörpers; die geringere Beweglichkeit kann sich auf seine Lagerung im Beckenraume oder bzgl. seiner Haltung zum Collum beziehen: die Letztere bezeichnet man als einen „steif" gewordenen Flexionswinkel, wenn die Anteflexion nicht durch beschränkte Beweglichkeit, also durch Fixation, sondern durch abnorm grosse Flexibilität entstanden und später (durch entzündliche chronische Bindegewebswucherung) starr geworden ist; diese Art der Anteflexion lernten wir in § 3 (3 und 4) als die infantile und die puerile bereits kennen.

Aetiologie. Der Definition entsprechend lässt sich also — abgesehen von der abnorm flexiblen infantilen Form — stets eine verlagernde Ursache ausserhalb der Gebärmutter erkennen, am meisten die strangartigen Schwielen parametraner oder perimetritischer Exsudate: Letztere können entweder den Uteruskörper nach vorn an die Blase und vordere Beckenwand (Taf. 35, Fig. 4) oder das Collum nach hinten fixiren, welcher Vorgang der häufigere ist (Taf. 35, Fig. 2). Zerrt eine Adhäsion die Hinterwand entsprechend dem inneren Mm. eines noch flexiblen Uterus, so entsteht Anteflexion (Taf. 34, Fig. 1.) Es kann dieselbe aber auch durch Fixation des Collum nach vorn entstehen, wie Fig. 2 auf Taf. 34 zeigt: es ist dies aber ein seltenes Vorkommniss.

Tumoren bewirken ebenfalls Anteversionen und -Flexionen in verschiedener Weise: entweder von anderen Organen durch Druck von oben-hinten (Ovarialkystome) oder durch Myome der vorderen Corpus-Wand, welche Flexionen vortäuschen können (Sondiren zur Exploration des Verlaufes des Uteruskanales! vgl. Taf. 35, Fig. 3) oder durch submucöse Polypen nach Art von Taf. 34, Fig. 4. Vordere Myome können je nach ihrem Sitze am Collum oder Corpus Anteversion oder Anteflexion erzeugen (vgl. Taf. 40, Fig. 4).

Die **Symptome** und **Diagnose** betreffend sind die bereits in § 3 (3 und 4) angeführten Erscheinungen hier nochmals zu betonen: Dysmenorrhoe, Sterilität, Obstipation und Blasenbeschwerden sind nicht so häufig Folgen der mechanisch veränderten Verhältnisse (Knickung am inneren Mm. nebst Stenose, Druck des Corpus uteri auf die Blase, vgl. Taf. 34, Fig. 3 und Taf. 35, Fig. 2), als vielmehr der endo- und parametritischen Hyperämien und Wucherungen. Die Obstipation mit heftigsten Schmerzen und dyspeptischen Beschwerden gehört zu Folge der narbigen Schrumpfung der pararectalen Stränge zu den constantesten Begleiterscheinungen; oft auch der Blasenkatarrh.

Festzustellen ist der pathologische Charakter der Anteversion, bzw. Flexion, also die geringere Beweglichkeit des Uteruskörpers, das (nach hinten und meist höher) fixirte Collum — die Ursache der Fixation, also meist parametrane Exsudatmassen um das Collum herum (Taf. 43 u. 63, Fig. 1) und dessen pararectal verlaufende Stränge. Sicherheit über den Verlauf des Uteruskanales giebt die Sonde und die bimanuelle Feststellung der Lage des Fundus uteri i. Verh. zur Längsrichtung des Collum.

Die **Therapie** hat sich naturgemäss mit der Beseitigung der Ursachen zu beschäftigen; z. vgl. also die Kapitel über Parametritis, Perimetritis, Metritis, Myome und § 3 (3 und 4.) Symptomatisch kommt die Beseitigung des Uteruskatarrhes (vide Endometritis), der Schmerzen (vide Parametritis und § 4 sub 8), der Blasenbeschwerden (v. Cystitis) und der Obstipation in Betracht. Die Letztere muss energisch bekämpft werden; laue Einläufe von Wasser, Oel oder Sennainfus, sodann per os, beginnend mit den gelindest wirkenden Medicamenten (vgl. die Rezeptentabelle!) Der Darmtenesmus ist mit den gleichen Narcoticis zu bekämpfen, wie die dysmenorrhoischen und parametritischen, u. zw. in Form von Suppositorien oder Darminjectionen.

Zu Zeiten der Schmerzattaquen und Entzündungsexacerbationen ist Bettruhe angezeigt.

Die operative und intrauterine Stiftbehandlung schilderte ich in § 3 (3 und 4); hinzuzufügen ist, dass Letztere noch durch Einlegen eines Mayer'schen runden Ringes um den Scheidentheil unterstützt werden kann — und dass zur Ersteren auch das Ausschneiden von zerrenden Narben im Scheidengewölbe gehört (vgl. Taf. XIII.)

Höher sitzende Schwielen und Stränge werden durch Massage gedehnt, bezw. zerrissen (Taf. 63.)

§ 11. Die Retroversionen und -Flexionen des Uterus.

Retroversion ist jede Stellung des Fundus uteri vertical über oder nach rückwärts von dem Collum uteri, wenn dieselbe dauernd ist. Die verschiedenen Grade derselben, wie auch der Retroflexio uteri habe ich auf Taf. 46, Fig. 2 und 3 angegeben.

Aetiologie: Mehrere Mal sah ich die besonders kräftigen Uteri von Neugeborenen in der bei

Erwachsenen physiologischen leichten Anteflexionsstellung. Congenitale Retroflexionen sind ebenfalls beschrieben (Saxtorph, C. Ruge, v. Winckel), und puerile Retrofl. sind häufiger als die späteren pathologischen. v. Winckel und Küstner erklären einen Teil der Letzteren aus Ersteren durch Zutritt von Schädlichkeiten, wie gewohnheitsmässig volle Blase, frühzeitig übermässig angestrengte Bauchpresse, wie auch das Puerperium durch die Rückenlagerung bei schlaffen Uteruswanderungen eine ähnliche Wirkung zu stande bringen kann.

Indessen wirken die puerperalen Vorgänge noch auf andere Weise, und zwar von allen Ursachen am häufigsten, nämlich durch Entzündungen in Combination mit Verletzungen im Scheidengewölbe und der Dehnung, Zerrung und Erschlaffung (Taf. 33, Fig. 3) der Genitalien. Letzterer Ursache entsprechend wirken also auch alle allgemein constitutionelle und locale Schwächezustände praedisponirend, (chronische und dyskrasische Leiden, Subinvolutio uteri post partum, Masturbation u. ä.)

Das Collum kann durch solche Entzündungsschwielen nach vorn gezerrt sein (Taf. 34, Fig. 2 und Tafel 33, Fig. 4) oder durch Tumoren, chronisch obstipirtes Rectum u. a. unter dem Corpus uteri her nach vorn gedrängt sein — oder der Gebärmutterkörper ist durch perimetritische Stränge an das Rectum oder hintere B.-Wand fixirt (Taf. 36, Fig. 1, 2 und Taf. 31.)

Im Uterus sitzende Myome (Taf. 37, Fig. 1 und 2) oder von oben, von der Excavatio vesicouterina her drückende Tumoren können Retroversionen und Retroflexionen bewirken (Taf. 36, Fig. 4), ebenso wie bei Rückenlage und schlaffem puerperalem Uterus das Eigengewicht desselben + Druck der Därme, gewöhnlich combinirt mit descensus uteri (Taf. 36, Fig. 3), woraus weiterhin Prolapsus uteri retroflexi entstehen kann (Taf. 22, 23, 27: gravid Atl. II. Fig. 88.)

Abgesehen von primären Entzündungsvorgängen bilden sich **secundär** bei einmal retrovertirtem Uterus **Adhäsionsverklebungen** mit den hinteren Serosaflächen.

Symptome von Seiten des Uterus: **Menorrhagien** durch Stauungshyperämie und secundäre Wucherung der Mucosa als Folge der Letzteren, fernerhin **dysmenorrhoische** Beschwerden, — theilweise auch durch mechanische Behinderung seitens der Knickung, — und **katarrhalische Secretion**. Weniger constant als bei Anteflexion: **Sterilität**.

Mechanisch bewirkt der Druck des Scheidentheiles **Harnbeschwerden** durch Knickung der Urethra sowie der Ureteren (Taf. 61, Fig. 1) und ferner **Defäcationsbehinderung**.

Reflectorisch treten **nervöse Störungen** nicht nur der Verdauung, sondern auch der **Respirations-** und **Circulationsorgane** (Tachycardie, Asthma uterinum u. s. w.) ein, sowie das ganze Heer der **hysterischen** Symptome: Convulsionen, Ohnmächte, Hysteroepilepsie, Cardialgie, Paraplegie, Aphonie, Krampfhusten, Globus et Clavus hystericus, Hypersensibilität — und speziell theils durch Druck, theils durch entzündliche Vorgänge motorische und Sensibilitäts-Störungen der **unteren** Extremitäten (Schwäche, pelzige Empfindung.)

Die **Diagnose** wird durch die bimanuelle Exploration gestellt, nachdem die Palpation und Speculum-Inspection bereits dargethan hat, dass die **vordere** Lippe verdünnt und verkürzt und mit dem Mm. nach **vorn** gegen die Symphyse gerichtet ist, während die **hintere** Lippe verdickt ist. Der Uteruskörper wird erst nach Ueberdachung des Douglas-Raumes mit der Hand von den Bauchdecken her palpirt, ev. vom Mastdarm aus. Dabei ist darauf zu achten, ob der Uterus hier durch A d h ä s i o n e n f i x i r t ist.

Therapie: Der letztgenannte Griff (Taf. 38 und 39) führt zur m a n u e l l e n B e h a n d l u n g der Retrodeviationen, sei es dass dadurch der n i c h t fixirte Uterus reponirt, d. h. mit dem Körper auf das v o r d e r e Scheidengewölbe gelegt wird, sei es, dass bei f i x i r t e m Organe hiermit die M a s s a g e (Thure-Brandt) begonnen wird (Taf. 63) ev. kann sich diese an eine f o r c i r t e Z e r r e i s s u n g der Stränge anschliessen.

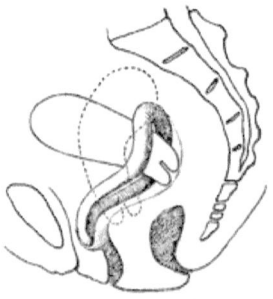 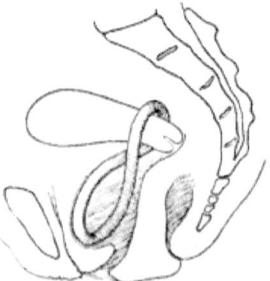

Fig. 24.
Hodge's Hebelpessar bei Retroflexio uteri I. Grades eingelegt u. Normalstellung bewirkend, hauptsächlich durch Spannung des hinteren Vaginalgewölbes.

Fig. 25.
Das **Schultze**'sche 8-Pessar fixirt die Portio in normaler Stellung u. stützt sich auf die Vaginalwand u. den Beckenboden.

Lässt sich der freie Uterus so nicht reponiren, wendet man die S o n d e an oder benutzt die K u g e l z a n g e nach K ü s t n e r (vgl. Erläuterung zu Taf. 60, Fig. 1 u. 2.)

Ist die Gebärmutter in ihre natürliche Stellung übergeführt, so wird als Retentionsapparat ein H e b e l p e s s a r i u m eingeführt (vgl. § 8 und Erläuterung zu Taf. 60, Fig. 3 u. 4 und den Figg. 24 bis 27 i. Text), da das A p p l i c i r e n k a l t e r D o u c h e n auf Portio und Kreuzbein, sowie die subcutane Ergotinbehandlung u. a. Tonica zur Stärkung der Uteruswände und seiner Ligamente meist nicht ausreichend ist.

Die Ringe werden in folgender Reihenfolge erprobt:

1) Die S-förmigen Hodge-Pessarien (ziemlich stark gebogen) bei nicht empfindlichen Ligg. sacro-uterina.

2) Die 8-förmigen Schultze-Pessarien bei normalem Beckenboden und nicht zu nachgiebiger Vagina; ev. muss das Instrument sehr lang gezogen

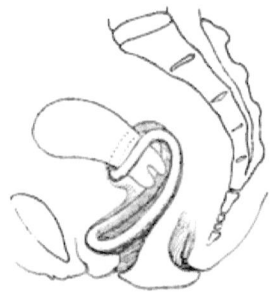

Fig. 26.
Seltenere Anlegung des Schultze'schen Schlittenpessars bei festem Beckenboden.

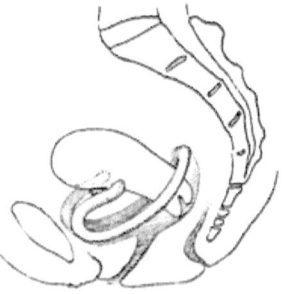

Fig. 27.
Gewöhnl. Anlegung des Schultze'schen Schlittenpessars stützt sich auf Vaginalwand u. Symphyse. Die Portio liegt fixirt zwischen vorderem und hinterem Bügel; angewendet bei Descensus uteri retroflexi.

werden oder ein freier Intrauterinstift ausserdem eingeführt werden.

3) Die schlittenförmigen Schultze-Pessarien bei nachgiebiger Scheide oder defectem oder schlaffem Beckenboden.

4) Das Hewitt'sche Klammerpessarium.

Die Entzündungen des Endo- und Perimetrium, sowie der Blase werden nach der einschlägigen Therapie behandelt. Ist eine Reposition wegen Adhäsionen unthunlich, so macht die feste Tamponade des hinteren Vaginalgewölbes mittelst Glycerintampons den Zustand erträglich.

Bei eingetretener Gravidität bleibt das Pessar bis zum V. Monate liegen; jedenfalls bedarf der schwangere retroflectirte Uterus der Aufsicht, damit er nicht unterhalb des Kreuzbeines eingekeilt werde (vgl. Atl. II, Fig. 85 § 23, 24).

Operative Eingriffe werden ausgeführt, theils um zu derbe Adhäsionen zu lösen, welche gewöhnlich gleichzeitig den Uterus bedeutend eleviren, theils um das Organ vorn zu fixiren, sei es per Koeliotomiam, sei es von der Vagina aus.

Ist die Gebärmutter leicht beweglich, ist die **Vaginofixation** (Schücking, Dührssen, Mackenrodt) indicirt u. zw. am sichersten nach der letztgenannten Methode: Querschnitt in dem vorderen Scheidengewölbe; von da ausgehend Längsschnitt; ergiebige Loslösung des Uterus von der Blase; Eröffnung der Excavatio peritonealis vesicouterina; Annähung der vorderen Uteruswand (unmittelbar über dem inneren Mm.) an die vordere Scheidenwand (Hysterokolpopexis).

Ist die Gebärmutter stark adhärent, wird die **Ventrifixation** des Uterus ausgeführt (Olshausen, Czerny, Leopold, Sänger) u. zw. am besten nach Czerny-Leopold's Methode durch direkte Annähung der Uterusserosa an das seröse Parietalblatt der Bauchdecken (Sänger näht die Ligg. rot. od. lata an).

Anwendbarkeit der Pessare mit Rücksicht auf bestimmte Complicationen der Retroversion.

1) Adhäsionen retrouterin (vgl. Taf 32): durch Massage dieselben langsam dehnen (3 bis 4 Mal bei mindestens 12 Sitzungen! erst in Retroposition eleviren, um die vorderen Fixationen zu dehnen, dann anteflectiren) — oder dieselben forcirt zerreissen, worauf die Pat. mit einge-

legtem Ring und aufgelegter Eisblase das Bett
hüten muss (Möglichkeit des Entstehens einer Haematocele). Event. wirkt auch erleichternd die
Austamponirung des hinteren Scheidengewölbes.

2) Eine chronische Perimetritis giebt ein
Noli me tangere ab; erst muss diese zum Stillstand
gebracht sein.

3) Parametritische Stränge und Lacerationsnarben (vgl. Taf. 13) werden längsoval in der Quere ausgeschnitten; die Nahtreihe
wird senkrecht zum längeren Oval-Durchmesser angelegt, also in der Längsrichtung der Scheide, so
dass eine Verlängerung an Stelle der bisherigen
Narbenverkürzung tritt (Martin).

4) Chronische Metritis: zuerst diese behandeln (Keilexcision), dann Pessar oder, wenn nicht
vertragen, Glycerintampons: ebenso bei acuter
Metritis, bis die Schmerzen verschwunden sind.

5) Endometritis: Adstringirende und antiseptische Scheidenausspülungen 2 Mal täglich und
öfters das Pessar entfernen: den Uterus mit Aetzungen, event. Ausspülungen, Einlegen von Bacilli etc.
behandeln. Die Erosionen des Mm.'s sind zu
ätzen oder zu excidiren.

6) Die stenosirte Cervix wird erst discidirt.

7) Ist die Portio zu kurz, so wirkt sie zu
wenig als Hebel auf das Corpus uteri, dasselbe
wird flectirt — oder der Scheidentheil weicht dem
Ringe aus und es tritt Decubitus ein; umgekehrte
Einführung des Hodge'schen Hebelpessariums mit
dem oberen Bügelschluss nach hinten.

8) Die zu kurze vordere Scheidenwand
wird in der Art der sub 3 erwähnten Operation
verlängert (Skutsch).

9) Die abnorm weite, schlaffe Scheide
wird durch Kolporrhaphie verengert; wenn nicht

zugestanden, umgekehrte Einlegung des Schlittenpessars nach Fig. 26 i. Text.

10) Das **Puerperium** ist eine geeignete Zeit zur Behandlung der um diese Zeit dehnbaren und modellirbaren Organe und Bänder. Nach Schultze reponiren, wodurch die Portio zurückgedrängt, der Fundus gehoben und nun der Körper nach vorn geschnellt wird, dem der Finger in die Cervix einhakt. Die Retention wird durch 2 in's vordere, sonst in's hintere Scheidengewölbe quer eingelegte Glycerintampons bewirkt. Liegen in Seitenlage.

Während der **Gravidität** braucht der Ring nur bis zum 4. Monat liegen zu bleiben, weil der Uterus dann schon durch seine Ausdehnung sich hält (vgl. oben).

11) Bei Verengerungen des **Introitus Vaginae** operativ vorgehen und dann Ring einlegen (Hymenalstenose, — intacten Hymen zerreissen, wenn die Krankheitsursache mit Sicherheit in der Verlagerung erkannt ist; — Vaginismus).

12) Combination von **Dammdefecten** mit **Vaginalinversionen** und **Descensus uteri** sind operativ zu beseitigen, sonst Schlittenpessare (ev. n. Fig. 26 i. Text).

13) **Tumoren** und **Senilität** sind Contraindicationen.

14) Sitzt ein Ring gut und klagt die Pat. doch, so ist er zu entfernen und eine andere Ursache der Beschwerden (Hysterie) aufzusuchen.

Ueber das Verhalten beim Einlegen und Tragen des Ringes vgl. Bem. zu Taf. 60.

Als **Torsion der Gebärmutter** bezeichnet man die pathologische Drehung der Gebärmutter um ihre Längsachse, hervorgerufen durch Geschwülste oder abnorme Füllung benachbarter Organe oder durch para- oder perimetritische Fixationen (vgl. Taf. 17): hieraus geht schon hervor, dass gewöhnlich noch andere Verlagerungen damit combinirt sind. Die Portio ist dementsprechend mit verschoben (vgl. Taf. 13).

Es giebt eine physiologische Torsion (Ursache der I. Schädellage!), indem die Vorderfläche der Gebärmutter nach rechts-vorn gedreht ist, so dass die linke Kante der Symphyse näher steht (das Kind wird also in der linken Seite für den Rücken mehr Platz haben als in der durch die Wirbelsäule beengten rechten).

Gruppe III.
Entzündungen und Ernährungsstörungen.

Kapitel I.
Entzündungen und ihre Folgen (erworbene Stenosen u. Atresien, Organ-Schrumpfungen, Exsudattumoren.

Die Entzündungen betreffen in jedem Organtheile entweder das Parenchym, d. h. das Epithel- und Drüsengewebe (glanduläre Entzündungen) oder das Bindegewebe (interstitielle Entzündungen). Beide können zusammen vorkommen. Die Entzündung kann acut oder chronisch verlaufen; der erstere Prozess geht mit lebhafter Wucherung einher (Hypertrophien und Hyperplasien, Rundzellenbildung), der letztere mit Schrumpfung durch Spindelzellen- und Faserbildung. Die Entzündung bringt eine stärkere Secretion zu Wege, die je nach dem Grade und den betroffenen Gewebselementen serös, schleimig oder eitrig, i. e. katarrhalisch oder purulent oder beides zusammen sein kann.

Die ursächliche Noxe ist in den meisten Fällen Infection mit Mikroben, unter denen die Gono-, Staphylo- und Streptokokken weitaus die bedeutendste Rolle spielen. Die Einführungsart wird gegeben durch das sexuelle Leben (Cohabitation, Puerperium), Operationen oder durch Uebergang von anderen Organen her (Tuberculose).

Der Ausgang ist selten spontane Heilung oder ein Zugrundegehen des Parenchymes durch Secretionsretention oder durch Abscedirung oder durch cirrhotische Bindegewebsschrumpfung, abgesehen von solchen Fällen, in denen das Allgemeinbefinden in Mitleidenschaft gezogen wird.

§ 12. Gonorrhoe.

Die acute Erkrankung entsteht durch Infection mit dem reichlichen Eiter eines floriden Harnröhrentrippers. Die Vulva und das Vestibulum sind mit dickem, rahmähnlichem, gelbem Eiter bedeckt, der bei Offenlegung des Introitus massenhaft aus der Scheide hervorquillt. Diese Theile sind geschwollen, auffallend geröthet und empfindlich. Der in die Scheide eingeführte Finger drückt, indem er die vordere Wand und damit die Urethra von innen nach aussen gegen den Schoosbogen streicht, aus der Harnröhre eben solchen Eiter. Beim Wasserlassen entsteht lebhaftes Brennen gefolgt von einem flammendem Drängen in der Blase; alle $1/4$- oder $1/2$-Stunde entsteht auf's neue Harndrang; die Entleerung führt immer wieder zum Harnzwang — alles Symptome des **Blasenkatarrhes**; der Urin wird trübe und hat einen stechenden ammoniakalischen Geruch (neutrale oder sogar alkalische Reaction).

Die Bartholin'sche Drüse entzündet sich gewöhnlich erst später (vgl. Taf. 4, 2), ebenso bilden sich später in relativ seltenen Fällen Wucherungen der Hautpapillen = Condylomata acuminata (cf. Taf. 3, Fig. 2).

Die Scheidenmucosa ist ebenfalls entzündet: empfindlich und mit lebhaft rothen Stippen gesprenkelt, welche durch die geschwollenen, hyperämischen Papillen gebildet werden. Das eitrige Secret stammt indessen nicht von hier (die Vagina hat gar keine Drüsen), sondern aus der Cervix, die schon früh mitinficirt ist (vgl. Taf. 14, 2). Die geschwollene Cervix mucosa stülpt sich hochroth in den äusseren Mm. ein: es besteht mithin eine **Endometritis** cervicalis. Hier am inneren Mm. macht der Prozess zunächst Halt.

Nur bei kindlichen Genitalien kommt eine länger dauernde eigentliche Vaginitis gonorrhoica vor.

Anders verläuft die Infection durch die latente Gonorrhoe (Nachtripper des Mannes, goutte militaire, bestehend in einer sehr kurzen Strictur der Pars membranacea membri virilis mit schmerzloser tropfenweiser Secretion, zumal beim morgendlichen Aufstehen; selten Empfindlichkeit jenes Theiles und des Nebenhodens. — während der erotischen Erregung ein stechender Schmerz an der Peniswurzel): es entsteht eine schleichende Entzündung, deren erste Symptome von Brennen beim Uriniren und Ausfluss gewöhnlich ganz übersehen werden. Die Beschwerden treten erst mit dem Stärkerwerden bei dem Uebergang auf die Körperschleimhaut auf.

Hier schliessen sich beide Krankheitsformen an einander an. Die **Endometritis** corporis uteri bewirkt Unregelmässigkeiten in der Periode, alle pathologischen Formen derselben alternirend (vgl. § 4); zugleich stellt sich durch die Entzündungshyperämie der Gebärmutter das Gefühl eines schweren Körpers, von Völle im Becken ein. — späterhin auch von direktem Uterinschmerz. Diese Schmerzen können aber auch von Entzündungen der Tube ausgehen; denn der Uebergang der Kokken vom Corpus uteri zu beiden Tuben ist ein schneller.

Hier macht der Prozess zum zweiten Male Halt, auch hier kann die latente Gonorrhoe dauernd stehen bleiben, ebenso wie die acute am inneren Mm.

Der Ausfluss ist gesteigert und eitrig.

Von der Tube geht der Process sehr häufig nicht auf die Serosa über, weil der Isthmus oder das Franzenende verkleben: es wird jetzt aus dem Eileiter ein geschlossener, gedehnter Eitersack, eine **Pyosalpinx**.

Wird aber die Serosa afficirt, so kann das auf 2 Wegen geschehen: entweder vom Innern der Tube durch das Wand-Gewebe, d. h. durch die Lymphbahnen derselben bis zur Subserosa fortschreitend — oder aus dem Pavillon der Tube überkriechend auf das Peritoneum und zum Eierstock: das Ovarium kann ebenfalls lymphatisch oder vom Bauchfell aus inficirt werden; es entstehen die sehr schmerzhaften, chronischen, circumscripten Peritonitiden des Douglas, die **Petrimetrosalpingitis** und **-Oophoritis**. Im Eierstocksgewebe können sich aus einer interstitiellen Entzündung Abscesse bilden. Diese Veränderungen gehen unter Fieberanfällen und bedeutenden Schmerzen vor sich, und führen zu serös-fibrinösen Exsudationen im Douglas, welche weiterhin durch Resorption verhärten und Adhäsionen zwischen den Serosaflächen der einzelnen Beckenorgane bilden. Letztere aber bewirken mannigfaltige Verlagerungen und Haltungsanomalien des Uterus, seiner Adnexorgane, von Darmschlingen und Rectum.

Die Erkrankung der Tuben (dieselbe ist gewöhnlich beiderseitig) führt zu einem neuen Symptom: zur Sterilität (gewisse Einkinder-Ehen).

Bemerkenswerth ist, dass die Gonokokken den Weg für die Eiterkokken präpariren, so dass wir es in späteren Stadien mit Mischinfectionen zu thun haben.

Also **Symptome**: Brennen beim Wasserlassen, (ev. Blasenkatarrh und Bartholinitis, kenntlich

Ersterer am trüben, alkalischen Harn mit Sargdeckelcrystallen = phosphorsaure Ammoniak - Magnesia oder Tripelphosphate. Morgenstern- und Stechapfelkrystallen = saures harnsaures Ammoniak, zahlreichen Mikrokokken, Schleim, Eiter- und Blutkörperchen — Letztere an starker Schmerzhaftigkeit, Röthung, Schwellung ev. Fluctuation am unteren Drittel der grossen Schamlippen, vgl. Taf. 4. 2), eitriger Ausfluss aus der Scheide, Unregelmässigkeit der Periode, Schmerzen, Sterilität.

Diagnose: Nachweis der Gonokokken (durch Färbung mit $1/2$ Min. einwirkender alkoholischer Methylenblaulösung; von allen Kokken allein entfärbt durch die Gram'sche Methode; vor allem ihr Nachweis in Eiterzellen!); Feststellung des Eiterursprunges aus der Cervix. Localisation der Schmerzhaftigkeit des Corpus uteri, bzw. der Adnexa und der Douglas-Serosa.

Therapie: Bei frischen Fällen: Scheidenausspülungen mit Sublimat (1 : 2000 bis 1 : 5000), Wochen lang. Bei Urethritis: Auswischung mit der gleichen Sublimatlösung oder 2% Sol. Arg. nitr. Die Bartholinitis führt zur Abscedirung; es wird dann bei Fluctuation incidirt und mit Jodoformgaze tamponirt. Die Condylome werden mit der Scheere abgetragen oder mit 25% Chromsäure geätzt. Bei Cystitis wird die Blase mit $1/3\%$ Salicylsäurelösung oder 2—$6^{00}/_{00}$ Sol. Arg. nitr. und $2^{1}/_{2}{}^{00}/_{00}$ Cocainlösung ausgespült ($^{1}/_{4}$—$^{1}/_{2}$ Liter lauwarm mittelst Katheter und Hegar'schen Trichter oder unter Anwendung des Küstnerischen Harnröhrentrichters statt dem Katheter).

Erst wenn die Vagina wochenlang ausgespült ist, schreitet man zur Behandlung der Gebärmutter und diese deckt sich mit der Therapie der Endometritis und Metritis (vgl. d. folg. §). Zu bedenken ist nur, dass erst eine genaue bimanuelle Untersuchung die Affection der Adnexorgane auszuschliessen hat, da jeder therapeutische intrauterine Eingriff mit einer Exacerbation von Seiten jener Organe beantwortet wird! Erst ist also die Salpingitis u. s. w. zu behandeln (vgl. § 16.)

§ 13. Endometritis chronica. Erosionen und Ektropien des Muttermundes.

Die E. ist eine Erkrankung der Schleimhaut der Gebärmutter allein; sie kann also als Krankheit sui generis auftreten, ohne andere Organe in Mitleidenschaft zu ziehen, also ohne mehr oder weniger allgemeine generelle Veränderungen zu schaffen.

Letztere bringt zusammen mit der Endometritis die Gonorrhoe hervor und, wenngleich dieselbe auch wohl in der Aetiologie des Gebärmutterkatarrhes die Hauptrolle spielt, so giebt es doch eine bedeutende Gruppe von Fällen, bei welchen wir den Ursprung in anderweitigen Infectionen zu suchen haben, zumal da sie auch bei Virgines auftreten können. Z. Th. mögen eitererregende Mikroben hier ihre Rolle spielen und nicht selten besorgen onanistische Manipulationen in den genannten Fällen die Einführung derselben.

Wieder eine andere Gruppe, die aber auch nicht hierher gehört, sondern eine Allgemeinerkrankung repräsentirt, bildet die septische Infection, sei es im Puerperium, sei es durch operative Eingriffe.

Klinisch können wir unterscheiden:
1) Katarrh a) der Cervix-, b) der Körper-Mucosa;
2) Eitrige Entzündung a) der Cervix-, b) der Körper-Mucosa.

Anatomisch sind Beide synonym mit 1) der rein glandulären, 2) der interstitiellen Entzündung (vgl. Erläut. zu Taf. 7, Fig. 4; Taf. 8, Fig. 1 u. 2; Taf. 5, Fig. 3.)

Die Cervixaffectionen sind das häufigere, die der Gebärmutterschleimhaut das schwerere Leiden.

a) Der Cervixkatarrh und seine Folgen: Erosionen und Ektropien.

Symptome: Der **Ausfluss** (fluor albus) ist das erste und constanteste Symptom — bei reinem Katarrh: schleimig, fadenziehend — bei purulenten Mischformen: schleimig-eitrig durch Beimischung von Eiterkörperchen. Dieser Ausfluss schwächt mit der Zeit das Individuum und **verhindert** durch Bildung eines zähen Cervixpfropfes die **Conception**. Da die Schleimhaut entzündlich wuchert (vgl. Taf. 7), so sind die Blutgefässe überfüllt und leicht zerreisslich. **Menorrhagien** und **Dysmenorrhöen**, sowie leicht Blutungen bei Berührung.

Schmerzen werden aber auch in der Zwischenzeit empfunden, wenn die geschwollene Schleimhaut erst zum Mm. heraus sich vorwulstet = **Ektropion** (vgl. Taf. 5, Fig. 3 und Taf. 12).

Diagnose: Beim **Touchiren** entdeckt man die Verdickung der Portio und am zurückgezogenen Finger den dicklichen Schleim- oder Eiterklumpen. Strukturveränderungen fühlt man nur bei älteren Ektropien und gerade dieser Befund ist suspect gegenüber dem beginnenden Krebse.

Daher **Inspection im Speculum**: bei **Pluriparae** und **Ektropion** ist die Untersuchung der Schleimhaut klar und einfach; bei dem geschlossenen Mm. der **Nulliparae** entdecken wir höchstens am Saume oder durch das Portioepithel durchschimmernde Retentionscysten der Cervicaldrüsen = **Ovula Nabothi** (vgl. Taf. 12); desshalb müssen wir hier mittels Kugelzangen die Gebärmutter tiefer ziehen und die Mm.-Lippen mit Häkchen evertiren, event. die Commissuren spalten (nachher vernähen).

Die **Cervicalhöhle** ist durch die heftige

Secretion gedehnt; dieser Befund ist mittelst der Sonde nachweisbar.

Die Secretion bewirkt ferner eine Desquamation der oberen Plattenepithelschichten rings um den Mm. herum: es entsteht eine **Erosio** simplex (vgl. Taf. 5 Fig. 3 und Taf. 15 Fig. 2). Wachsen die Matrixzellen zu Cylinderepithel und Drüsenbildungen aus, so entsteht die Erosio papilloides (vgl. Taf. 50 Fig. 1). Ist eine von Beiden mit der Bildung von Ov. Nab. combinirt, so entsteht die Er. follicularis (vgl. Tafel 16 Fig. 2).

Die Diff. Diagn. gegenüber dem Ektropion beruht auf der Lage des Mm.'s innerhalb oder central von der Erosion, aber ausserhalb und auseinandergedrängt von dem Ektropion.

Die Diff. Diagn. zwischen Erosio papilloides und cancroider Papillargeschwulst wird am sichersten mikroskopisch gestellt (vgl. Taf. 5 Fig. 3 mit Taf. 45 Fig. 1 bis 3). Die folliculäre Form kann durch circumscripte Ausziehung von Schleimhautpartien polypöse Excrescenzen bilden (vgl. Taf. 59, Fig. 3).

Die Diff. Diagn. zwischen Ektropion (Taf. 59) und cancroidem Ulcus incipiens beruht nie auf dem Touchirbefund, da Beide das Gefühl harter solitärer Knoten darbieten (vgl. Taf. 49 Fig. 2; 51 u. 52), — sondern auf der Inspection: Ovula Nabothi beim Ektropion, Knoten mit geschwürigem Zerfall beim Cancroid. Besteht noch keine Exulceration, so bleibt nur die mikroskopische Untersuchung eines zur Probe excidirten Stückchens.

Prognostisch ist von Bedeutung, dass Cervix-Katarrhe schlecht heilen und die inveterirten Formen Neigung zu maligner Degeneration haben.

Therapie: Was die locale Behandlung der Cervix-Mucosa selber anlangt, so ist sie dieselbe wie diejenige des Gebärmutterkörper-Katarrhes u. i. Folg. nachzusehen. Speziell die

Schwellung der Portio und die Ovula
Nabothi werden durch multiple Punctionen
und Scarificationen gebessert. Ist der Mm.
eng, so werden seitliche Discisionen ev. bis in's
Scheidengewölbe hinein gemacht. (Vgl. § 3, sub 3, 4).

Die Erosionen sind durch Aetzungen zu beseitigen: Eingiessen von Holzessig mit Zusatz
von 4% Carbolsäure in das Speculum (einige Minuten einwirken lassen, täglich, mehrere Wochen
lang.) Allmählich verschwindet die geröthete oder
ulcerirte Partie um den Mm. durch neue Epidermoidalisirung des pathologisch entstandenen Cylinderepitheles. Stösst sich bei tieferen Ulcera die
Epitheldecke wieder ab, so ätzt man mit 1 Tropfen
Acid. nitr. fumans, hernach warm ausspülen.
Sonst ausschneiden.

Das Ektropion und die Wulstung, bzw.
folliculäre Hypertrophie der Schleimhaut
verschwinden in ihren leichten Formen nach der
Behandlung des Katarrhes als solchen mit Aetzmitteln.

Die schweren Formen werden operativ
beseitigt, u. zw. durch Entfernung der gewulsteten
Schleimhaut mittelst einer gleichzeitigen Keilförmigen Excision aus der ganzen Dicke der
Portiowand (vgl. sub Metritis § 14).

b) Endometritis corporis uteri

Sämmtliche Endometritiden, des Gebärmutterhalses wie des Körpers, können auftreten acut
und chronisch, oder in leichteren und schwereren Formen.

Letztere Eintheilung giebt nicht nur graduelle
Unterschiede, sondern auch qualitative:

Die leichteren Formen rufen keine Structurveränderungen hervor: nur die Secretion ist
stärker, glasig-schleimig: ausserdem Blutungen.

Die schwereren Formen führen zu Wucherungen und zu einem eitrigen Ausfluss.

Es liegen diesen Unterschieden also histologische Verschiedenheiten zu Grunde, wie sie auf Tafel 7 u. 8 wiedergegeben sind; dieselben sind folgende (Ruge, Veit):

I. Endometritis glandularis: 1) hypertrophica i. e. Wucherung allein der Drüsen in die Länge, so dass dieselben sich spiralig zusammenrollen, weil sie zwischen Schleimhautoberfläche und Muscularis-Saum fest begrenzt sind. Ihr Längsschnitt ist desshalb gewunden korkzieherförmig oder sägeförmig; 2) hyperplastica: die Drüsen wuchern in Länge und Breite, so dass sie bedeutende Ausbuchtungen bilden.

II. Endometritis interstitialis: 1) acuta, Rundzellenwucherung, führt zur purulenten Secretion; 2) chronica s. cirrhotica, Faserbildung. Schrumpfung, führt im Endstadium zur E. atrophica.

Die glandulären Formen kommen, besonders mit der acuten interstitiellen Endometritis, als Mischformen vor; tritt die hyperplastische Form und die starke Wucherung in den Vordergrund, so entsteht die

III. Mischform Endometritis fungosa, wenn dieselbe diffus ist, — oder

IV. Mischform Endometritis polyposa und die E. follicularis (Taf. 59, 3) wenn die Wucherung circumscript ist.

Aus Gruppe II u. III scheiden sich folgende Abarten aus, welche als hervorstechendstes Symptom Blutungen oder Abstossung der Mucosa aufweisen:

V. Endometritis exfoliativa (Dysmenorrhoea membranacea vgl. § 3).

VI. Endometritis dissecans bei Phlegmone.

VII. Endometritis haemorrhagica: geringes Secret; fungöse Mucosa; nach Abort, ac. Infect. Krankh.

Tritt die Endometritis im Anschluss an einen Abort auf, dessen Ursache sie in den meisten Fällen auch gewesen ist, so bezeichnen wir sie als

VIII. Endometritis post abortum, kenntlich an den grossen Deciduazellen.

Die Ovula Nabothi entstehen:
1) Durch übermässige Wucherung und Secretion bei I, 2;
2) Durch zu engen Ausführungsgang bei I. 1;
3) Durch spiralige Abschnürung desselben bei I, 1;
4) Durch Compression desselben durch das entzündete Bindegewebe bei II, 1;
5) Durch narbigen Verschluss bei II, 2.

Die **Symptome** der Endometritis corporis chronica:

1) Die Schmerzen u. zw. entweder nur zur Zeit der Periode = Dysmenorrhoea (mit oder ohne Abstossung einer Decidua menstrualis); — oder im Perioden-Intervall = Mittelschmerz; — oder dauernd und mit dem Blutflusse aufhörend, so dass nur die Menstruationszeit schmerzfrei ist; — oder dauernd und mit der Periode noch exacerbirend (vgl. § 17);

2) Ausfluss, meist blutig-serös-schleimig (n. Küstner, Schröder) und eitrig (B. S. Schultze);

3) Menstruation verändert, mit Menorrhagien und Dysmenorrhoen;

4) Sterilität;

5) Reflectorische Nervenstörungen: Schmerzen in Nabelgegend, Dyspepsien, alle Arten hysterischer Beschwerden.

Diagnose: 1) die Sonde constatirt den typischen Schmerz beim Passiren des inneren Mm.'s mit dem Knopfe, — einen Schmerz, den die Kranken ohne Localisirungsvermögen sehr genau kennen; weiterhin ist die ganze Uterinmucosa druckempfindlich.

Die Sondenuntersuchung ist auch objectiv wichtig, indem sie über die Weite der Höhle und über die höckerige Beschaffenheit einer fungösen Schleimhaut Aufschluss giebt.

2) Das Curettement (Raclage, Excochleation) kann probeweise zur mikroskopischen Texturuntersuchung ausgeführt werden.

3) In zweifelhaften Fällen, wenn z. B. polypöse Wucherungen vermuthet werden, wird der Cervicalkanal dilatirt (Metalldilatatoren, Küstner's verstellbarer Dilatator, Laminaria — gut sterilisirt!)

Prognose: ernste Folgen durch die Blutungen und Säfteverluste — bzw. durch Uebergang in maligne Degeneration.

Therapie: vor allem ist für regelmässigen und ergiebigen Abfluss des Secretes zu sorgen; der äussere und vor allem der innere (normal 4 mm weite) Mm. repräsentiren — zumal bei der Entzündungsschwellung der Mucosa — die Retentionsengen, welche event. künstlich dilatirt werden müssen. Unterstützt wird die Entfernung des Secretes durch Vaginalausspülungen mit Adstringentien (Alaun, Tannin) oder Antisepticis (2%, Carbolsäure, $^1/_4$-$^1/_2$-$^1/_1$ $^{00}/_{00}$ Sublimatlösung), wodurch die Gebärmutter zu Contractionen angeregt und die Cervicalmucosa direkt bespült wird.

Ferner muss die erkrankte Schleimhaut verändert („umgestimmt") werden: dies kann durch Adstringentien, durch Aetzung erreicht werden, — indessen ist vor allen stärkeren Aetzungen zu warnen, da dieselben Stricturen, Stenosen und Conglutinationen hervorrufen können (z. B. Chlorzinklösungen von 10%, und höher). Diese Medicamente werden am besten in flüssigem Zustande (Liqu. ferri sesquichlor. 50%, oder unvermischt, — 2%, Sol. Arg. nitr.; — 5%, Sol. Zinc. Chlor., — Acid. nitr. fumans) applicirt (mittelst einer mit Watte armirten Aluminium-Sonde).

Während jene „Umstimmung" sich auf die Structur bezieht und durch die genannten Aetzungen erzielt wird, muss ausserdem die Noxe, das infectiöse Virus beseitigt werden, u. zw. entweder zugleich durch obige Aetzungen oder durch Antiseptica. Ausser den Intrauterin-Ausspülungen (Fritsch'scher Doppelkatheter) ist hierfür die Einführung von Jodoformstäbchen zweckdienlich.

Die Cervixdilatation und die Desinficirung werden gleichzeitig besorgt durch Tamponade des Gebärmutterhalses mittelst Jodoformgaze (n. Abel, täglich zu erneuern).

Radical wirkt die Beseitigung der veränderten und mikrobenhaltigen Schleimhaut

= **Abrasio, Curettement,** (Raclage, Excochleation). Dieselbe wird mit dem Simon'schen scharfen Löffel oder der schlingenförmigen Curette derart ausgeführt, dass nach bestimmter exacter Reihenfolge die einzelnen Uteruswandungen vorsichtig und gleichmässig abgekratzt werden, während die Portio durch eine Kugelzange fixirt wird. Theils um die Blutung zu stillen, theils um zu desinficiren, ist die unmittelbar folgende Aetzung mit Liqu. ferri sesquichlor. oder 3% Carbollösung nothwendig (mittelst armirter Sonde). Vorher ist zu dilatiren und sorgfältig zu desinficiren! Sollte die Blutung, zumal bei Endom. post abortum, nicht stehen, so wird mit Jodoformgaze tamponirt.

Vom 3.—4. Tage an nach dem Curettement wirken tägliche Carbolausspülungen intrauterin günstig, während bei den stark wuchernden fungösen Endometritiden zweitägliche Application von Adstringentien (Liqu. ferri s., Tr. jodi), nachdem die Uterinhöhle ausgespült wurde, die Neubildung in Schranken hält.

Die Narkose wird in den meisten Fällen für die Operation eingeleitet werden müssen, ebenso bei etwaigen den Einspritzungen folgenden Uterinkoliken.

§ 14. Metritis chronica (Uterusinfarct.).

Definition: ebensowenig wie die Actiologie, ist das klinische Bild der chronischen Metritis ein einheitliches; es wird beherrscht durch die **entzündliche Hyperämie, Schwellung und Empfindlichkeit des ganzen Organes**, welche zur Bindegewebshyperplasie, weit weniger zu Muskelwucherung führen. Die langsam verlaufende Entzündung steigert sich ab und zu zu acuten und subacuten Exacerbationen, bis bei vielen Fällen im Laufe der Zeit der cirrhotische Endausgang einer jeden chronischen Entzündung eintritt.

Also 2 Stadien: a) das Stadium der Hyperämie und Rundzelleninfiltration: Uterus weich und leicht zerreisslich durch Oedem und Verfettung der Muscularis;

b) Das Stadium der cirrhotischen Induration: Uterus derb, anämisch oder livid durch venöse Stase (Arterienwand verdickt, Lumina verengert; Muscularis durch fibröses Gewebe ersetzt).

Aetiologie: 1) Mangelhafte puerperale Involution; 2) im Anschluss an den Entzündungsreiz langdauernder Endometritiden; 3) durch anderweitige Hyperämie-Reize, wie Masturbationen u. ä.; 4) durch venöse Stase bei Flexionen, Prolapsen oder anderen mit Anschoppungen verknüpften Verlagerungen (gewohnheitsmässig volle Blase, Obstipatio chronica, oder als sec. Stauungserscheinung von Circulationsstörungen anderer Organe); 5) am seltensten aus unresorbirten acuten Metritiden hervorgehend.

Gewöhnlich geht mit der Metritis die Endometritis einher; die hohe Empfindlichkeit des ganzen Organes, nicht allein des Endometrium, führt auf diesen Befund.

Prognose: wenn auch die Krankheit in der Menopause nicht zum Stillstand kommt, sondern gewöhnlich — mit oder ohne atypische Blutungen — erst mehrere Jahre nachher, so ist doch diese Zeit die dankbarste für die Behandlung. Weit günstiger ist der vorherige Eintritt des II. Stadiums, in welchem die Beschwerden aufhören.

Symptome: Gefühl von Völle und eines schweren Körpers im Unterleib, Kreuz- und Seitenschmerzen, — Ausfluss und Menorrhagien und Dysmenorrhöe, — Harndrang und Obstipation. Alle Beschwerden steigern sich zur Zeit der Periode und während besonders hartnäckiger Obstipationen; sie werden durch ruhige Rückenlage vermindert.

Diagnose: Portio weich, verdickt, hyperämisch, mit wulstigen Lippen, oft mit endometritischen Symptomen = Ektropion, Erosion, Ov. Nabothi (vgl. Taf. 12) gepaart; — oder im II. Stadium livide, derb, runzelig (vgl. Taf. 10, 2; 11, 1; 15, 1).

Während die Empfindlichkeit nicht constant ist, zumal nicht immer gleichmässig ist, tritt die eigenthümliche, an Gravidität (II.—III. Monat) erinnernde **Weichheit** und **Vergrösserung** des Organes regelmässig auf. Die Sonde weist Verlängerung des Uterinkanales und Verdickung der Wandung auf.

Weiterhin kann jede Art von Entzündung der umliegenden Gewebe und Adnexorgane auftreten. Die an sich häufig erschwerte Conception führt meist zum Abort oder zum partus immaturus.

Diff. Diagn.: Die schwangere Gebärmutter ist in den ersten Monaten schwer von einem entzündeten Uterus zu unterscheiden: Ersterer ist weicher, zumal im Portiogewebe und am inneren Mm. (bimanuell vom Rectum aus), und sitzt als runder Ballon auf dem Collum, Letzterer ist empfindlicher. Speziell ist an Gravidität neben Metritis zu denken, zumal wenn eine intrauterine Therapie eingeleitet werden soll.

Intrauterine Tumoren (Myome) werden mit der Sonde oder nach Erweiterung der Cervix direkt palpirt; der entzündete Uterus ist verlängert, spez. die Cervix, welche bei Virgines verengt, bei Plurip. ektropionirt ist. Bei Cervixcancroiden mikr. Untersuchung exstirpirter Partikel unter event. Ausführung der Keilexcision.

Ob die Entzündung nur die Mucosa betrifft (Endometritis), entscheidet die geringere Volumzunahme und geringere Empfindlichkeit des ganzen Organes.

Therapie: prophylaktisch während der Menstruation Bettruhe (zeitweilig aber nur), alle Congestion erregenden Schädlichkeiten vermeiden (Erregungen, insbesonders auch sexuelle, erhitzende Speisen, Obstipation, Erkältung), — und im Puerperium: heisse Vaginalirrigationen (38—42° R.), bezw. warme Vollbäder (28—30° R.).

Spezielle Behandlung des Stadiums der Hyperämie, resorptiv: heisse Injectionen und Bäder, mit oder ohne Salz, Mutterlauge.

Die Hyperämie wird bekämpft durch Gefässverengerung: Secale oder Ergotin (längere Zeit); heisse Vaginalinjectionen; — Scarificationen der Portio (alle 3—4 Tage $^1/_2$—2 Esslöffel oder spez. vor der dysmenorrhoischen Periode, Congestion- und schmerzlindernd!) Depletorisch ableitend wirken Carbolglycerintampons, sodann die Behandlung der Endometritis mittelst Adstringentia (weil dieselben in weiterer Folge eine stärkere Secretion anregen) oder Aetzmittel (nach einigen Tagen Abgang der bräunlichen Schorfe oder reinen Blutes; — bei Schmerzen nach der Ausspülung Niederlegen und warme Ausspülungen); die Applikation muss wöchentlich wiederholt werden, indessen nur bei dem I. Stadium. Ebenso Curettement mit nachfolgender Eisenchlorideinwirkung (Playfair'sche Aluminium-Sonde).

Die genannten theils prophylaktischen, theils resorptiven, theils Hyperämie-beseitigenden Behandlungsmethoden wirken zugleich als symptomatische und palliative Therapie. Bei Schmerzen und Völlegefühl: häufige Scarificationen und Carbolglycerin-Tampons, ev. um die Uterusligamente zu entlasten: ceinture hypogastrique und Pessar.

Gegen Periodebeschwerden: vorher Scarificationen, warme Sandsäcke auf den Leib legen oder warmen Spiritus (Kehrer), Narkotika, — bei einmal eingetretener Menorrhagie: Ergotin, Tamponade, mit Eisenchloridwatte armirte Sonde in die Cervix einführen.

Operationen zum Zwecke der Verkleinerung des Collum uteri und der Entfernung der erkrankten Schleimhaut.

Durch **keilförmige Excisionen** (oder Portio-Amputation oder kegelmantelförmige Ausschnitte —

Operationen n. Sims, Hegar, Simon) werden obige Resultate event. mit Entfernung von Lacerationsnarben angestrebt. Am vollkommensten werden sie erreicht durch folgende Methoden (in Sims' Seitenlage ausführbar): 1) n. Schröder: beide Mm.-Lippen werden durch tiefe Schnitte parallel der Längsachse des Collum eingeschnitten, nachdem die Commissuren tief gespalten sind; kurze Querschnitte in der Cervixtiefe, von der Schleimhaut aus darauf gesetzt, excidiren die so gelöste innere Lippenhälfte mit der erkrankten Schleimhaut ganz. Die übrig gebliebene Hälfte wird einwärts geklappt und innen an den inneren Rest der Cervicalmucosa angenäht.

2) n. A. Martin: der ganze Scheidentheil wird konisch tief ausgeschnitten. Die Cervicalschleimhaut wird herabgezogen und mit der Scheidenmucosa vernäht.

3) n. Kehrer: aus beiden Mm.-Lippen werden Keile derart excidirt, dass die ganze Breite der Cervicalmucosa die Basis von Dreiecken bildet, deren beiden gleichen Schenkel durch die Collumwandung gehen, so dass die Spitzen auf der äusseren Portiofläche (vorderer und hinterer Wand) liegen. Zusammen bilden beide Wunden also eine Raute. Durch tiefe Quernähte werden die Lippen sagittal verlängert.

Nach der Operation: Carbolglycerintampon (1 Tag); dann Scheidenirrigationen; bei etwaigen Nachblutungen Liqu. ferrisesquichlor. (oder Umstechung); nach 8 Tagen Entfernung der Suturen.

§ 15. Sepsis
(acute Vulvitis, Vaginitis, Endometritis, Metritis, Salpingitis, Para- und Perimetritis, Peritonitis — Puerperalfieber).

Aetiologie und **klinisches Bild**: einwandernde Eiterkokken (Streptokokkus pyogenes; Staphylokokkus aureus, albus, citreus) erregen septische Entzündung: die Eingangspforten sind die Haut, bzw. Schleimhaut der Genitalien einerseits, — der peritoneale Ueberzug derselben andererseits.

Die Gelegenheit zur Invasion in die auskleidende Haut ist gegeben durch Traumen oder nicht aseptisch gehaltene operative Eingriffe oder laedirende Explorationen (Sonde, dilatirende Instrumente u. ä.) oder puerperale Vorgänge.

Die puerperalen Infectionen nehmen vermöge der specifischen Beschaffenheit der Secrete, der eigenartigen, für Weiterzüchtung eines einmal eingeschleppten Virus ganz besonders praedisponirten Wundfläche (abgeschlossen, Körperwärme, Stauung leicht zersetzlicher reichlicher Secrete, grosse Wundfläche mit reichlichen offenen Resorptionsgefässen) eine besondere Stellung ein.

Die „gynäkologischen" Infectionen nehmen je nach der Eingangspforte folgenden Verlauf:

Vulva = Phlegmone vulvae: die Infection bleibt local und führt zur Abscedirung, nur die Damminfectionen führen, je näher dem Rectum desto bedenklicher, zu phlebothrombotischen Allgemeininfectionen.

Vagina = Kolpitis crouposa et diphtheritica, Phlegmone Vaginae, Abscesse, Parakolpitis, Paraproktitis: die Infection bleibt local und schreitet höchstens in das circumscript nächstgelegene Bindegewebe weiter. Entgegen dem Verhalten im Puerperium kriecht der Prozess sehr selten auf die Gebärmutter weiter.

Uterus = acute Endometritis, acute Metritis: der Verlauf ist bedenklich und der Fortschritt rasch.

Symptome in progressiver Reihenfolge: blutiger und serös-purulenter Ausfluss, Vergrösserung und Schmerzhaftigkeit der Gebärmutter (als dumpfer Schmerz in der Beckentiefe empfunden; gesteigert durch Bewegungen, Husten, Pressen etc.), Harndrang, Diarrhoe mit heftigem Tenesmus, — Fieber: (event. selten Abscedirung).

Die Kranken bekommen bald das Aussehen schwer Inficirter: fahle Gesichtsfarbe, matten Augenausdruck; der Appetit liegt darnieder; Meteorismus — Puls und Temperatur steigen; Empfindlichkeit des Abdomen. — Alles **Symptome** der beginnenden **Para-** und **Perimetritis.**

Die **Exploration** per vaginam ergiebt: Empfindlichkeit des Vaginalgewölbes, Resistenz hinter der Gebärmutter; per rectum: Tumor hinter und neben dem Uterus, palpatorisch nicht differenzirbar — anatomisch bestehend aus: **Pyosalpinx, Oophoritis, Perimetrosalpingitis, Perioophoritis** und **Parametritis.**

Hier kann der Prozess stehen bleiben, d. h. die den Douglas-Raum überdachenden Darmschlingen verlöthen adhäsiv unter einander und kapseln das peritoneale Exsudat gegen die obere Bauchhöhle ab; es entsteht eine **Peritonitis exsudativa saccata** mit allmählicher Resorption oder Perforation in das Rectum oder seltener in die Vagina. Ab und zu Schüttelfröste. Neben dem Uterus bleibende Resistenz.

Als **restirende Symptome** sind zu verzeichnen: Dysmenorrhoe, Sterilität, Uterusderivationen, deren intrauterine Behandlung, ebenso wie die Periode, wieder febrile Exacerbationen hervorrufen kann.

Schreitet der Process weiter, so kommt es zu einer **Peritonitis universalis**: bedeutender Meteorismus, grosse Schmerzhaftigkeit des ganzen Abdomen, Compression des Rectum, verhinderter Abgang der Flatus, bedrohliche Ileuserscheinungen, Erbrechen (ev. fäculent).

Entweder erfolgt jetzt Exitus (die Temperaturen brauchen ebensowenig bedeutende zu sein, wie die anatomischen Veränderungen) — oder es

tritt rasch (plötzlicher Eiterabgang nach irgend
einem Hohlorgan oder der Bauchoberfläche; Zusammenfallen des Leibes) oder langsam (Resorption)
Genesung ein.

Das Puerperalfieber.

Wesentlich andere Bilder liefern die **puerperalen Infectionen**, weil die veränderten Circulationsverhältnisse, bestimmte Arten von Laesionen, sowie typische physiologische Wundflächen und deren Secretion (vergl. oben) andere Eingangs- und Fortleitungsbedingungen für die Mikroben schaffen. Es entstehen complicirte Krankheitsbilder, deren Eintheilung vom anatomischen und bakteriologischen Standpunkte nicht einfach ist. Ich will desshalb hierfür wohl die Schemate angeben, — bei der Beschreibung aber mich an die dem Kliniker geläufigen Krankheitsbilder halten.

Anatomisch:
1) Ulcera an Vulva, Vagina und Portio.
2) Vulvitis, Kolpitis, Endometritis acuta simplex.
3) Metritis et Salpingitis acuta.
4) Parakolpitis et -Metritis (Pelvicellulitis). } -Lymphangitis.
5) Perimetrosalpingitis, Peritonitis.
6) Phlebitis.

Bakteriologisch:
1) Die Eitererreger (vgl. oben) befinden sich im Secret der Uterinhöhle;
2) Die Mikroben siedeln sich in den Wundflächen an (graue Geschwürsflächen);
3) Die Mikroben siedeln sich in den Schleimhäuten an;
4) „ „ dringen in den Lymphgefässen local tiefer in das Bindegewebe (= Parametritis);
5) Die Mikroben inficiren auf demselben Wege oder durch die Tube das Peritoneum (= Peritonitis);
6) Die Mikroben selbst dringen rapid mit dem Blutstrom in den ganzen Körper ein (allgemeine Septhaemie);
7) Die Producte (Sepsine, Ptomaine) der Mikroben (zumal Fäulnisserreger) dringen in die Blutbahnen (Sapraemie);
8) Die Venenthromben sind inficirt, die als Emboli in den Kreislauf gelangen (Pyämie).

Klinisch sind folgende Krankheitsbilder bekannt:
1) Ulcera der Vulva, Vagina und Portio;
2) Kolpitis et Endometritis puerperalis acuta simplex;

3) Metritis et Parametritis (-Kolpitis);
4) Metrolymphangitis (ev. Salpingitis) et Peritonitis;
5) Allgemeine foudroyante puerperale Septico-Pyämie;
6) Saprämie;
7) Metrophlebothrombose.

1) Puerperale Ulcera der Vulva, Vagina und Portio.

Sie bilden sich an den Stellen der häufigsten Geburtslaesionen: an den Nymphen, sowie an der hinteren Fläche des Vestibulum vaginae, im unteren Theile der Vagina, und im Scheidengewölbe, am äusseren Mm. Die Excoriationen und Einrisse secerniren schon in den ersten 24 Stunden einen dünnen Eiter, der Grund wird graugelblich und die Ränder werden geröthet und schmerzhaft. Die betreffenden Partien sind oedematös. Selten greift der Process phlegmonös und abscedirend in die Tiefe des Bindegewebes. Phlebektasien bilden eine Praedisposition, ebenso Gonorrhoe.

Symptome und **Diagnose**: Schmerzen, Brennen beim Uriniren, foetider Wochenfluss, remittirendes Fieber mit Frösteln, Ischurie. — O c u l a r i n s p e c t i o n!

2) Kolpitis et Endometritis puerperalis acuta simplex.

Diagnose: Die Schleimhaut der Scheide ist (Speculumuntersuchung) stark papillär und in toto geschwollen, gerötet und leicht blutend. Die Mm.-Lippen sind wulstig und oedematös, mit leicht blutenden, stark geschwollenen Granulationen bedeckt. Die P o r t i o sowohl wie die ebenfalls hyperämische, sehr stark schleimig-eitrig und blutig secernirende **Cervicalmucosa** sind theils mit Ov. Nabothi besetzt, theils mit prominenten Knötchen, welche aufgeschnitten Eiter entleeren. — Bei den selten zur Autopsie kommenden Fällen trifft man den gleichen Befund in der Mucosa corporis uteri, u. zw. vornehmlich in der Placentarstelle.

Die ganze geschwollene Schleimhaut ist von der oedematösen, aber gut contrahirten Muscularis leicht abhebbar und von Ekchymosen durchsetzt.

Symptome: Lochien foetid, lange sanguinolent; stark remittirendes Fieber (kurzes Frösteln mit nachfolgendem Hitzegefühl); schmerzhafte lange Nachwehen; Abdomen gar nicht, Uterus wenig druckempfindlich. Als nachfolgende Symptome: Spätblutungen! (mangelhafte Rückbildung der Placentarstelle); Uebergang in chronische Endometritis und Uterus-Verlagerungen.

Aetiologie: Laesionen; vor der Gravidität schon bestandener Katarrh; septische Explorationen sub partu; faulende Eitheile.

Prognose: das Fieber dauert $1/2$ bis eine ganze Woche, mit Neigung zu Nachschüben unter chronisch-Werden der Entzündung und leichtem Uebergang in die Tiefe oder auf die Tube und das Perimetrium. Der Uterus bleibt leicht subinvolvirt mit einer langen Reihe von den genannten Leiden.

Ther. vgl. unten sub „ac. Endom."

3) Metritis et Parametritis (-Kolpitis) acuta puerperalis.

Unter Metritis wird eine Entzündung des perivasculären und interstitiellen Bindegewebes der Muscularis verstanden, welche von Laesionen oder Ulcera der Uterinhöhle ausgeht und den Streptokokkus pyogenes zum Erreger hat. Die fortkriechende Entzündung gelangt in das Bindegewebe neben der Gebärmutter und auf diese Weise vorn neben der Blase her in das extraperitoneale Bindegewebe der Bauchwandungen, bzw. weiterhin des Oberschenkels — oder seitlich zwischen den beiden Blättern der Ligg. lata zu den Beckenschaufeln — oder hinten, den Douglas-Raum emporwölbend und retroperitoneal, an den Mm. Ileopsoades sogar bis zu den Nieren emporsteigend.

Diese Vorgänge werden als Parametritis (Virchow), bzw. Pelvicellulitis (Phlegmone pelvis, Beckenexsudate) bezeichnet, und bestehen in einer gallertigen Schwellung und Rundzelleninfiltration des Bindegewebes (vgl. Taf. 19, 2 und 44, 2). Es bildet sich ein bedeutendes Exsudat, welches bis Mannskopfgrösse am häufigsten seitlich (!) von der Gebärmutter sich ansammelt und im Verlaufe langsam zur Resorption gelangt. Es hinterbleiben derbe Schwielen im parametranen Bindegewebe, welche den Uterus späterhin pathologisch fixiren und verlagern.

Oder aber das Exsudat entleert sich durch Perforation nach aussen: in's Rectum, — in die Vagina, — in die Blase, — durch das for. ischiadicum, — längs des Inguinalkanales, — oder endlich direkt durch die Bauchdecken (über dem Lig. Poupart.). Es folgt Genesung. Giebt das Bauchfell nach, so erfolgt tödtliche Peritonitis universalis.

Symptome: Meist in der ersten Woche post part. ziemlich beträchtliches Fieber mit Frösteln, Leibschmerzen. Nach einigen Tagen treten mit dem Fortschreiten des Exsudates Lenden- und Nierenschmerzen, Schmerzen und Motilitätsstörungen im Bein auf; — zuweilen Urinbeschwerden; — die oft foetiden Lochien werden zu Folge der behinderten Uterusinvolution wieder blutig.

Allmählich wird das Fieber remittirend, dann intermittirend, aber mit häufigen Nachschüben. Wird es hektisch mit häufigen Schüttelfrösten, so ist Abscedirung eingetreten; mit erfolgtem Durchbruch verschwindet es.

Diagnose: Sobald Fieber und Schmerzen sich einstellen, ist die Empfindlichkeit des Abdomen zu prüfen und die Beschaffenheit der Lochien. Der Leib kann circumscript schmerzhaft sein (infolge von localer Reizung der Serosa), aber weder findet sich die allgemeine, heftige Schmerzhaftigkeit und das Aufgetriebensein des Abdomen, noch intraperitoneales Exsudat. Dagegen lässt sich neben dem Uterus zuerst eine Empfindlichkeit und später eine Resistenz, endlich ein parametraner Tumor von teigiger Beschaffenheit tasten.

Weiterhin wird die Diagnose dadurch erleichtert, dass das Exsudat einen Weg nimmt, der der peritonealen Ausdehnung nicht entspricht: nach unten längs der Scheide, zum Lig. Poupartii etc.

Differential-diagnostisch sind die Angaben bzgl. der Douglas-Tumoren zu berücksichtigen (vgl. sub „Ovarialkystome").

Prognose: quoad vitam sehr selten gefährlich. Die Ausheilung dauert indessen 6—8 Wochen im Mittel. Bei Abscedirungen treten grosse Schmerzen auf (15°/₀ aller Fälle); durch das Fieber grosse Entkräftung und langsame Reconvalescenz.

Therapie: bei Schmerzhaftigkeit des Abdomen Eisblase, sonst Priessnitz'sche Umschläge. Absolut ruhige Rückenlage. Klystiere. Zur Resorption Einreibungen von Ung. ciner. (alle 2 Stunden 1 gr. bis Salivation) oder von Ung. Kal. jodati. Die foetiden Lochien und die stets aufzusuchenden event. Ulcera vulvae s. portionis vag. sind nach der unten sub Endometritis acuta etc. angegebenen Therapie zu behandeln. Fluctuirende Abscesse werden geöffnet (Bauchdecken, Vagina, Rectum — hier per Troicart). Laue oder warme Bäder.

4) **Metrolymphangitis septica. Salpingitis et Peritonitis acuta puerperalis.** Als Eingangspforte für die Streptokokken documentiren sich in fast allen Fällen graugelblich verfärbte Fissurenulcera im Genitalrohre und eitriger Zerfall der Placentarfläche. Gewöhnlich einseitig geht vom ulcerirten Endometrium aus die Infectionsbahn in Gestalt von angeschwellten Lymphgängen und ge-

schwollenen, vereiterten Lymphdrüsen in die Muscularis und weiterhin in das subseröse Gewebe. Das durchzogene Gewebe zerfällt eitrig und ebenso nekrotisirt die am meisten vorgewölbte Serosaparthie: Peritonitis. Die Serosa ist entzündlich injicirt. Exsudatmassen füllen das kleine Becken aus; die meteoristischen Darmschlingen sind unter einander verklebt. Das flüssige Exsudat kann den Douglasraum überschreiten. Allmählich participiren sämmtliche Organe an der Infection: Pleuritis, Pericarditis.

Der Prozess kann auch in der Gegend des ersten Serosadurchbruches — also meist im Douglas — localisirt bleiben (partielle Peritonitis).

Das Virus gelangt ausserdem auf lymphatischem Wege in die Ovarien, Tubenwand, die Blase und bildet hier Abscesse. Von den Ovarien aus kann durch Bersten ebenfalls Peritonitis entstehen.

Eine andere Art des Ueberganges des Virus auf das Peritoneum ist diejenige längs der vom Uterus aus entzündeten Tube, also durch Endosalpingitis: der Eiter tritt in die Bauchhöhle hinein, — meist beiderseitig; Pelveoperitonitis. Freilich kann das Ostium abdominale auch verklebt sein und Pyosalpinx entstehen, welche später berstet.

Symptome: heftiger, langdauernder Initialfrost; bald darauf folgende hochgradige Schmerzhaftigkeit des ganzen Abdomen, die bei jeder Bewegung, Respiration, Betastung — zumal des grossen aber harten Uterus — empfunden wird; Kopfcongestion (Gesichtsröthe, Schwindel), welche später in Somnolenz mit Delirien und sogar maniakalische Zuständen übergeht.

Rapides Ansteigen der Temperatur mit erheblicher Zunahme der Puls- und Respirationsfrequenz; durch Percussion nachweisbares Exsudat in der Bauchhöhle (schon an demselben Tage). Der Leib hochtympanitisch und stark aufgetrieben, weil in den Därmen (theils durch Fieberlähmung der Muscularis, theils durch Darmentzündung) reichliche Gasentwicklung besteht; Tenesmus und Erbrechen. Wie die Bauchdecken wird auch das Zwerchfell emporgewölbt, daher Athemnoth; später wird dieselbe vermehrt durch die beginnende Pleuritis.

Sämmtliche Secretionen nehmen ab: Harndrang und concentrirter hochgestellter Harn (Eiweiss!), Obstipation (später Diarrhöen!) Lochien (meist übelriechend und reich an Eiterkokken, welche Deciduazellen und Blutkörperchen durchsetzen), Milch.

Dieser **acute** Verlauf der lymphatischen Peritonitis septica führt innerhalb 8 Tagen oft zur Krise und zur allmählichen Genesung, sonst durch Entkräftung zum Exitus. Wird das Exsudat nicht resorbirt und unterliegen die Pat. nicht, so gelangt dasselbe durch Perforation in Eines der Hohlorgane oder durch die Bauchdecken nach aussen; hierbei kann sec. vom Darme aus Verjauchung eintreten.

Einen **chronischen** Verlauf nimmt die partielle Peritonitis, welche dadurch entsteht, dass die Serosaaffection langsam progressiv ist und immer wieder gegen den übrigen Haupttheil der Bauchhöhle durch adhäsive Darmschlingenverklebung abgekapselt wird, wie u. A. in Folge von Eierstockabscessen. Diese Bauchfellentzündung ist als eine pyofibrinöse zu bezeichnen. Pathologische Uterusfixationen und -Deviationen und chronische Entzündungsvorgänge bleiben die Folgen. (Vgl. chron. Perimetritis.)

Diagnose: Nachweis des intraperitonealen Exsudates durch Percussion und Rectalpalpation (neben der Schmerzhaftigkeit und dem Aufgetriebensein

des Abdomen). Abscess-Perforationen werden durch Untersuchung des Urins. der Faeces etc. festgestellt.
<small>Diff. Diagn. gegen parametrane Exsudate und retrouterine Tumoren vgl. sub „Parametritis puerperalis" bezw. „Ovarialkystome".
Therapie vgl. unten.</small>

5. **Peritonitis acutissima puerperalis (Septicopyämie.)** Treten besonders giftige Keime plötzlich in grosser Menge direkt in die Bauchhöhle (durch Uterusruptur, Perforation von Eiterhöhlen, Austritt von septischem Eiter aus dem Ost. abd. Tubae), so ist der Verlauf ein so rapider, dass es gar nicht zur Temperatursteigerung kommt, vielmehr sich sofort ein kachektischer Zustand ausbildet: äusserst hohe Puls- und Respirationsfrequenz bei sinkender Temperatur, Somnolenz, rasche Auftreibung des Leibes mit bedeutender Exsudation, Schmerzen, Singultus und Erbrechen, Diarrhöen, unwillkürlichem Koth- und Harnabgang. Die Gesichtszüge verfallen rasch, auch wenn zuweilen das Bewusstsein klar bleibt und Euphorie besteht. Der Tod erfolgt fast ausnahmslos innerhalb $1/2$ bis 2 Tagen.
<small>Therapie vgl. unten.</small>

6. **Peritonitis gangraenosa (Saprämie).**
Ist durch Druckusuren oder verjauchte Früchte ein Theil des Uterus gangränös geworden oder perforiren abgekapselte Jaucheherde oder der Darm, so verwandelt sich das Peritoneum unter Bildung von Jauche in eine braune, schmierige Masse.

Symptome: rascher Eintritt von Meteorismus, hohem Fieber und Somnolenz. Meist nach schweren spontanen oder instrumentellen Geburten mit Quetschungen.
<small>Therapie vgl. unten.</small>

7. **Methrophlebothrombose.** Die physiologisch die Gefässe der Placentarstelle verschliessenden Thromben setzen sich bei der Phlebothrombose in den Venen durch die ganze Gebärmutterwand

fort bis in die VV. spermaticae internae, werden aus dieser in den Körperkreislauf geworfen und gelangen als Emboli in alle Organe, vor allem in die Pulmonalgefässe.

Sind diese Venenthromben putrid verjaucht oder pyogen inficirt, so sind die Emboli Infectionsträger und erregen, wohin sie gelangen, septische M e t a s t a s e n, so in der meist v e r - g r ö s s e r t e n Milz, Nieren, Leber mit intensivem I c t e r u s, vor allem L u n g e n, Gelenken, Augen, Haut. Dieses Vorkommnis ist seltener als die Metrolymphangitis.

Das Peritoneum und die Pleura sind nicht selten afficirt.

Symptome und **Diagnose**: ganz unerwartet oder nach unbedeutenden Erscheinungen von Endometritis tritt — mit oder ohne Schmerzen oder Blutungen — ein h e f t i g e r S c h ü t t e l f r o s t unter starker Temperatursteigerung auf, welchem ein Schweissausbruch folgt. Der Leib ist wenig und nur circumscript, wohl aber der Uterus druckempfindlich.

Dieses Ereigniss der **metastatischen Pyämie** w i e d e r h o l t sich, so dass die Pat. unter heftigen K o p f s c h m e r z e n und stark ausgeprägter P r a e c o r d i a l a n g s t r a s c h v e r f a l l e n. Allmählich treten die Symptome der einzelnen metastatischen Erkrankungen auf. Nach 2—3 Wochen dieses heftigen re- und intermittirenden Fiebers tritt g e w ö h n l i c h der E x i t u s ein. Secundär tritt oft die an sich nicht so gefährliche **Phlegmasia alba dolens** durch Thrombose der Schenkelvenen auf, als weissliche pralle Schwellung der Schenkelhaut.

Therapie vgl. unten.

Diagnose und Therapie der acuten Genitalentzündungen.

I. **Ulcera vulvae, vaginae, portionis vaginalis.**

Diagnose: Sie kommen vorwiegend im Puerperium vor, sonst nur bei Kindern oder bei sehr schweren acuten Infectionskrankheiten, als Vulvitis crouposa, diphtheritica, gangraenosa. Die D. besteht bei foetidem Ausfluss, Schmerzen, leichten Temperatursteigerungen in dem Nachweis des graugelben Belages in Rissen und grösseren Wunden obiger Theile (genau inspiciren!).

Therapie: Prophylaktisch ist es von Werth, bei allen Puerperen, die den Verdacht eines schon vor der Schwangerschaft bestanden habenden eitrigen Gebärmutterkatarrhes wachrufen, sofort Vaginalausspülungen mit 3 % Carbolwasser machen zu lassen.

Sind Geschwüre vorhanden, so werden dieselben mit Eisenchlorid mehrere Tage geätzt und feuchte Umschläge auf die äusseren Theile gemacht.

II. Kolpitis, Endometritis acuta.

Diagnose: Ausser der oben beschriebenen puerperalen und der gonorrhoischen Entzündung kommt dieselbe zu Stande durch Erkältung mit nachfolgender Suppressio mensium oder durch septische operative Eingriffe oder bei acuten Infectionskrankheiten. Fieber, eitriges Secret, Blutungen und Schmerzhaftigkeit des Uterusinnern sind die Hauptsymptome; die Portio ist geschwollen, mit Erosionen und Ulcerationen am inneren Mm. und mit eiterhaltigen Ov. Nabothi bedeckt.

Therapie: Bettruhe und die Organe, auch therapeutisch, in Ruhe lassen; milde Laxantien; Priessnitz'sche Umschläge. Vaginalausspülungen mit schleimigen Decocten (warm, 1 Liter, geringer Wasserdruck, hoch hinaufgeführtes Rohr).

Bei puerperaler K. et E.: Vaginalausspülungen prophylaktisch wie oben sub „Ulcera" angegeben.

Dieselben werden auch therapeutisch fortgesetzt

und — falls die Lochien foetiden Geruch behalten und die Gebärmutter trotz P r i e s s n i t z ' s c h e r U m s c h l ä g e und L a x a n t i e n (Calomel 0,1—03) schmerzhaft und hart bleibt (Nachwehen), — h e i s s (38—42 ⁰ R.) gegeben und endlich combinirt mit i n t r a - u t e r i n e n A u s s p ü l u n g e n mittelst D o p p e l r o h r (3 % Carbols.).

Auch hier ist Acht zu geben auf Ulcera und jedenfalls die Portio und der Cervicalkanal im Speculum zu besichtigen. Es tritt dann event. die Behandlung der chron. Kolpitis und Endometritis in Kraft, um ein Chronischwerden der Entzündung zu verhindern!

III. Acute Metritis.

Diagnose: lebhaftes Fieber mit Schüttelfrost beginnend, — E m p f i n d l i c h k e i t der v e r g r ö s s e r t e n , h y p e r ä m i s c h e n und a u f g e l o c k e r t - w e i c h e n Gebärmutter u. zw. schmerzhaft schon beim Touchiren der Portio, — sonst als d u m p f e r S c h m e r z in der B e c k e n t i e f e e m p f u n d e n. Drang und Schmerzen bei Urinentleerung und Defaecation. — Bei Abscessbildung erst zum Schlusse Nachweis durch die Fluctuation.

Therapie: P r o p h y l a k t i s c h sind alle Störungen der Menstruation zu vermeiden, ferner ist für gute Asepsis zu sorgen bei operativen Eingriffen, therapeutischen Manipulationen, beim Tragen von Pessaren etc.

Gegen die E n t z ü n d u n g: Eisblase, späterhin Priessnitz'sche Umschläge, absolute Bettruhe mit tiefgelegtem Oberkörper (Blutabfluss vom Becken), m i l d e Laxantien (Calomel 0.1 bis 0.3, Ol. Ric.), warme Scheidenausspülungen wie bei Endom. Bleiben die Schmerzen heftig, so können Narkotika (in Globuli) lokal gegeben werden.

Abscesse dürfen nur dann geöffnet werden, wenn sie leicht zugänglich sind. Auch sonst müssen innere Eingriffe unterlassen werden; dahin gehört auch die Sondenexploration.

Die **puerperale** Metritis wird ebenfalls mit ruhiger Rückenlage, niedriger liegendem Oberkörper, Klystier und milden Laxantien (Calomel 0.5—1.5 pro die, Ol. Ric., auch Inf. Senn. comp.), Eisblase und später Priessnitz'schen Umschlägen behandelt — letztere, so lange der Leib schmerzhaft ist; sobald aber diese peritonitische Reizung überwunden ist: Ung. ciner. (alle 2 St. 1 gr.) oder Ung. kal. jodat. Laue oder warme Bäder.

Da diese Behandlung sich zugleich auf die gewöhnlich sich anschliessende Parametritis erstreckt, so wird dieselbe bei sich bildender parametraner Abscedirung durch Incision von der betr. fluctuirenden Stelle aus ergänzt (Vagina, Rectum, Bauchdecken über dem Ligg. Poup.)

IV. Die acute Parametritis septica (Parakolpitis)

kommt fast nur puerperal, sonst im Anschluss an nicht aseptische operative Eingriffe, vor.

Therapie: vgl. das sub III Gesagte.

V. Acute Pelveoperitonitis (Metrolymphangitis, Salpingitis.)

Sobald der Leib etwas empfindlich wird und die Därme aufgetrieben: Priessnitz'sche Umschläge, Calomel (0.1—0.3) und Klystiere — Vaginale und intrauterine Ausspülungen; Letztere zu vermeiden bei Salpingitis, um nicht Tubencontractionen auszulösen. Aetzung etwaiger Ulcera.

Sind ausgesprochene peritonitische Erscheinungen vorhanden (Exsudatzunahme, hochgradige Schmerzhaftigkeit, Erbrechen): mehrere Eisblasen aufs Abdomen, so lange das Fieber dauert. Anfangs Laxantien (Inf. Sennae comp. und Calomel — zuerst 0.2—0.5, später 0.05—0.1

gr. pro dosi.) Gegen den Meteorismus: innerlich Ac. hydrochlor. od. sulfur. (und event. Ol. Terebinth. per rectum 15—30 gr.)

Gegen Erbrechen: Eispillen; die Diät ist rein flüssig oder schleimig; Suppen, Milch, Eier, geschabtes Fleisch, die verschiedenen Pepton- und Hämoglobin-Präparate; Beef-tea. — Reichlich Alkoholica: Cognac mit Eigelb, Champagner, Rothwein (Runge, in grossen Dosen: 150 gr. Cognac, $^1/_2$ Fl. Rothwein pro die!), um der Entkräftung und Herzschwäche vorzubeugen; ausserdem auch andere Excitantien: Kampher innerlich und subcutan, Aether, Fleischbouillon.

Gegen pleuritische Beschwerden: Senfpflaster und -Teige, trockne Schröpfköpfe. Gegen schwächende Diarrhöen: Aqu. chlori (+ Aqu. dest. aa, 2 stündl. 1 Essl.), sowie schleimige Getränke.

Ist die Peritonitis durch Ruptura uteri s. vaginae entstanden, so entfernt man ausgetretene Eitheile und drainirt durch den Riss mit Jodoformgaze. Hier wird Opium angewandt.

Soll die Mercurialkur intensiver neben dem gereichten Calomel angewandt werden, so werden bis 8 gr. Ung. hydr. cin. pro die verrieben, bis Speichelfluss eintritt (2 stdl. 1 gr. ca. 1 Woche lang).

Bei der lymphatischen Form wirken Diaphoretika günstig (Kehrer): Kampher und Liqu. Ammon. acet. nebst Morphium und kleinen Chiningaben oder mit lauen Bädern; dazu auch hier Alkoholika und kräftige Nahrung.

Abscesse werden, sobald sie fluctuirend die Scheiden- oder Bauchwand vortreiben, durch Incision geöffnet und mit Jodoformgaze drainirt.

VI. Septicaemie und Sapraemie.

Septicaemie wird mit Bädern von 22 bis 24º R. (5 Min. lang, sorgfältig überwachen!) und währenddem und nachher Darreichung von Alkoholika (vgl. vor.) behandelt. Ausserdem eiweissreiche, leicht verdauliche Nahrung, Eis, erfrischende Getränke und Excitantien.

Bei **Sapraemie** wird vor allem der Faulherd ausgeräumt (abgestorbene Frucht, Eireste), aber ohne neue Laesionen zu schaffen. Vor- und nachher intrauterine 3% **Carbolausspülungen** (ev. sogar **Aetzungen** des Uterusinnern mit concentr. **Carbolsäure!**). Zum Schluss Einlegung von Jodoformstäbchen oder Tamponade mit Jodoformgaze.

VII. Metrophlebothrombose.

Therapie: ungemein wichtig ist die **Prophylaxe**, die von mehreren Gesichtspunkten aus zu handhaben ist.

1) **Die Bildung grösserer Thromben ist zu vermeiden**, u. zw. dadurch dass alle **Ursachen von Uterinblutungen**[1]) fern gehalten werden.

---

[1]) Dazu gehören: 1) **mangelhafte Contraction** u. zw. entweder **ungleichmässig** vertheilte Zusammenziehung der Gebärmutter mit nicht so bedenklichen Blutungen oder **Paralyse der Placentarstelle allein** mit äusserst starken und gefährlichen Metrorrhagien. 2) **Retention von Eiresten** ruft zwar meist nur in der **ersten Woche** Blutungen hervor, **bewirkt aber durch leichtes Faulen putriden Zerfall der Gefässthromben und secundäre Blutungen**. 3) Nach der ersten Woche auftretende geringe, aber sich wiederholende Blutungen rühren von **Atonie der Gebärmutter**, von **mangelhafter Involution** her, u. zw. vor allem der Placentarstelle. 4) Zu dieser Atonie gibt oft **Endometritis** Anlass; ausserdem wirkt dieselbe aber durch Putreficirung der Thromben und entzündliche Hyperämie. 5) Aber auch **venöse Stase** ruft Blutungen hervor u. zw. durch **gefüllte Nachbarorgane**, zu frühes **Aufstehen und zu starke Anwendung der Bauchpresse** (erschwerter Stuhlgang, Husten, Arbeiten), Circulationsstörungen durch **Knickung** und **Verlagerung** des Uterus.

Gemüthsbewegungen und plötzliche Fieberanfälle unterstützen diese praedisponirenden Momente durch acute Hyperämie.

2) Die Putrefaction der Thromben ist zu vermeiden: sofortige energische Behandlung der puerperalen Endometritis etc.

3) Ist Putrefaction erfolgt, muss der weitere Zerfall und die embolische Fortspülung verhindert werden durch Einwirkung auf die Contraction der Gebärmutter, durch Desinfection der Lochien, durch absolute Bettruhe und ruhige Lage im Bett (d. h. keinerlei Hantierungen, Aufsitzen zum Stuhlgang oder dgl.) — also auch Beseitigung von Obstipation, Ischurie, Bronchialkatarrh.

4) Bilden sich dennoch Embolien, so muss der Organismus in den Stand gesetzt und im Stande gehalten werden, diesen Metastasen durch Unschädlichmachen der Ptomaine wirksam zu begegnen: kräftige, leicht verdauliche Diät, (2-stdlich.), erfrischende Getränke, Alkoholika, — letztere besonders zur Erhöhung der Herzthätigkeit — bei Herzschwäche: Injectionen von Aether, Kampher, — warme Vollbäder oder Priessnitz'sche Einwicklungen, kalte Abreibungen und Begiessungen.

Als wirksam gegen die deletäre Wirkung des einmal eingetretenen putriden Zerfalls der Venenthromben hat sich die Anwendung des Quecksilbers erwiesen (vgl. die Ther. der Metrolymphangitis).

§ 16. Chronische Salpingitis.

Aetiologie: die Definition und Anatomie vgl. i. d. Erläuterungen zu Taf. 18, 19 und 20! Die häufigsten Ursachen sind puerperale und gonorrhoische Entzündungen; durchaus nicht jede Endometritis geht auf die Tube über.

a) Der **parenchymatöse Tubenkatarrh** (Taf. 18, 1) — bei Atresie der Ostien: **Hydrosalpinx**.

Das Secret sammelt sich im abdominalen Theile, dehnt die Wandungen, flacht die Schleimhautpapillen und ihr Cylinderepithel ab. bringt die Muskelfasern zum Auseinanderweichen und verdünnt so die Tubenwandung. Die Tube bekommt, gehalten durch die serösen Duplicaturen des Lig. lat., ein gewundenes, mehrfach eingeschnürtes. Posthornähnliches Aussehen, ähnlich wie auf Tafel 20. Zuweilen entleert sich der Hydrops tubae (profluens) periodisch in den Uterus.

Symptome: Ausser Menstruationsanomalien, Sterilität (da meist beiderseitige Erkrankung), Druckerscheinungen oder nur event. perisalpingitischen Schmerzen treten keine nennenswerthen und am allerwenigsten charakteristische Symptome auf.

Diagnose: die von einer Uteruskante ausgehende, rundlich rohrförmige und peripher mehr anschwellende, ev. fluctuirende Geschwulst — von der Gestalt einer Trompete oder eines Ammonshornes, — die nicht selten in der Excav. vesicouter. liegt, ist bimanuell zu finden, so lange keine pelveo-peritonitische Exsudatmassen sie umgeben. Auch der Nachweis des betr. Ovars, zur Exclusion eines Tumors desselben, ist wichtig.

Therapie: nur bei hochgradiger Anschwellung Laparosalpingotomie zur Entfernung der Tubensäcke — oder Salpingostomie, i. e. Wiederwegsammachung der Eileiter durch Vernähung von Serosa mit Mucosa am wieder durchgängig gemachten Ostium abdominale.

b) Die **parenchymatöse und interstitielle eitrige Tubenentzündung** (Taf. 19,1) — bei Atresie der Ostien: **Pyosalpinx** (Taf. 18, 3 und 20).

Die Tube ist blauroth und verdickt, u. zw. nicht nur durch passive Ausdehnung, sondern auch nicht selten durch Wucherung der Muscularis. Der entzündliche Process geht entweder durch das Ost. abd. oder durch die Wandung auf die Tuben- und weiterhin die Beckenserosa — er bleibt stets circumscript-peritoneal localisirt — und auf die Eierstöcke über; die Organe verkleben durch die Pseudomembranen unter einander; in Letzteren befinden sich oft Eiterdépôts. Die gonorrhoische Entzündung ist gewöhnlich beiderseitig.

Symptome: Schmerzen seitlich von der Gebärmutter, werden schlimmer während der Periode und bei Bauchpressendruck. Sterilität. (vgl. folg. §!), weil gewöhnlich combinirt mit Oophoritis. Fieber (bei Gonorrhoe nur nach Anstrengungen, Aufregung).

Prognose: Conception ausgeschlossen. Perforationsperitonitis stets drohend. Die gonorrhoischen Pyosalpingen bersten nicht leicht, wohl aber die septischen.

Diagnose: bimanuell. Vgl. die Diff. D. der retrouterinen Tumoren sub „Ovarialkystom" und Taf. 62, Fig, 1 u. 2 u. Taf. 43, Fig. 3.

Therapie: Laparosalpingektomie unter Annähung des Eiersackes an die Bauchdecken (Hegar, Kaltenbach) und Heraufdrängung des Uterus von der Scheide aus (Gusserow). Bei nicht fixirter Pyosalpinx kann das meist gefährliche Zerplatzen derselben vermieden werden.

Bei deutlicher Fluctuation in der Scheide oder den Bauchdecken werden am entsprechenden Orte breite Incisionen und Jodoformgazedrainagen gemacht. (Vgl. Chron. Pelveoperitonitis).

§ 17. Chronische Oophoritis.

Die Anatomie vgl. i. d. Erläuterungen zu Taf. 17 u. 19.

Aetiologie: Der auf lymphatischem Wege von Uterus oder Tube ausgehenden puerperalen (und analog nach septischer Infection der Gebärmutter erfolgenden) acuten und dann abscedirenden Oophoritis habe ich im vor. § sub „Metrolymphangitis" Erwähnung gethan.

Am häufigsten treten Ovarialabscesse aber im Anschlusse an eitrige Tubenentzündungen auf; diese Oophoro-Salpingitis ist combinirt mit Perimetrosalpingitis und -Oophoritis, -Pyosalpinx, zusammen mit abgekapselten ovarialen und peritonealen Eitersäcken einen grossen verklebten Tumor bildend (**Pyo-Oophoro-Salpinx**). Vgl. dieses sub „Perimetrosalpingitis" etc. Diesen Vorgängen liegt also die die eitrige Salpingitis hervorrufende gonorrhoische Mischinfection zu Grunde.

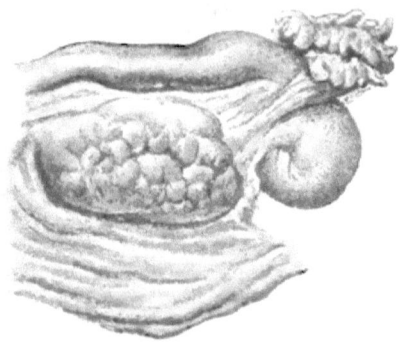

Fig. 28.
Senile cirrhotische Ovarialatrophie.

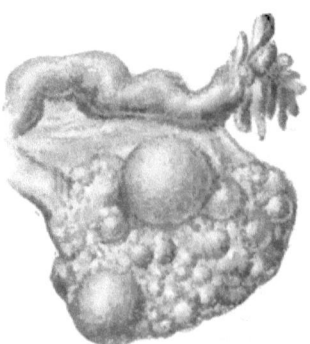

Fig. 29.
Oligocystische Ovarialdegeneration.

Für sich allein auftreten kann die **sklerotische oligocystische Ovarial-Degeneration** (Taf. 17, 19 u. Fig. 29 i. Text), welche in ihrem Endstadium zum Zugrundegehen aller Follikel führt, so dass das Organ hypertrophisch, narbig und derb ist durch Neubildung von chronisch entzündlichem Bindegewebe (Taf. 20 u. Fig. 28 i. Text).

Symptome: es handelt sich hier fast ausschliesslich um einen Symptomencomplex, der theils aus den sog. uterinen Erscheinungen der Dysmenorrhoe, theils aus der Hysterie sein charakteristisches Bild erhält.

Im Vordergrund stehen die Schmerzen, welche in der Lendengegend, in der Tiefe des Beckens und gegen die Leistengegend und Oberschenkel hin ausstrahlend empfunden werden. Zur Zeit der Menstruation, — deren Blutungen sehr unregelmässig sind, bald oligo- und amenorrhoisch, bald menorrhagisch — steigern sich diese Schmerzen; weit seltener sind sie in dem Periodenintervall = dysmenorrhoischer „Mittelschmerz". Jede Anstrengung und Obstipation steigern die Schmerzen. Zuweilen nehmen die Schmerzen kolikartigen Charakter an = Tubarkoliken.

Diagnose: Der Schmerz lässt sich durch bimanuelle Untersuchung auf die Adnexa localisiren: die Tube ist geschwollen, das Ovarium vergrössert. Betr. der palpatorischen Aufsuchung dieser Organe vgl. die Angaben zu Taf. 40, Fig. 1! Oft ist das Ovarium fixirt und verlagert, meist nach unten und hinter dem Uterus (vgl. Taf. 61 Fig. 1).

Nicht beirren lassen darf man sich durch die Schmerzen solcher Theile, welche beim Palpiren gedrückt werden, so z. B. die bei Lumboabdominalneuralgie empfindlichen Bauchdecken, dann jene centrale, vom unveränderten Eierstock auslösbare hysterische Affection, welche nach Charcot als Ovarie bezeichnet wird.

Bei perimetrosalpingitischen Processen sind die einzelnen Organe nicht mehr auseinander zu halten.

Therapie: Vermeidung aller Schädlichkeiten congestiver Natur: absolute Ruhe (Bettruhe, sexuelle Abstinenz); Sorge für regelmässigen, leichten Stuhlgang und Urinentleerung.

Beseitigung der ursächlichen Noxe: Behandlung der Gebärmutterentzündung, Scheidenausspülungen, aber keine intrauterine Therapie!

Gegen die Schmerzen: Eisblase, horizontale Lage oder beim Aufstehen zur Feststellung der Organe: Mayer's runder Ring (die Hebelpessare drücken auf die erkrankten Adnexa), oder Tamponade der Scheide, spez. des Fornix, mit Jodoformtampons, oder ableitend wirkend: Jodkali, Ichthyol in Globulis oder auf Tampons.

Statt der Eisblase späterhin Priessnitz'sche Umschläge und warme Bäder. In einzelnen Fällen wirken heisse Scheidenausspülungen 38—40° R. oder heisse Sandbäder.

Sind die Schmerzen unerträglich: Entfernung eines oder beider Ovarien, gewöhnlich mit entsprechender Tube, abgesehen von solchen Fällen, wo die Ligamente nur noch aus schwieligem starrem Gewebe bestehen, da oft diese Sitz der Schmerzen und für die Operation unzugänglich sind. Aber erst dann ist die Ov. oder die Castration indicirt, wenn eine jahrelange Behandlung erfolglos blieb.

Sind alle subacuten Erscheinungen verschwunden (gelegentliches Frösteln, grosse Schmerzhaftigkeit): Massage.

§ 18. Chronische Perimetro-oophoro-salpingitis und Pelveoperitonitis.

Die Anatomie vgl. i. d. Erläut. zu Taf. 17 u. 20; 33, 1; 36, 2; 42, 1; 63, 1.

Aetiologie: für die chronische Pelveoperitonitis bildet weitaus am häufigsten die Tube das Übergangsorgan der meist gonorrhoischen Mischinfection, u. zw. durch Austritt minimaler Mengen von Serum, Schleim oder Eiter durch das Ostium abdominale; die Infection kann auch auf lymphatischem Wege zu Stande kommen. Öfters ist Genitaltuberculose die Ursache.

Dem serösen Tubenkatarrh entspricht die Perimetrosalpingitis serosa — der eitrigen Salpingitis die eitrige Pelveoperitonitis saccata. Ausserdem können vereiterte Tumoren (Dermoide z. B.) Ursache sein.

Symptome und Prognose: plötzlich entsteht (mit dem Eiteraustritt) im Becken ein heftiger Schmerz mit Schüttelfrost, Erbrechen, Auftreibung des Abdomen mit verfallenen Gesichtszügen und kleinem Puls. Hieran schliessen sich hohe Temperaturen und remittirendes Fieber an. Stuhl- und Blasenbeschwerden; Pericystitis, Periproktitis; bricht der Abscess in die Blase durch: lebhafte Schmerzen, eitriger Blasenkatarrh.

Da das Exudat nun eingekapselt wird, nimmt das Fieber ab; sobald aber eine Perforation des Eiters nach einem Hohlorgan hin droht, beginnen die Schüttelfröste wieder.

Die Anzeichen sind Darmtenesmus, Druck nach unten, Blasenschmerzen, stinkender Stuhl und Urin.

Mit erfolgter Perforation ist der Prozess keineswegs zu Ende; von jetzt an wechseln Perioden von Euphorie und Schüttelfrösten mit Eiterabgang, unter allmählicher Entkräftung der Pat., mit einander ab, also „hektisches Fieber". Selten findet sofortiger Exitus letalis infolge von Durchbruch in die Bauchhöhle statt.

In den relativ günstigen Fällen gelangt das abgekapselte Exsudat zur Resorption (Peritonitis indurata), aber es hinterbleiben durch die vielen Adhäsionen (Pseudomembranen) und die daraus resultirenden Organverlagerungen und Reizungen schwere dauernde Gesundheitsstörungen und Sterilität oder Abort oder Extrauteringravidität. Hysterie, Menstrualkoliken, Menorrhagien, starker Fluor, auffallende Sehstörungen. Die gonorrhoische Entzündung tritt immer auf's neue wieder auf.

Diagnose: die bimanuelle Untersuchung weist, — ausser der grossen Empfindlichkeit des Abdomen und des Scheidengewölbes, — lebhafte S c h m e r z h a f t i g k e i t s p e z i e l l b e i B e w e g u n g d e s U t e r u s nach.

Die A d h ä s i o n e n ergeben sich aus der B e w e g u n g s b e s c h r ä n k u n g der Gebärmutter, bezw. der Zwangslagerung bei Reposition (vgl. die „Verlagerungen des Uterus" und die zugehörigen Tafeln).

Die E x s u d a t e bestehen nie ohne peritonitische Schmerzen, Fieber etc. Sie finden sich meist im Douglas-Raum, denselben tief hinabwölbend, vom hinteren Fornix vaginae oder per rectum tastbar, u. zw. im Anfang als empfindliche Resistenz; das Scheidengewölbe ist entweder gesenkt oder emporgezogen. Ausser dem Exsudat sind die Adnexorgane miteingekapselt (vgl. retrout. Tumoren sub „Ovarialkystom"). In anderen Fällen reicht er bis zum Nabel. Ist der Douglas verlöthet, befindet sich das Exsudat oberhalb desselben, des Becken-Einganges, z. B. auf der fossa iliaca.

Behandlung der a c u t e n Form s. sub „Metrolymphangitis;" der c h r o n i s c h e n Form: j e d e t h e r a p e u t i s c h e B e r ü h r u n g d e r G e n i t a l i e n i s t c o n t r a i n d i r t ; hierzu gehört auch das Einlegen von Pessarien, intrauterine Sondirung, Portio-Scarificationen, eingehende bimanuelle Untersuchung, u. ä.

Uterinkatarrhe bleiben unberücksichtigt, Abscesse werden erst geöffnet, wenn sie zu perforiren drohen.

Also häufige R u h e und s e x u e l l e A b s t i nenz, leichter breiiger Stuhlgang. Bei S c h m e r z e n: horizontale Lage. Priessnitz'sche Umschläge, laue Vaginalinjectionen mit schleimigen oder narkotischen Lösungen, ev. Einlegung von Globulis mit Anodynis (Cocain, Extr. Belladonnae, Morphium). Späterhin warme Sitzbäder (28° R. und allmählich kühler).

Zur Resorption: heisse Vaginalinjectionen (38—42° R.), Resorbentien wie Jodkali, Ichthyol, Jodoform, Glycerintampons, Moorbäder und -Umschläge, Soolbäder (Kreuznach, Nauheim, Oeynhausen, Tölz). Zur Dehnung der Stränge: zuerst Mastdarmeinläufe (nach Hegar: Menge und Zeitdauer allmählich steigend, Temperatur abnehmend), später bei absoluter Unempfindlichkeit: Massage (vgl. Erläut. zu Taf. 63).

Bei tuberculöser Peritonitis: einfache Koeliotomie mit oder ohne Jodoformirung der Serosa.

Bei der **gonorrhoischen** Peritonitis: Entfernung von Pyosalpinx und erkrankten Ovarien, soweit der Tumor enucleirbar ist. Bewirken Beckenabscesse einen stetig abwärts gehenden Gesundheitszustand, so müssen dieselben enucleirt oder ihnen ein breiter Ausgang nach aussen geschaffen werden. Die beste Uebersicht verschafft die Koeliotomie; dann ist der Entschluss zu fassen, ob die Abscesshöhle von der Vagina her geöffnet und drainirt, — oder ob der Sack der Bauchdeckenwunde angenäht und so geöffnet werden soll.

Es kann auch direkt das hintere Vaginalgewölbe schichtenweise incidirt und das verdickte Peritoneum an die Scheidenmucosa angenäht werden. Vom Rectum aus droht die Gefahr der Verjauchung.

Bei Perforation in die Blase kann die Anlegung einer Blasenfistel durch die Sectio alta oder Scheidenblasenschnitt in Frage kommen.

Bei harten Eiterhaltigen Schwielen, die von den Bauchdecken aus schwer zugänglich sind, wird — mit oder ohne Scheidenfistel — der Uterus per vaginam resecirt (Landau, Péan); Drainage.

§ 19. **Chronische Parametritis** (P h l e g m o n e
L i g. l a t i) und **-Kolpitis**.

Es giebt 2 Formen:

a) der aus der oben beschriebenen a c u t e n
Parametritits h e r v o r g e h e n d e c h r o n i s c h e
Process und

b) die P. chronica atrophicans (Freund).

Aetiologie: von a vgl. in § 15; für b: Ueberreizungen der Genitalnerven mit andauernden starken Säfteverlusten (rasch sich folgende Schwangerschaften mit Lactation in der Zwischenzeit, sexuelle Ausschweifungen). Von der Basis der Ligg. lata geht im Anschluss an periphlebitische Processe cirrhotische Bindegewebsveränderung aus, die e i n e r n a r b i g e n A t r o p h i e gleicht und weiterhin allmählich den ganzen Genitaltractus der Atrophie verfallen lässt.

Symptome und **Diagnose:** a) der Verlauf der chronisch gewordenen a c u t e n Parametritis kann entweder so sein, dass das E x s u d a t noch Monate und Jahre lang bestehen bleibt und eindickt, — oder dass es perforirt, aber sich nicht ganz entleert, weil das Gewebe nur partiell eingeschmolzen ist, demnach stets noch von Zeit zu Zeit Entleerungen stattfinden, — oder häufiger so, dass es bald zu einer R e s o r p t i o n und damit verbundenen B i n d e g e w e b s s c h r u m p f u n g kommt. Diese Schrumpfungen kommen als e i n f a c h e N a r b e n b i l d u n g bei interstitiellen Laesionen sub partu auch ohne septische Einflüsse vor. Verlagerungen und Verzerrungen des Uterus und seiner Adnexorgane sind die Folge (vgl. § 9 bis 11 und Taf. 33 bis 36, 43, Fig. 1; 44, 2; 63). Nachweis der Schwielen und Exsudatmassen, dicht dem Vaginalgewölbe anliegend, meist neben der Gebärmutter, oder Verkürzung der Ligg. sacrouterina. Dieselben sind weniger empfindlich als die perimetritischen; sie hindern die Beweglichkeit des Uterus.

b) Die Erscheinungen der P. chronica atrophicans: Schmerzen im Becken spontan und auf Druck, der Blase und des Rectum, wenn deren umhüllendes Bindegewebe von dem Schrumpfungsprocess mit ergriffen ist. Darniederliegen der sexuellen Funktionen: Oligo- und Dysmenorhoe. Nervöse Reizbarkeit, Depression, Hysterie. Der ganze Ernährungszustand leidet.

Die Organe lassen sich nur schwer noch in dem schmerzhaften derben Bindegewebe verschieben.

Therapie: a) der chronischen septischen Parametritis: Incision der Abscesse erst dann, wenn sie fluctuirend die Haut oder Scheidenschleimhaut vorwölben, ev. also durch warme Umschläge diesen Process unterstützen. Bezüglich dieser wie der Anregung der Resorption gilt das bei chronischer Pelveoperitonitis Gesagte: Jodkali, Glycerin, Ichthyol, Jodoform — heisse Scheideninjectionen, Hegar'sche Mastdarmeinläufe — Moor- und heisse Sandbäder. Massage! — Elastische Zugwirkung durch eine an der Portio angesetzte Kugelzange. Niemals intrauterin operiren! Sorge für leichten Stuhlgang.

b) P. atrophicans: heisse Scheidendouchen und Sitzbäder; Massage.

§ 20. Genitaltuberkulose.

Definition und Aetiologie: Die ursächliche Noxe der Krankheit, der Tuberkelbacillus, kann die Genitalien primär oder secundär inficiren; das letztere ist das häufigere; im Ganzen ist die Genitaltuberkulose selten. Eine vorhergehende gonorrhoische oder septische Infection oder Mischinfection wirken begünstigend.

Primär durch Cohabitation mit einem Genitaltuberkulösen Manne, durch eine inficirende Digitalexploration, infectiös beschmutzte Wäsche u. ä.

Secundär auf circulationsmetastatischem Wege

z. B. vom Darme oder den Lungen aus durch die Lymphbahnen — oder Infection der Tube (die häufigste von Allen) vom Bauchfell her — oder durch Contactverlöthung mit einer tuberculösen Darmschlinge.

Was die **Häufigkeit** anlangt, so ist dieselbe folgende. Weitaus am **leichtesten** wird die faltenreiche, tief und ruhig liegende Tubenschleimhaut inficirt: **von dort** geht der Process leicht auf die **Ovarien** über, weit seltener auf die Gebärmutterkörperschleimhaut: offenbar wirken hier die menstrualen Gewebserneuerungen störend auf die Einnistung des Virus. Die **Cervical-** und **Vaginalmucosa** sind theils wegen der Secretionsverhältnisse der Ersteren, theils wegen dem dichten Epithel der letzteren äusserst selten afficirt: hier wie in der **Vulva** bilden nur Fissuren Eingangspforten für die primäre bacilläre Invasion.

Nicht häufiger ist die Tuberculose der **Harnblasenschleimhaut** im Anschluss an allgemeine und Genitaltuberkulose.

Anatomie: es gibt nach dem Gesagten 4 Gruppen: 1) Allgemeine Bauchfelltuberkulose, welche auch die Genitalserosa afficirt; 2) die Tuberkulose der Tuben, Ovarien ev. des Corpus uteri; 3) die sehr seltenen Affectionen der Cervical- und Vaginalmucosa; 4) die lupösen Vulvarformen.

Das Peritoneum bedeckt sich unter chronischen und subacuten Entzündungserscheinungen (Ascites, sero-fibrinöse Exsudationen, Bildung von Pseudoligamenten) mit Tuberkeln. Die Tuben sind durch die Adhäsionen seitlich längs dem Uterus herab im Douglas-Raume fixirt und an beiden Ostien verklebt, so dass das eitrig-käsige Secret nicht entleert werden kann; es entsteht Pyosalpinx mit der charakteristischen knotigen Form eines Ammonshornes. Die Wandungen sind geröthet, verdickt, und mit gelblichdurchscheinenden Tuberkelgranulationen besetzt und durchsetzt.

Mikroskopisch ist das Cylinderepithel anfangs gut erhalten, nur hier und da die Epithelien geschwollen und in schleimiger und körniger Metamorphose begriffen; schliesslich aber ist der Zellensaum durch einen käsigen Belag ersetzt, unter dem sich Granulations-Gewebe mit Riesenzellen befindet, welches auch die Muscularis durchsetzt. Die Gefässe sind chronisch entzündet, hyalin verändert. Koch'sche Bacillen sind, wenn auch nur spärlich, nachgewiesen.

Bei der Uterustuberkulose ist die Wand durch die oedematöse Muscularis verdickt, während die Schleimhaut total zerstört und in eine käsige oder milchig-eitrige Masse verwandelt ist; hier und da finden sich Tuberkelknötchen. Scharf am inneren Mm. ist der ulceröse Prozess abgegrenzt!

Die Tuberculose der Vagina und der Cervix ist gleichfalls zackig-ulcerös, von Granulationsknötchen umgeben, und producirt einen schmierig-gelben Belag.

Der Lupus vulvae beginnt als halbrothe flache kleine Tumoren, hauptsächlich an den Labien, welche ulceriren, nicht so reichlich, wie die luëtischen Geschwüre secerniren und sich nicht so rasch ausbreiten, dafür aber eine diffusere Induration haben. Die Narben sind röthlich-violett. Mikr. besteht keine Hypertrophie von Papillen und Cutis, sondern eine kleinzellige Infiltration um die Gefässe herum.

Die Blasentuberculose kommt als Tuberkel-Infiltration oder als Geschwüre vor.

Symptome und **Diagnose** der Tubenaffection sind dieselben, wie bei Salpingitis bzw. Pyosalpinx.

Die Uterintuberkulose ruft der gewöhnlichen Metritis ganz analoge Erscheinungen hervor, indessen nimmt das Organ schneller und beträchtlicher an Umfang zu. Der Ausfluss ist käsig; zur Diff. D. zumal gegen Körpercarcinom wird ein Probecurettement gemacht; die Deutung zu Gunsten von Tuberkulose ist nicht leicht: Riesenzellen, Tuberkel als bindegewebige Knötchen im Stroma begrenzt, und Nachweis von Bacillen, ev. Impfung der Peritonealhöhle eines Kaninchens mit uteriner Flüssigkeit. Sehr wichtig ist der gleichzeitige Befund der Tuben!

Im Beginne der Erkrankung ist die Amenorrhoe, unterbrochen von blutig-wässrigen oder schleimigeitrigen Ausflüssen, auffallend; Schwere und Druckgefühl im Becken.

Bei Vulvar-, Vaginal-, Cervical-Tuberkulose handelt es sich um Nachweis von Bacillen, um obigen mikr. Lupus-Befund und um Beachtung des ganzen Habitus.

Peritonitis: Ascites von hohem spec. Gew., strohgelber Farbe, — bei Probeincision: confluirende Tuberkel. Indessen ist hier Vorsicht geboten, da es chronische Peritonitis ohne tuberkelbacillären Ursprung gibt mit confluirender Knötchenbildung.

Prognose: ebenso wie die Tuberkulose des uropoëtischen Apparates infaust, es sei denn, dass die primär inficirten Organe sich exstirpiren lassen: genügende Erfahrungen fehlen.

Therapie: Exstirpationen sind mit Erfolg möglich (Hegar, Werth, Péan), wenn die Erkrankung sich auf Tuben und Uterus beschränkt, also keine tuberkulöse peritoneale Pseudomembranen vorhanden sind und der allgemeine Zustand, spez. der Lungen es erlaubt.

Sind die Tuben allein erkrankt, werden sie beiderseitig mit den Ovarien per Koeliotomiam entfernt. Durch elastische Ligaturen und Herausleiten des Tumors aus der Bauchwunde schützt man die Bauchhöhle vor Infection. Bei unstillbaren Blutungen Jodoformgazetamponade des Douglas-Raumes vom eröffneten hinteren Vaginalgewölbe aus (Wiedow).

Ist der Uterus mitafficirt, wird auch er entfernt — per vaginam nur dann, wenn er nicht zu voluminös ist.

Bestehen aus Gesagtem Contraindicationen, so werden die Pyosalpingen per vaginam entleert und mit Jodoformgaze drainirt; der Uterus wird raclagirt und die wunde Mucosa mit Jodoformpulver bestreut (Jodoformbläser).

Bei Vaginalulcera und Vulvarlupus: Entfernung derselben mit dem Messer und durch Kauterisation mit dem Glüheisen, acid. nitr. fumans, kal. caust. — Bestreuen mit Jodoform.

Bei Bauchfelltuberkulose: Koeliotomie.

Harnblasenulcera werden nach Sect. alta excidirt.

§ 21. Venerische Erkrankungen.

1) Ulcus molle, der weiche Schanker.

Diagnose: diese runden, scharfrandigen Geschwüre kommen 1 bis 4 Tage nach contagiösem Beischlaf multipel hauptsächlich an den Vulvateilen, selten in Vagina und Portio vor an der Stelle eines juckenden Bläschens oder eines Risses. Das Geschwür ist mit Eiter bedeckt, speckig, weich; sein Rand unterminirt, weich und geröthet; zuweilen ist es diphtheritisch tiefer ulcerirt oder es greift rapide zerstörend um sich = Ulc. gangraenosum, oder es heilt (wie gewöhnlich mit Narbe), kriecht aber serpiginös weiter.

Die Infection bleibt local und setzt sich nur bis zu den Inguinaldrüsen fort, welche eitrig zerfallen (schankröse Bubonen) und sehr empfindlich sind.

Therapie: Das Geschwür ist zu zerstören durch Lapisstift, Acid. nitr. fum., Acid. chrom. — hernach antiseptische Behandlung. Die Bubonen werden breit incidirt, ev. excochleirt und mit Jodoformpulver ausgestreut.

2) Ulcus durum = harter Schanker (Luës).

Diagnose:

Der Primäraffect ist ein kleines einzelnes Geschwür, in welches sich eine 3 — 4 Wochen nach der Infection entstehende Papel umwandelt und dessen specifische Eigentümlichkeit es ist, nicht zu heilen, aber auch nicht grösser zu werden, sondern sich peripher unter harter Infiltration fortzusetzen. Das Geschwür sitzt am häufigsten an der hinteren Commissur.

Als secundäre Erkrankung treten indolente multiple Leistendrüsenbubonen auf, welche nicht vereitern (Diff. D. gegen die nicht syphilitischen Bubonen). Von hier aus werden die abdominalen Lymphdrüsen inficirt u. s. w.

An der Vulva und um dieselbe herum bis auf die Oberschenkel und an der Analfalte entstehen sec. Wucherungen von derselben Bauart wie die primäre Papel, die breiten Condylome (dichte alveoläre Infiltration in der Cutis mit kernreichen Zellen; chronisch entzündlich verdickte Gefässwände mit verengtem Lumen).

Tertiär kommen sehr selten Syphilide, u. zw. Gummata, vorzugsweise in der Vagina und neben der Portio vaginalis vor. Da sie rasch zerfallen, täuschen sie leicht das flachulcerirende Scheidencancroid vor.

Auf die Therapie braucht hier nicht eingegangen zu werden; das ist Sache der Syphilidologie; die Diagnostik musste wegen der Differential-Erkennung erörtert werden.

§ 22. Blasenkatarrh und Cystitis.

Anatomie:

Der Blasenkatarrh tritt in acuter oder in chronischer Form auf. Die Letztere entsteht entweder aus der Ersteren oder aus einer länger dauernden Hyperämie; die Letztere bewirkt Blutaustritte, sei es als Ekchymosen in das Schleimhautgewebe, sei es als Haemorrhagien in die Blase.

Beim acuten Katarrh ist die Mucosa lebhaft geröthet und das Organ contrahirt. Die Epithelien stossen sich streckenweise ab und die Trümmer derselben sowie emigrirte r. u. w. Bl.-K. finden sich zwischen den Falten der gerunzelten Schleimhaut.

Ist die Entzündung chronisch geworden, so besteht lebhafte Röthung (z. B. sichtbar bei grossen Blasenscheidenfisteln) der gesammten Schleimhaut oder partiell, inselartig (z. B. oft um die innere Urethralmündung herum, gepaart mit kleinen Ekchymosen.) Die erweiterten Gefässe lassen Mengen von Leukocyten durch; die Oberfläche der Mucosa secernirt viel Schleim und stösst ihre Epithelien (Platten-) massenweise ab.

Nimmt der Katarrh ab, so wandern noch lange Zeit Leukocyten aus; im anderen Falle aber etabliren sich permanente Excoriationen, welche sich unter dem Einflusse der Bakterien in **Ulcera** (am häufigsten am Trigonum Lieutaudii und an der Urethralmündung) umwandeln, und endlich wird auch die Muscularis afficirt.

Die anfängliche Infiltration der Muscularis führt entweder zum acuten Fortschreiten der Entzündung, zur eigentlichen acuten **Cystitis** und weiterhin zur **Pericystitis** (i. e. Entzündung der Blasensubserosa und -Serosa), — oder zur chronischen parenchymatösen **Hypertrophie** der Muscularis; die ganze Blasenwandung ist verdickt und starr.

Ebenso reagirt meist das Peritoneum und hält dadurch der Urin von der Bauchhöhle fern; wenn nicht, so entsteht acuteste Peritonitis und Exitus letalis tritt ein. Dieser perniciöse Fortschritt wird durch progressive Gangrän eingeleitet. Auf die Schleimhaut beschränkt führt diese Nekrose zur Abstossung derselben in toto oder in Fetzen = **Cystitis diphtheritica** (vgl. Taf. 55, 2 u. i. Atl. II. Fig. 85).

Aetiologie: Die Entstehungsweise der Entzündung ist eine in vielen Punkten wesentlich verschiedene von derjenigen des Mannes. Einerseits lässt die Kürze der Urethra die entzündlichen Noxen weit leichter in die Blase gelangen, andererseits schützt dieselbe Eigenschaft die Frau vor dem Chronischwerden der Harnröhrenentzündung und deren Folgen, den Stricturen, und ferner vor der Retention von Concrementen, da kirschengrosse Blasensteine die Harnröhre passiren können, und grössere leicht operativ entfernt werden können. Ebenso fehlt ihr die Prostata, deren Hypertrophie zur Urinstauung und -Zersetzung führt. Aber aus den puerperalen Vorgängen erwächst eine ganze Reihe von Schädlichkeiten, welche theils in direktem Druck, (Quetschungen, Fisteln), — theils in Entzündungen bestehen, welche aus einer Peri- oder einer Parametritis direkt oder durch Exsudatperforation auf die Blase übergreifen, oder indem ein extrauteriner Fruchtsack seinen Inhalt in die Blase entleert (vgl. Atl. II. Fig. 115). Analog liegt eine Praedisposition in der Häufigkeit der perforirenden Tumoren der weiblichen Genitalien (Carcinom, vgl. Taf. 54, 55, 58; Dermoidcyste).

Eine andere Gruppe Schädlichkeiten wirkt durch Retentio urinae, z. B. Retroflexio uteri gravidi incarcerati (vgl. Atl. II, Fig. 85), eingeklemmte retrouterine Geschwülste, Cystocele bei Scheideninversion.

Die beiden häufigsten Ursachen aber sind die direkten Infectionen durch unreinen Katheterismus und im Anschluss an eine gonorrhoische Urethritis.

In der Blase selbst begründete Ursachen sind Tumoren der Wandung derselben (Taf. 57, 5) und Blasentuberkulose.

Bei allen Blasenkatarrhen sind Spaltpilze betheiligt; sie bewirken Zersetzung des Urins erst nach der Schädigung der Wandung; dann wirkt der zersetzte Urin wieder reizend auf die Schleimhaut. Reizende Uriningredienzien unterhalten den Katarrh, z. B. Alkohol, Canthariden u. dgl.

Symptome und **Diagnose:** häufiger Harndrang, Brennen beim Uriniren, schmerzhafter Harnzwang bei Entleerung des letzten Tropfens; der Urin ist zuweilen blutig, stets mehr oder weniger schleimig (starke Nubecula) oder schleimig-eitrig (dicklicher weisser Bodensatz), trübe, von stechendem Ammoniakgeruch.

Mikr.: r. u. w. Bl. K., desquamirte Plattenepithelien; bei alkalischer Gährungsreaction die in § 12, pag. 63 u. 64 angeführten Harnkrystalle.

Die diphtheritische Cystitis wird an der grossen Schmerzhaftigkeit der Blase, Fieber und der Abstossung von Membranen oder Hautfetzen erkannt, welche das Katheterisiren sehr erschweren können. Wird durch diese Membranen eine starke Ischurie hervorgerufen, so treten Urinretentionssymptome (beginnende Urämie) auf: Dyspepsie, Uebelkeit, Erbrechen, Obstipation und Diarrhöen alternirend, Kopfcongestion.

Die Blasenhypertrophie führt vermöge der Starrheit der Wandungen allmählich zu bedeutender Blasenerweiterung: die Blase wird selbst nach der Entleerung oberhalb der Symphyse gefühlt. In der Senilität werden solche Blasen nach Schwund der Muskelhypertrophie fast papierdünn = Blasenatrophie. Nachweis beider Formen durch den Katheter.

Ist die Cystitis festgestellt, so handelt es sich um die Diagnose der Ursache. Der Blase selbst entstammen: Geschwüre und Laesionen, Blasentumoren (s. sub „Tumoren"), Concremente und Fremdkörper (vgl. unten). Aber umgekehrt entstammen eine ganze Reihe Neubildungen, vor allem diejenigen der Urethra, eben entzündlichen Reizen. Das Gleiche gilt für Ulcera und Fissuren am Blasenhalse, zumal an der inneren Mündung der Urethra und in der Urethra selbst. Dieselben sind äusserst empfindlich und entstehen oft durch den Katheter, sogar den elastischen. Diese Fissuren führen ebenso, wie der Katarrh und manche Ursachen desselben, zu

Folgeerscheinungen der Cystitis.

1) Der Blasenkrampf = Spasmus vesicae s. Cystospasmus; 2) Blasenlähmung — Paralysis vesicae (Ischuria, Incontinentia, Ischuria paradoxa).

1) Der **Blasenkrampf** ist eine Neuralgie und kommt bei nervösen Frauen entweder im Anschluss an Blasenkatarrh und alle Reizzustände der Harnblase vor (Fremdkörper, Concremente, Hämorrhoiden, Ulcerationen und Fissuren, — namentlich am Blasenhalse und in der Urethra selbst, Tumoren) oder als primäre Neuralgie unter dem Einflusse von starken Reizen bei sehr erregbarem Nervensystem und erinnert an das Bild des Vaginismus, kommt auch gepaart mit diesem vor, — möglicherweise wirken wie bei diesem auch Reizzustände der inneren Genitalien ursächlich; — solche Reize sind übermässiger Geschlechtsgenuss, Onanie, vielleicht auch starke Gemüthsbewegungen, Erkältungen mit nachfolgender chronischer Hyperämie. Unter solchen primären Umständen wirken fernerhin irritirende Speisen und Getränke Anfall auslösend.

Symptome und **Diagnose:** Anfallsweise von wenigen Minuten bis mehreren Stunden Dauer treten heftige Schmerzen in der Blase auf, welche vom Blasenhalse ausstrahlen und zeitweilig, besonders beim Beginne des Urinirens einen äusserst schmerzhaften krampfartigen Charakter annehmen. Dieser Krampf kann so heftig sein, dass der Urin nicht entleert wird (Ischuria spastica). Der Urin ist bei Complication mit Blasenkatarrh trübe, r. u. w. Bl. K. und Schleim enthaltend; bei reiner Neurose ist er wasserklar (Urina spastica). Die Entleerungen vollziehen sich bald in grosser Menge, bald tropfenweise und erregen nach den Oberschenkeln und allen Seiten hin ausstrahlende Schmerzen, sowie Darmtenesmus, Uebelkeit, nachdauernde Dyspepsie, allgemeine Verstimmung, so dass endlich das Allgemeinbefinden erheblich darunter leidet. Die Paroxysmen treten unregelmässig häufig auf; das Leiden kann Jahrelang dauern.

Die Hauptsache bei der Diagnose ist die Feststellung, bzw. Exclusion aller ursächlichen Momente: die **bimanuelle Exploration** (Abtastung zwischen Scheide und Symphyse) belehrt uns über das Vorhandensein von Steinen, Tumoren, Blasenhypertrophie — die **Combination von Sonde und Scheidentouchirendem Finger** über bestimmte empfindliche Stellen (Fissuren) oder kleine Divertikel (deren dem Katheter unzugängliche Absackung immer auf's neue wieder den Urin inficirt, oder exulcerirt) — die **Dilatation der Urethra mittelst Simon'scher Specula, durch Digitalexploration und Inspection des Blaseninnern** (Rutenberg'sche Spiegel = Kysto-, Endoskopie) über Tumoren, grössere z. B. tuberculöse Ulcera.

2) Die **Blasenlähmung** kann, entsprechend den Blasenfunctionen, eine doppelte sein: Lähmung der die Blase entleerenden Längs- und Schrägmuskelfasern = **Ischuria. Harnverhaltung** — oder Lähmung der den Urin zurückhaltenden circulären Sphincterfasern = **Incontinentia paralytica**. Beide können sich combiniren, d. h. der Urin tröpfelt von selbst ab und kann nicht mehr gehalten werden (Incontinenz), nachdem das Bedürfniss, Urin zu lassen, schon vorher verschwunden war (Ischurie).

Besteht keine Sphincterlähmung neben der Ischurie, so beginnt doch die Blase, nachdem sie übermässig gedehnt worden ist **(Blasenerweiterung)**, auch ohne dass **Harndrang** besteht, den Widerstand des Schliessmuskels zu überwinden und ihren Urin tropfenweise zu entleeren; die Blase wird dadurch nicht wesentlich verkleinert und die Pat. hat keine Ahnung von deren Füllung (**Ichuria paradoxa**).

Diese Zustände entstehen im Anschluss an puerperale Vorgänge durch Verlagerungen der Blase, Knickung der Harnröhre, Entzündung irgend welcher Teile der Genitalien oder der serösen Ueberkleidung — ferner durch Veränderung der Elastizität der Muscularis (Verfettung, Atrophie), durch Cystitis, gewohnheitlich übermässige Anfüllung der Blase, im Greisenalter, bei acuten Infectionskrankheiten — endlich durch Herabsetzung der Innervationsenergie, wie bei Rückenmarkskrankheiten u. a. centralnervösen Störungen, wie Apoplexie, Neurasthenie, bei schwächlichen Individuen z. B. in Form der **Enuresis nocturna**, ferner bei Intoxicationen u. ä.

Symptome und **Diagnose**: die Ischuria paralytica giebt sich durch die Erschwerung des Urinirens kund; die Bauchpresse wird übermässig zur Hilfe gezogen. Indessen muss bei der Diagnose genau die Ursache festgestellt werden, zumal auch an Urethraltumoren gedacht werden muss. Andererseits muss bei Harnträufeln mittelst des Katheters festgestellt werden, ob es sich nicht um eine Ischuria paradoxa handelt.

Therapie der Cystitis.

Wie die frische gonorrhoische Urethritis und Cystitis behandelt wird, ist in § 12 gesagt.

Bei **einfachem acutem Blasenkatarrh** (ohne Fieber) wird die Blase in Ruhe gelassen; die Behandlung zielt nur auf milden Urin: vor allem reichlicher Thee- und Milchgenuss (ev. mit Zusatz von 25 gr. Aqua Calc. zu $1/2$ Liter Milch, wenn dieselbe schlecht vertragen werden sollte). Enthaltsamkeit von allen reizenden Speisen, besonders Alcoholicis. Die blande Diät umfasst Eigelb, Mandelmilch, Bouillon, mageres Fleisch. Es muss für leichten Stuhl durch Einläufe und milde Laxantien gesorgt werden.

Statt der früheren Balsamordination gebe man Sol. Kal. chlor. oder Sol. Natr. salic. (5,0 : 150,0).

Der Tenesmus wird mit Bettruhe, Priessnitz'schen oder warmen Umschlägen, ev. mit Narkoticis in Gestalt von Scheiden- oder Darm-Globulis (Chloralhydrat, Tr. thebaica, Morph., Extr. Belladonnae) oder intern (Chloralhydrat, Morphium) bekämpft. Die Blasenschleimhaut selbst resorbirt nichts. Zur Allgemeinbehandlung gehören warme Bäder.

Bei **schwerer und chronischer infectiöser Cystitis** wird dieser bisher angegebenen Behandlung die Ausspülung der Blase zugefügt: zum Desinficiren $1/5$—$1/3\,^{00}/_{00}$ Borsäure, $1/2\,^0/_0$ Salicylsäure, $1/3\,^{00}/_{00}$ Sublimat, $1/4$—$1/1\,^0/_0$ Carbolsäure, 2 bis 6 $^{00}/_{00}$ Arg. nitr. Zur Linderung bei stärkeren Aetzungen Nachspülungen mit $1/4\,^0/_0$ Cocain und nach Arg. nitr. auch zum Niederfällen 5 $^0/_0$ NaCl-Lösung. Dieselbe oder schleimige Lösungen (Stärke, Haferschleim u. dgl.) bei sehr empfindlicher Schleimhaut.

Die Ausspülungen geschehen mit Katheter oder noch besser mit Küstner'schem Trichter (den ich gern wegen der leichten Fissurbildungen beim Katheterisiren anwende), an welchen ein Schlauch mit $1/4$ bis $1/2$ Liter haltendem Glastrichter (Hegar'scher Trichter) angepasst wird (keine Luft miteinspülen! die Apparate streng aseptisch halten!) Es werden $1/4$—$1/1$ Liter, auf 26^0 R. temperirt, bei paralytischem M. Detrusor unter nicht zu starkem Druck, 1 bis 4 Mal täglich, applicirt, — bei hohem Fieber sogar alle 2 Stunden.

Am schnellsten wirkt die dauernde sofortige Entleerung des Urins aus der Blase

— bei Fissuren und schwerer Cystitis jedenfalls anzuwenden — u. zw. wird n. Fritsch's Angabe ein Gummirohr von 15 cm. Länge und 0.6—0.7 cm Dicke eingelegt, bzw. durch eine Sutur festgenäht, u. zw. so, dass es nicht tief in das Blasenlumen hineinragt, sondern nur so weit eingeführt, bis der Urin fliesst. Alle 3 Tage muss wegen der Incrustation gewechselt werden. Darunter ein Urinoir.

Diphtheritische Häute müssen entfernt werden; ihre Anwesenheit kann schon aus zahlreichen incrustirten kleinen Gewebsfetzen und der jauchig-blutigen Beschaffenheit des Urins diagnosticirt werden. Zwecks deren Entfernung wird die Urethra mittelst der Simon'schen Specula dilatirt: von den 7 Nr. werden nur die ersten 3 der Reihe nach eingeführt und in Nr. 3 die Ausspülung vorgenommen. Bei Blutungen: Liqu. ferri sesquichl. (1 : 800), Ferripyrin.

Zur Nachbehandlung gehören noch längere Zeit blande Diät und ev. kohlensäurehaltige Wässer, wie Wildunger, Vichy u. a. oder milde Thees.

Hypertrophie und **Schrumpfung** der Blase wird mit regelmässiger Katheterentleerung und lauen Wasserausspülungen, welche täglich an Menge gesteigert werden (zum Zweck der Dehnung), kalten Bädern, Douchen und Scheidenausspülungen behandelt.

Bei Blasen**krampf**: Beseitigung der Ursache, wobei auch an Fissuren am Blasenhals oder in der Urethra zu denken ist; in diesem Fall Fritsch-scher Dauerkatheter oder Dilatation der Harnröhre.

Beseitigung aller Congestivzustände: Lavements und milde Kathartika; Verbot des sexuellen Verkehres; heisse Fussbäder; blande Diät ohne Alkoholika.

Gegen die nervöse Reizbarkeit: Bromkali.

Bei den Anfällen: Chloralhydrat innerlich und per rectum s. vaginam, ev. Morphiuminjection direkt in die Blase oder Ausspülung mit Cocainlösung. — sonst vgl. die oben genannten Mittel gegen Tenesmus.

Bei **Blasenparalyse** spielt, soweit hier die **Sphincterlähmung** in Betracht kommt, die **Exercirung des Willens** eine bedeutende Rolle. z. B. bei der **Enuresis nocturna** (mehrere Male nachts wecken lassen zum Uriniren).

Bei **Ischuria** (Detrusorlähmung) öfters Katheterisiren und kühle Umschläge.

Ist die **Muscularis** schon **paretisch oder paralytisch** (Incontinentia paradoxa paralytica), so wird dieselbe **elektrisirt** (womit auch bei unüberwindlicher Enuresis nocturna gute Resultate erzielt wurden) u. zw. ein gut mit Gummi umwickelter Katheterpol **in der mit Wasser gefüllten** Blase, der andere auf der Symphyse oder in der Lendengegend oder am Perinaeum, worauf Einschaltung in den Inductionsstrom. — Auch ev. Secale.

Ferner: Katheterisiren, laue Ausspülungen, kühle Bäder, bzw. die durch den Katarrh vorgeschriebene Behandlung. Die Therapie des Katarrhes ist meist auch zugleich für diese Specialsymptome **die richtige** Behandlung.

Kap. II.
Ernährungs- und Circulations-Störungen
(Exantheme, Phlebektasien, Neurosen.)

Da die weiblichen Genitalien, zumal die Vulva, gleichmässig ungemein reich an **Lymph- und Blut-Gefässen**, und zwar in Gestalt von cavernösem Gewebe, ferner an **Secretionsorganen** und an **Nerven** sind, so verbreiten sich — in den so vielen Schädlichkeiten und Insulten ausgesetzten **Geweben** — Affectionen des einen Functionssystemes sofort auf das andere und rufen so **gleichzeitig die mannigfaltigsten** Veränderungen hervor, welche gewöhnlich typische Symptomcomplexe bilden: Pruritus vulvae, Vaginismus, Dysmenorrhoe, Hysterie.

§ 23. Ernährungs- und Circulationsstörungen
a) Der äusseren Genitalien.

Unter **Pruritus Vulvae** versteht man eine mit heftigem Jucken einhergehende Entzündung der äusseren Geschlechtsteile. Es giebt verschiedene Arten **Vulvitis**: die einfache Rötung = **Dermatitis simplex**; — sind die Lederhaut und das subcutane Bindegewebe diffus beteiligt = **Phlegmone vulvae** mit Abscessbildung, — wenn partiell = **Furunculosis** v. (abscedirend); — sind die Talgdrüsen entzündet (acneartig) = **Folliculitis** v. (bestehend in gelblichen, kleinen Hervorragungen); — andererseits besteht auch eine Entzündung der gefässführenden Bindegewebspapillen (rötliche kleine Prominenzen) = **papilläre Vulvitis**. Es giebt eine Vulvitis diabetica.

Von Hautexanthemen kommen Eczeme, Herpes, Prurigo, Miliaria selten vor.

Therapie:

Gegen die einfache Entzündung: Abwaschen mit Sodalösung und nachfolgenden Umschlägen mit 2% Carbolsäure oder 20% Borvaseline oder 10% Carbolöl; Sitzbäder — oder, wenn diese Medic. brennen: Bleiwasser, Ung. Zinci.

Bei stärkerer Entzündung: Sodaabwaschung, dann Auftragen einer 5% Sol. Arg. nitr. und nachträgliches Auflegen von Carbolcompressen.

Bei Abscessbildung: Incision; bei Furunculosis: Abrasiren der Schamhaare, Unna'sches Quecksilberpflaster im Beginn — später warme Sitzbäder, Seifenpflaster, Cataplasmata emollientia.

Bei V. diabetica: Behandlung des Grundleidens mit Fleischkost, Laxantien (sal carolinum).

Bei Folliculitis: Entfettung der Haut mittelst Lösungen von Kali carbon. Wallnussgrosses Stück Soda im Waschwasser gelöst und sofort Aetzung mit 5% Sol. arg. nitr. wie oben. Vor allem, wenn Pruritus erregend: Entfernung solcher Teile.

Gegen Pruritus: Sodalösung-Abwaschungen. Aetzen mit 10 % Sol. Arg. nitr. und Auflegen von 10 % Carbolsäure-Compressen. Event. Eiswasser-Umschläge, $^1/_3{}^{00}/_{00}$ bis $^1/_1{}^{00}/_{00}$ Sublimat- oder Salicylcompressen, 20 % Borvaseline oder $^1/_3$ % Salicylsalbe. — Ferner: warme Sitzbäder. ev. mit $^3/_4$ Pfund Weizenkleie oder Eichenrindenabkochung oder anderen Adstringentien (Alaun, Tannin). — Event. Anodyna: Cocain (teuer!), Chloroform, Morphium, Belladonna.

b) Der inneren Genitalien.

Der **Vaginismus** ist ein ähnlicher Symptomencomplex wie der Pruritus, mit dem er auch gepaart vorkommt. Es wird unter V. eine krampfhafte Zusammenziehung des Introitus vaginae verstanden, welche durch Berührung desselben, bzw. des auf's äusserste hyperaesthetischen, meist verdickten und chronisch entzündeten Hymen oder seiner Carunculae myrtiformes reflektorisch ausgelöst wird. Dass hierbei auch centrale hysterische Vorgänge betheiligt sind, erhellt daraus, dass die leise Berührung mit einem glatten Instrumentgriff ebenso heftig wirkt, wie der Impetus coeundi oder die Einführung eines Speculum. Ich hatte eine Patientin, bei welcher die Einführung des Irrigatorrohres leicht und ohne Schmerz gelang, wenn sie dasselbe selbst führte — dagegen unter heftigem Schmerz, wenn von fremder Hand. Ebenso gelang es, bei abgelenkter Aufmerksamkeit z. B. einen Tampon einzuschieben. Der Gedanke an eine Wiederverheirathung mit der Ausübung des Coitus löste gleichfalls jenen Schmerz aus. Es giebt aber auch einen Vaginismus-Krampf ohne Schmerz, wie das Symptom des „penis captivus" es zeigt, und andererseits auch höher sitzende Neurosen der Scheide, d. h. schmerzhafte Stellen derselben.

Therapie: sorgfältige Excision des gesammten Hymen incl. Harnröhrenmündung mit seinen Carunculn; in dem genannten Falle wurden wegen Pruritus die Nymphen (Folliculitis) mit entfernt.

Sollte dann noch Empfindlichkeit hinterbleiben, so wird der M. Constrictor cunni forcirt gedehnt.

Ein Touchirversuch belehrt die Pat. von der nunmehrigen Unempfindlichkeit und die regelrechte Ausübung der Cohabitation und baldiger Eintritt der Schwangerschaft beseitigt den letzten Rest.
Anderenfalls treten schlimme nervöse Reiz- und endlich Depressions-Zustände, sogar Psychosen ein.
Eine häufige Ursache ist die Masturbation, weswegen auf eine arbeitsreiche und die Zeit vollkommen absorbirende, ermüdende Pflichterfüllung zu dringen ist, unter gleichzeitiger Beseitigung aller die Sinne aufregender Reize (Lectüre, Bälle, Theater u. s. w.) Andere Ursachen sind Fissuren, entstehend bei resistentem Hymen, — und Impotentia coeundi seitens des Mannes (vgl. § 5).

Eine Ernährungsstörung des Greisenalters, die Kolpitis vetularum (Ruge) führt als K. ulcerosa adhaesiva von unregelmässigen, durch kleinzellige Infiltrate gebildeten Flecken nach Abstossung des Epithels zu Verklebungen, Narben und Gewebsbrücken.

Von Gefässanomalien kommen Phlebektasien an der Vulva (vgl. Taf. 2) und Varicocele parovarialis vor; aus Letzterer können Haematocele intraperitonealis oder Haematoma lig. lati entstehen.

Den **Uterinen** Symptomencomplex der **Dysmenorrhoe** vgl. in § 4 sub 8.

Der **hysterische** Symptomencomplex (vgl. § 11 sub Sympt. u. § 17 sub Diagn.) repraesentirt eine Erkrankung des gesammten Nervensystemes, welche bei schon vorhandener Praedisposition durch starke sinnliche oder Gemütsaufregungen, die nervengesunde Menschen ohne Schaden ertragen, oder durch fortdauerndes Sichunbefriedigtfühlen entsteht. Das Leben unserer Städte — mit seinen frühzeitigen massenhaften Sinneseindrücken und überwiegender Geistesthätigkeit, den verweichlichenden Bequemlichkeiten und Genüssen, dem Mangel an ruhiger stählender Körper-Arbeit und an einfachen präcisen Pflichten mit entsprechender Stärkung des Willens, das Fernsein von der beruhigenden ländlichen Natur — das ist es, was neben etwaiger erblicher Belastung die allgemeine Praedisposition liefert. Dementsprechend muss die Behandlung eine jene Schädlichkeiten in der Jugend prohibirende, später compensirende sein.

Zu den Anlässen, welche die Hysterie auslösen können, gehören auch Krankheiten aus der Genitalsphäre, aber weder führen diese stets zur Hysterie noch sind sie etwa die alleinige Ursache derselben.

Zu solchen die Hysterie unter Umständen auslösenden Krankheiten gehören die puerperalen mit ihren teils infectiös-irritirenden, teils durch Blutungen schwächenden Folgen, dann die dauernd-schmerzhaften Oophoritiden, Salpingitiden, Adhäsions-Pelveoperitonitiden, Entzündungen des Uterus, intramurale Myome, zum Mm. heraustretende, zerrende Polypen u. ä.

Symptome: Gemütsverstimmung, Empfindlichkeit, Willensschwäche.

Krämpfe und Contracturen, meist klonisch, zuweilen tonisch, mit erhaltenem Bewusstsein und erhaltener Reflexerregbarkeit (Pupillen), epileptiform: der Extremitäten- u. Rumpfmusculatur (Charcot'scher Bogen) mit beschleunigter Respiration, je nach der Gemütsstimmung als Schrei-, Wein-, Lachkrämpfe; — der Kehlkopf- und Oesophagus-Muscularis: Glottiskrämpfe (bellender Husten), Schlingkrämpfe (Globus hystericus). — Singultus hyst. —

Lähmungen: der Extremitäten, beider- und einseitig; der Stimmbänder: hysterische Heiserkeit und Aphonie (Fall d. Heidelberger Klinik durch Retroflexio uteri).

Allgemeine und partielle Hyperästhesien und Anästhesien: Clavus hystericus, Spinalirritation, Ovarie (Charcot). — Ueberempfindlichkeit oder Herabsetzung der Sinnesempfindungen.

Vasomotorisches und trophisches Nervensystem: Herzpalpitation, Stenocardie, nervöse Dyspepsie, Meteorismus; Secretionsanomalien der Haut (Schweiss), der Nieren (Polyurie, Ischurie) u. ä.

Diagnose: wird gestellt auf Grund des raschen Wechsels der Symptome, wie dieselben kein einheitliches Krankheitsbild auf Grund der pathologischen Veränderung eines bestimmten anatomischen Organes geben.

Therapie: Prophylaxe entsprechend den oben gegebenen Erklärungen (vgl. auch Ther. bei Vaginismus i. dies. §).

Psychische Beeinflussung und Erziehung, — vor allem über die Ansichten der Pat. von ihrem Leiden nie ein absprechendes Urteil laut werden lassen, sondern ihnen die Beweise des allgemein nervösen Characters derselben geben und nun die Lebensweise, Diät etc. ändern; Regelung der Functionen vgl. § 4 sub 7. Je nachdem leichte reizlose oder andererseits kräftige Nahrung. Behandlung der ev. Genitalleiden!

Zur Abhärtung laue Vollbäder, allmählich in der Temperatur erniedrigt von $25°$ auf $18°$ R. 15 Min. lang.

Symptomatisch: Kal. brom. (bei Vit. cord. natr. brom.) Camph. monobrom. Extr. Cannab. ind. gegen Erregungs-

und Reizzustände, auch Herzpalpitationen. Chloroform, Morphium, Atropin, Chloralhydrat, Extr. Cannab. ind. sämmtlich, je nachdem, per os, per rectum oder hypodermatisch) als Antineuralgika oder Sedativa oder Hypnotika.

Lähmungen: Faradisation oder Massage.

Krämpfe und Convulsionen: kaltes Wasser in jeder hydropathischen Form.

Die **Charcot**'sche **Ovarie** ist § 17 sub Diagn. erwähnt.

Die **Coccygodynie** ist eine locale Hyperästhesie des plexus coccygeus. Therapie: Exstirpation des Os coccyg.

Gruppe IV.
Verletzungen und ihre Folgen.

Kap. I.
Defecte mit narbigen Veränderungen.

Weitaus am häufigsten entstehen alle Arten Genitallaesionen sub partu. Je nach der Stelle ist ihre Wirkung eine verschiedene. Narbige Heilungen in der Vulva rufen selten Atresien hervor — im Gegenteil, sie bewirken ein Klaffen derselben. Denselben Vorgang können wir am Mm. beobachten: narbige Verheilung der Mm.-Lacerationen mit Ektropion; indessen kommen hier doch, wie in der Scheide und der Cervix, weit eher Stenosen und Atresien zu Stande.

§. 24. **Vulvaverletzungen** (incl. Fissuren) **und Dammdefecte; Incontinentia vulvae.**

Definition: Die hier zu besprechenden Continuitätstrennungen tragen den Charakter von Schnitt-, Riss- und Rissquetsch-Wunden und zeigen je nach der Tiefe der Laesion bestimmte verschiedene Wirkungen, so dass hierdurch eine natürliche Eintheilung gegeben ist.

1) Fissuren: leichte rissförmige Continuitätstrennungen der Oberfläche, so des Frenulum perinaei und mit spezifischen Folgen am Hymen und am Blasenhalse und Urethra (vgl. §§ 22 u. 23).

2. spez. Dammrisse I. Grades: Zerreissungen des Frenulum perinaei und der Vestibular-Damm-Schleimhaut.

3. Dammrisse II.⁰: Risse bis an den Sphincter ani.

4. Damm-Centralrupturen: Risse, welche kanalförmig von der Scheide mitten durch den Damm, ev. bis in den After gehen, unter Erhaltung des vorderen Frenulumtheiles des Perinäum (vgl. Fig. 40 i. Text.)

5. Dammrisse III.⁰ oder complete: totale Zerreissung des Dammes bis in das Rectum hinein.

Während alle diese Risse fast ausschliesslich oder doch sehr häufig durch sexuelle Vorgänge (Cohabitation, Partus und Puerperium z. B. Urethralfissuren durch Katheterismus) zu Stande kommen, giebt es auch violente Traumen an jedem beliebigen Teile der Vulva. Dieselben haben, zumal während der Gravidität, wegen des Reichthums an Blutgefässen bedeutende Gefahren im Gefolge. Die Clitorisgegend ist die exponirteste und zugleich die gefährlichste (vgl. Atl. II, § 60) für solche Verwundungen, die gewöhnlich durch rittlings Fallen zu Stande kommen; es gibt Fälle von Verblutung aus dem Corpus cavernosum innerhalb kurzer Zeit.

Solche Blutungen und Verletzungen müssen sofort durch Suturen beseitigt werden.

Verletzungen ohne weitere Erscheinungen sind solche der Nymphen: Zerreissungen und Durchlöcherungen.

Symptome und Folgen von Dammrissen: wenn letztere nicht gleich nach der Geburt durch Naht prima intentione geheilt sind, findet narbige Ueberhäutung mit wesentlicher Auseinanderschiebung und Verzerrung der unteren Labientheile statt und zwar je nach dem Grade in verschiedener Weise:

Die **Fissuren** verursachen einfaches Brennen und geben zur infectiösen Ulceration Anlass (vgl. § 15 sub „Puerperalfieber"); indessen bilden sie sich auch auf v e r n a r b t e r Dammoberfläche leicht als **Rhagaden** (nach Coitus, schwerer Defäcation).

Bei den **Dammrissen I.**⁰ (Taf. 64, 3) fehlt dem Tuberculum Vaginae die Stütze und die Bedekkung seitens des Frenulum perinaei: dieser Teil der v o r d e r e n Scheidenwand senkt sich; die Urethralmündung klafft[1]); Praedisposition zu U r e t h r i t i d e n, B l a s e n k a t a r r h.

Bei den **Dammrissen II.**⁰ gleitet auch ein Wulst der h i n t e r e n Scheidenwand über die Narbe hinweg (vgl. Taf. 4, Fig. 1) und nun beginnen alle jene S e n k u n g s vorgänge, die in §§ 7 u. 8 und zugehörigen Tafelerläuterungen geschildert sind. Ausserdem S c h e i d e n - und G eb ä r m u t t e r k a t a r r h e, C y s t o c e l e und R e c t o c e l e und ihre weiteren Folgen.

Bei den **Dammrissen III.**⁰, den **completen** (Taf. 25, 1; 26, 2; 64, 2 u. 4) besteht i n c o n t i n e n t i a a l v i, weil der willkürliche M. Sphincter externus und bei extremen Rupturen auch der M. Sph. internus zerrissen sind.

Wie das Profil des n o r m a l e n Dammes in Fig. 1 auf Taf. 64 zeigt, bildet auf dem Sagittalschnitt der quergestreifte M. sph. ext. einen rundlichen Complex in der Analausbuchtung (vgl. d. entsprechend geformte Schraffur), während der M. sph. int. senkrecht davon als längliche Fasermasse emporsteigt. In Fig. 2 u. 4 fehlen b e i d e S p h i n c t e r e n, in Fig. 3 sind beide erhalten. Es kann indessen der ganze Damm fehlen, aber vom M. sph. ext. doch noch ein Stück erhalten sein.

Indessen gibt es Fälle, wo fester und sogar dünnflüssiger Stuhl willkürlich beherrscht werden kann; das kommt entweder bei noch partiell erhaltenem M. sph. ext. vor oder wenn der unterste

---

1) Ich sah in Heidelberg einen solchen Fall bei einer Bauersfrau, der dazu geführt hatte, dass der Conjux den Impetus coeundi gegen das gesenkte Tuberculum vaginae gerichtet hatte und auf diese Weise die Urethra bis zu Fingerdicke dilatirt hatte (wie Taf. 61, 2).

Teil des Rectum narbig contrahirt ist; im ersteren Falle geht der Riss nicht 1½ cm hoch ins Rectum hinauf. Diese Fälle sind nicht ganz leicht zu diagnosticiren, weil diese Rectal n a r b e n epidermoidalisiren und pigmentirt werden.

Diese N a r b e n können der Sitz von N e u r a l g i e n oder P r u r i t u s sein: bilden sich F i s s u r e n, so entsteht B r e n n e n; Andere plagt mit oder ohne I n t e r t r i g o das feuchte Gefühl der prolabirten Scheidenwandungen mit oder ohne Fluor; aus demselben Grunde entsteht das lästige Gefühl, als ob die inneren Theile herausfallen wollten. Dieser mangelhafte Schluss der Vulva, welcher mit dem Fettschwund im höheren Alter zunimmt, lässt Luft in die Scheide eindringen; bei Druck der Bauchpresse entweicht dieselbe in einer für die Pat. fatal hörbaren Weise = **Garrulitas vulvae.**

Therapie: Zur Beseitigung dieser z. t. ernsten Erscheinungen dienen plastische O p e r a t i o n e n, deren in § 8 schon Erwähnung gethan ist. Die Vorbereitungen bedingen z. T. das Gelingen: desinficirendes Ausreiben und Ausspülen von Scheide und Cervix, Entleerung der Blase und besonders des Mastdarmes (schon 2—3 Tage vor der Op.!) Narkose. Wattetampon ins Rectum.

Die Operation kann schon bald nach vollendetem Puerperium ausgeführt werden. Es muss nicht allein die Hautbrücke zwischen den unteren Labienenden wieder hergestellt werden, sondern auch das neue Septum mit seiner vorderen Frenulumkante das Tuberculum Vaginae bedecken, also die vordere Scheidenwand stützen.

Ferner muss dieses neue Dammseptum eine der Fig. 1 auf Taf. 64 entsprechende dicke (im Sagittalschnitt 3-eckige) Gewebsschicht repräsentiren, so dass hinter derselben eine neue fossa navicularis entsteht. Diese dicke fleischige Schicht erhält man dadurch, dass der Schnitt und die ersten Suturen möglichst wenig steil, dagegen tief in die Scheide hinein. und Letztere tief durch die Scheidenwand bis in die Rectalmucosa hinein geführt werden. Diese Scheidennähte halten, durch das dicke resistente Gewebe hindurchgeführt, sicher die ganze plastische Wunde, so dass die vom Damme anzulegenden Nähte nicht mehr viel auszuhalten haben und weniger tief durchzufassen brauchen. Stark gekrümmte Nadeln; ev. versenkte Catgutnähte.

Je nach dem Defect variirt die Form der Anfrischung; ist die Scheide tiefer mit laedirt, bekommt sie n. Hildebrandt-Freund die Form eines „Hutes". — liegen die Hauptdefecte seitlich in der Vulva n. Simon-Hegar diejenige von „Schmetterlingsflügeln".

Bei Letzteren herrscht das Bestreben durch die Anfrischung thunlichst die physiologische Dammfigur wiederzuerhalten. Fritsch hat sich ihnen angeschlossen, indem er zugleich sich möglichst an die meist in die Vagina und aussen beiderseitig verlaufenden Narben hält, dieselben excidirt und die Nähte nach der Scheide, dem Damm und dem Mastdarm legt.

Hildebrandt-Freund-Martin schneiden einen oder zwei oder mehr Zipfel aus der Scheide heraus, d. h. schonen oder beseitigen die Columna rugarum posterior.

Bischoff-v. Winckel-Küstner (Episioplastik) schaffen einen medianen Vaginal- oder 2 seitliche Vulva-Lappen oder Lappen je in Anpassung an die Narbenfigur (weil die hauptsächlichsten Teile der Narben selten median sitzen), also Lappen-Perinaeorrhaphien.

Dagegen fälschlicherweise als Lappen-P. bezeichnet ist die 4. Gruppe der Perinaeoplastiken von Al. Simpson-Lawson Tait-Sänger-Zweifel-v. Winckel: hier handelt es sich um eine möglichst conservative Methode, d. h. um eine Plastik ohne Entfernung von Gewebe. Im Wesentlichen wird, entsprechend dem früheren Dammsaum, ein gebogener querer Schnitt geführt, dieser vertieft und durch eingesetzte Häkchen nach oben und unten auseinandergezogen; sodann wird die ursprünglich quere, jetzt hauptsächlich vertikale Wunde durch vertikale Nahtreihen (eine versenkte und eine oberflächliche) geschlossen. Das Gewebematerial wird also von beiden Seiten herangezogen.

Die completen Dammrisse (III.[0]) werden nach denselben Grundsätzen operirt, nur dass hier der Rectalspalt mitangefrischt und für sich vernäht wird.

Zur Nachbehandlung bleibt die Wunde am besten unbedeckt; jedenfalls muss für peinlichste Reinlichkeit gesorgt und öfters berieselt werden. Die Beine werden mit einem Handtuche zusammengebunden. Die Nähte bleiben möglichst lange (10—20 Tage) liegen; am besten sind also Draht und Silkworm.

Am 3. Tage Defäcation durch Ol. Ric. i. caps.; des Opiums zur künstlichen Koprostase bedürfen wir nicht mehr. Der Effect kann, wenn er ausbleibt, alsdann durch hohes Lavement unterstützt werden. Sollten Fäden einschneiden, werden sie einzeln entfernt. Sollte sich eine Rectum-Vaginalfistel bilden, so wird das ganze Septum durchtrennt und auf's neue, unter Vermeidung von Granulationen als Anheilungsfläche, vereinigt.

Aufstehen nach 2—3 Wochen.

§ 25. Scheiden- und Cervixrisse (Lacerationen des Muttermundes).

a) Einfache Scheidenverletzungen (d. h. ohne Eröffnung von Nachbarorganen) kommen am häufigsten sub partu vor. sonst als Folge ungeschickter und roher Manipulationen (forcirter Coitus, Notzucht, ungeschickte Ausführung operativer Eingriffe und plumpe Einführung der Hand, dabei Einlegung zu grosser Specula, Abortversuche, Aetzungen u. a. m.) oder unglücklicher Traumen, analog den Ursachen von Vulvalaesionen.

Symptome: Oft Heilung per primam; zuweilen schwere Blutungen oder septische Infection. Danach richtet sich die Therapie: Desinfection, Entfernung nekrotischer Fetzen, Umstechung von Gefässen, Vereinigung frischer Wunden, Tamponade mit Alaun-Eisenchlorid oder Jodoformgaze. Alte stenosirende oder atretische Scheidennarben werden theils excidirt, theils gedehnt (manuell und durch Tamponade); es können diese zu langwieriger Behandlung führen und bei vorher erfolgter Schwangerschaft complicirte Entbindungseingriffe nöthig machen (vgl. Atl. II. § 39).

b) Die **Cervixrisse** führen zu **Commissur-** oder **sternförmigen Defecten** (Taf. 10) oder zu **Lacerationsnarben des Mm.'s** und secundär zu **Ektropion** (§ 13 u. Taf. 12) und, wenn sie sich bis in's Scheidengewölbe und das paracervicovaginale Bindegewebe erstrecken, zu Torsionen und fixirenden Verlagerungen des Collum uteri (vgl. § 11 und Taf. 13).

Statt der einfach sich in Narben umwandelnden Risse können dieselbe auch längere Zeit als graugelbliche, randgerötete **Spaltgeschwüre** bestehen. Am häufigsten kommen beiderlei Vorgänge an den Mm.'s-Commissuren vor, weil diese Gewebspartien schlechter heilen. An die Ulcera schliesst sich direkt (oft schon im Puerperium, vgl. § 15) Endometritis bezw. Metritis und Parametritis und secundär Ektropion an; an die Narben direkt Ektropion und dann secundär Uteruskatarrh.

Aus den Narbenzerrungen selbst ergeben sich auch nervöse Reflexe, ähnlich den auch bei anderen Narben beobachteten epileptischen und epileptiformen Anfällen; ferner in die unteren Extremitäten ausstrahlende Schmerzen.

Therapie: Emmet machte zuerst auf diese Spaltgeschwüre und ihre Folgen aufmerksam, und gab zu deren Beseitigung folgendes Verfahren an: aus den mit Häkchen fixirten und ektropionirten Lippen werden die Commissuren-Narben, ev. bis in das Vaginalgewölbe hinein (hier aber wegen der grossen Gefässe nicht zu tief), excidirt und die adaptirten Wundflächen der Mm.'s-Lippen vereinigt. Die Modification nach Martin-Skutsch vgl. pag. 57, oder mit Ausschneidung der gewucherten Schleimhaut vgl. § 14. Sänger gab eine Hystero-Trachelorrhaphie an.

Der Mm. erhält so seine normale Form und Grösse wieder.

§ 26. Traumatische Stenosen und Atresien der Vulva, der Vagina und des Uterus.

Die congenitalen Stenosen und Atresien sind auf pag. 8, 11, 19 und 20 beschrieben.

Anatomie und **Aetiologie:** durch chronische Entzündungsprocesse, umfassende, stark schrumpfende Geschwüre, zu starke Aetzungen, Verletzungen, im höheren Alter, bei acuten Infectionskrankheiten finden Verengerungen oder gar Verwachsungen statt.

Die durch Entzündungen wunden **Labien** verkleben, zuweilen zeitweilig sogar die Urethralmündung. Es kommt zur Stauung der Secrete, bezw. des Blutes im ganzen Genitalkanale.

In der Scheide kommen hauptsächlich durch Verätzungen und im höheren Alter totale Verklebungen vor.

Am häufigsten sind Verklebungen des äusseren Mm.'s. Derselbe ist entweder zu einer kleinen rundlichen vernarbten Oeffnung geschrumpft — oder durch eine Hautbrücke zu 2 kleinen Oeffnungen geworden — oder durch Narben in einen Schleimhauttrichter oder -Wall retrahirt. Die Stenose kann kurz circumscript, sie kann röhrenförmig lang sein, und ebenso endlich zur membranösen oder zur strangförmigen Atresie führen. Seltener sind Atresien des inn. Mm.'s. noch seltener des Ostium tubae. Die anatomischen Veränderungen vgl. in § 1 (6). —

Symptome und **Diagnose:** bei Stenose die in § 3 geschilderten Erscheinungen der Dysmenorrhoe und Sterilität mit primärer oder secundärer Entzündung. Von Stauungserscheinungen bestehen entweder nur Spannung und Uebelkeit oder Koliken.

Bei Atresie treten schwerere Erscheinungen erst mit dem Pubertätsalter ein (vgl. § 1, Nr. 6 bis 8. d); Untersuchung mit Speculum und Sonde; bei Haemato-, Hydro-, Pyo-, Lochio-Metra bimanuelle Exploration des prallelastischen Tumors an Stelle des Uterus. Auf die Dauer treten perimetritische Erscheinungen auf.

Therapie: die in § 3 (3, 4) aufgeführten operativen Erweiterungen durch forcirte Dilatation und durch Discision der Mm.'s-Commissuren sind um noch eine Variation nach v. Winckel zu vermehren, welche bei Verdickung der Portio ausgeführt wird: ist die Portio verdickt und verlängert, so wird sie unter einer elastischen Ligatur abgetragen (§ 8); ist sie aber nur verdickt und der Mm. verengt, so wird die pag. 19 beschriebene Sims'sche Operation ausgeführt und dann kleine Keile aus den 4 Wundflächen geschnitten, welche durch die Commissurenincisionen in jeder vorderen und hinteren Lippe entstanden sind. Suturen der Keildefecte analog der Sims'-schen Methode.

Die erworbene Atresie mit Haematometra ist natürlich viel gefährlicher bzgl. Septicämie als die Congenitale; um so rascher und um so breiter ist die Abfluss verschaffende Incision zu machen (vgl. pag. 11) und, nachdem eine vorsichtige 2%-Carbolausspülung vorgenommen ist, durch Jodoformgaze offen zu halten.

Haematosalpinx und Haematometra bei Uterus bicornis werden per Koeliotomiam abgetragen.

Atresia vulvae aquisita wird durch Lösung der Verklebung und Jodoformgazetamponade, oder event. Vernähung jeder Wundfläche für sich, getrennt.

Kap. II.
Fisteln.

Fisteln bilden sich weitaus am häufigsten als Geburtstraumen, sei es, dass sie rissartig sofort fertig sind, sei es dass sie sich erst secundär durch Ausfallen eines nekrotischen Quetschpfropfes einige Tage post partum zeigen. Andere Fisteln entstehen durch laedirende Pessare (vor allem das geflügelte Zwanck'sche) oder Operationen, Fremdkörper, sonstige Traumen oder durch perforirend ulcerirende Krankheitsprocesse, wie maligne Tumoren (vgl. Taf. 54, 55, 57, 58), diphtheritisch-puerperale luëtische Geschwüre, Blasensteine, perforirende peri- oder parametritische Abscesse oder Hämatocele oder extrauterine Fruchtsäcke (vgl. Atl. II, Fig. 115).

Es können mehrere Fisteln neben einander bestehen (vgl. Fig. im Text 33, 35, und 41 bis 44).

§ 27. Einteilung der Fisteln.

A. Fisteln der Harnorgane.

Anatomie: Wir geben nach den Organteilen, in denen die 2 Oeffnungen einer Fistel münden, folgende Einteilung:
1) Urethro-vaginal F. (Fig. 30 i. Text): mündet unterhalb des Tuberculum vaginae.
2) Die häufigste, die **Vesico-vaginal** F. (Fig. 31 i. Text): jeder Teil der vorderen Blasenwand bis zum Vertex hinauf kann getroffen sein. Je näher dem Scheidengewölbe, desto häufiger; geht die Fistel bis zum äusseren Mm.'s-Rand, so wird sie als

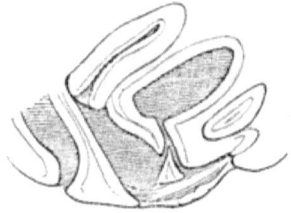

Fig. 30.
Urethro-vaginal Fistel.

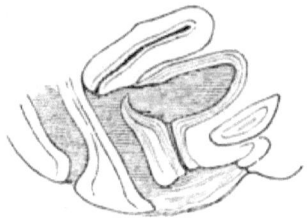

Fig. 31.
Oberflächliche Vesico-vaginal Fistel.

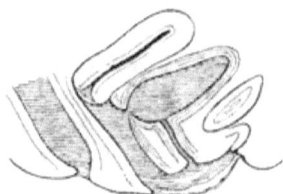

Fig. 32.
Blasen-Scheidengewölbe-Fistel.

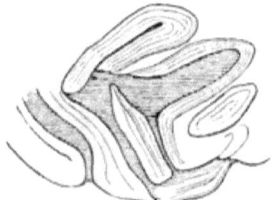

Fig. 33.
Tiefe Vesico-Cervico-Vaginal-Fistel mit Defect der vorderen Mm.'s-Lippe.

3) oberflächliche **Blasenscheiden-Gebärmutter** F. bezeichnet (vgl. Fig. 32 i. Text): sie gewinnt dadurch besondere Bedeutung, weil ihre narbige Zerrung auf die Mm.'s-Lippen und dadurch schon auf den Gebärmutter-Halskanal besonderen Einfluss gewinnt.

Reisst der Mm. mit ein, so haben wir die

4) tiefe **Blasenscheiden-Gebärmutter** F. mit Zerstörung der vorderen Mm.'s-Lippe (vgl. Fig. 33 i. Text): letztere beiden Arten liegen median und sind klein, weil sie durch Quetschung an der Symphyse bei verengtem Becken entstehen.

5) **Vesico-cervical** F. (vgl. Fig. 34 i. Text): sie repraesentiren enge Kanäle, welche bei dem eigenthümlichen anatomischen Verhältniss zwischen Cervix, Portio und Scheidengewölbe mit Vesico-vaginal F. combinirt vorkommen können, indem derselbe vesicale Anfangskanal sich gabeln (vgl. Taf. 35 i. Text) oder ganz teilen kann.

Umgekehrt kann die Rissstelle auch seitlich liegen und die Einmündungsstelle des Ureters in die Blase mittreffen. Liegt die andere Oeffnung in der Scheidenwand, so entsteht die

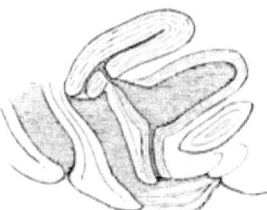

Fig. 34.
Vesico-Cervical Fistel.

Fig. 35.
Vesico-Cervico-Vaginal Fistel
mit Kolpokleisis.

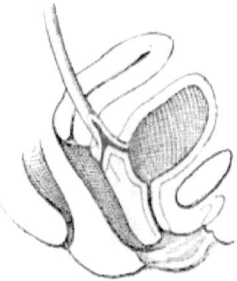

Fig. 36.
Vesico-Uretero-Vaginal Fistel.

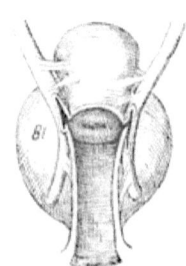

Fig. 37.
Uretero-Vaginal Fisteln
beiderseitig (entzündliche
Adhäsionen).

6) Vesico-Uretero-Vaginal F. (vgl. Taf. 36 i. Text): sie sitzt entprechend dem Verlauf der Ureteren (vgl. Atl. II, § 15) seitlich oder hinten im Vaginalgewölbe.

Reine Ureterenfisteln entstehen, wenn die Verletzungen höher sitzen; auch dann noch können dieselben zum Scheidengewölbe ziehen als

7) **Uretero-vaginal F.** (vgl. Fig. 37 i. Text): die Oeffnung ist wie die aller Harnleiterfisteln schwer zu finden wegen

der Kleinheit. Zu suchen ist sie wie bei 6; oft münden sie, wie die Urethra, auf einer geröteten Prominenz.

8) **Uretero-Cervical F.** (vgl. Fig. 38 i. Text).

Ausserdem gibt es Harnleiterdarm- und Harnleiter-Bauchdecken-Fisteln. Eine durch ihren Ursprung spezifische Urinfistel ist die

9) Vesico-abdominal F. (vgl. Fig. 39 i. Text): hierunter sind verschiedene Grade und Lokalisirungen des Defec-

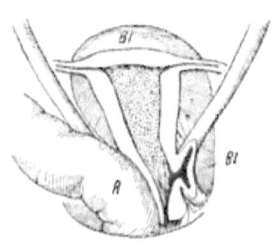
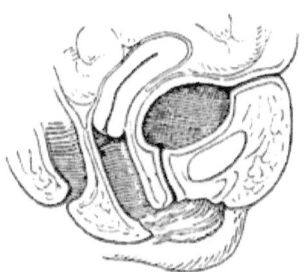

Fig. 38.
Rechtsseitige Uretero-Cervical Fistel. R. = Rectum, Bl. = Blase.

Fig. 39.
Vesico-abdominal Fistel (persistirender Urachus).

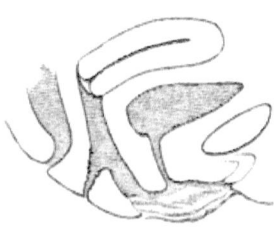
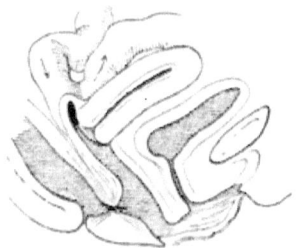

Fig. 40.
Damm. Centralruptur.

Fig. 41.
Ileo-Vaginal Fistel; Rectovestibular Fistel.

tes begriffen; ihr Vorkommen ist sehr selten und sind die meisten derselben cogenitaler Natur, selten die Folge von Perforation bei entzündlicher adhaesiver Blase.

Als Fissurae bezeichnen wir:

a) die Fissura vesicae inferior = Spalte unterhalb der geschlossenen Symphyse, oft mit Clitoris fissa combinirt;

b) die Fissura vesicae superior = Spalte oberhalb der normalen Schoosfuge; ein wirklicher Fistelgang ist

c) die Fistula vesico-umbilicalis i. e. der persistirende Urachus.

Die extremen congenitalen Defecte sind

d) die Blasenspalten = Eversio (Exstrophia, Ektopia) vesicae mit oder ohne Symphysis fissa (vgl. § 1).

10) Ileo-vesical F., bzw. Ileo-uretero-vesical F. (vgl. Fig. 44 i. Text): von den traumatischen und ulcerös-perforativen Communicationen zwischen Blase und Darm ist diejenige mit dem Dünndarme die häufigere. Es existiren auch Blasenmagenfisteln.

11) Recto-vesical F., bzw. Recto-ureterovesical F. (vgl. Taf. 43 i. Text): entsteht durch perforirende Beckenabscesse.

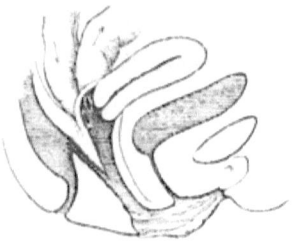 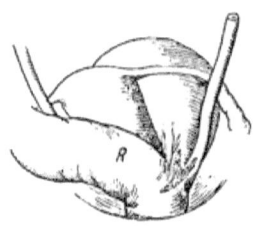

Fig. 42.
Anus praeternaturalis ileo-vaginalis;
Rectovaginal Fistel.

Fig. 43.
Vesico-Uretero-Rectal Fistel.
Sinistropositio Uteri. R = Rectum.

Fig. 44.
Ileo-Uretero-Vesical Fistel.
D = Ileum in der Excavatio vesico-uterina.

B. **Darmfisteln.**

1) **Recto-vaginal F.** (vgl. Fig. 42 i. Text), bzw. Rectovestibular (wenn ausserhalb des Hymens) F. (vgl. Fig. 41 i. Text.)

2) Ileo-vaginal F. (vgl. Fig. 41 i. Text): eine Oeffnung im Dünndarme führt (meist) in das Scheidengewölbe, so dass die Hauptmenge der Faeces im Darme selbst fortgleitet. Anders, wenn das obere Ende der Darmrupturstelle ganz

in der Scheide einheilt; es findet dann völlige Defaecation durch die Vagina statt; diese Communication wird als

3) **Anus praeternaturalis ileo-vaginalis** bezeichnet (vgl. Fig. 42 i. Text). Beide kommen sehr selten und ebenso gut in der vorderen wie in der hinteren Peritonealtasche vor.

Grösse und Gestalt der Fisteln variiren sehr; i. Allg. sind sie, frisch entstanden, weiter, später narbig geschrumpft. Entweder sind sie kanal- oder rissförmig. Vesico- und Recto-Vaginalfisteln sind die grössten. Die Länge ist verschieden nach der Entstehungsursache; — sehr lang und multipel z. B. können sie sein, wenn ein Abscess nach beiden Hohlorganen durchbricht. Das erwähnte Narbengewebe wird um so umfangreicher um die Fistel herum, je mehr das Gewebe durch Quetschung nekrotisirt und allmählich abgestossen worden ist — oder: glattgeschnittene Fisteln sind von viel gesunderem Gewebe umgeben. Im Beginne secernirt eine jede Fistel Wundflüssigkeit und bildet Granulationen.

Die begleitenden Verletzungen können so bedeutend sein, dass der Uterus in den Narbenmassen nicht zu finden ist.

Wird der Urin stetig auf dem neuen Wege entleert, so contrahiren sich die nicht mehr harnführenden Theile und schrumpfen, — oder obliteriren sogar, soweit es sich um Ureteren oder Urethra handelt! Da bei grösseren Vesico-Vaginalfisteln sich die Blasenwand in das Scheidenlumen einstülpt, so entstehen hier leicht katarrhalische Entzündungs- und polypöse Wucherungszustände, welche bedenkliche Nierenentzündungen im Gefolge haben können. Die weiteren Folgen sind pericystische Reizungen und Adhäsionen.

Ebenso entzünden und incrustiren sich die Genitalschleimhäute incl. der Vulva durch die stete Berieselung mit dem (allmählich in Zersetzung übergehenden) Urin.

Analog entwickeln sich Proktitiden. Bei ulcerösen Perforationen findet eine Senkung von dem zuerst ulcerirten Organe aus statt, so dass die Fistel schräg verläuft mit der grösseren primären Oeffnung (vgl. Fig. 42 i. Text).

Symptome: unwillkürlicher Urinabgang, indessen wechselt diese Erscheinung je nach der Art der Fistel und danach, ob die Pat. steht oder liegt oder bei geschwollener Vulva den Urin liegend in der Scheide zurückhält. Der Abfluss tritt nicht sofort nach der Verletzung, sondern bie Drucknekrose erst nach mehreren Tagen ein, nach Ausstossung des Pfropfes.

1) Bei Urethrovaginalfisteln kann der Sphincter und damit der willkürliche Verschluss erhalten sein; aber die Richtung des Urinstrahles ist eine andere geworden;

2) bei Vesico-Vaginalfisteln (mit grosser und nicht durch Narbenmembranen verengter Öffnung oder ventilartig wirkendem Steine u. dgl.) findet dauernder Abfluss statt.

3) bei Blasen-Scheidengewölbe- und Vesico-Uterin F. kann die Pat. im Stehen den Urin halten, so lange der untere Blasentheil sich füllt. Im Liegen fliesst dieser gleich in die Vagina; ausserdem wirkt der Uterus beim Stehen der Pat. entweder als Hebel oder als Ventil, indem er durch das Nachvornsinken des Körpers teils die Wandung mit der Fistelöffnung verzerrt und verschiebt, teils durch die Portio verschliesst (bei Vesico-uretero-uterin oder -Vaginal F.);

4) bei Ureter-Fisteln findet willkürliche Entleerung statt, da nur wenig durch die feinen Fistelgänge entweichen kann oder bei einseitiger Läsion nur von der betr. Niere her entleert wird. Beim Entleeren fliesst ein Teil aus der Scheide nebenher.

5) bei kleineren Recto-Vaginalfisteln gehen nur Flatus und diarrhoische Stühle unwill-

kürlich ab, — bei grösseren auch feste geformte Faeces.

Durch die narbige Schrumpfung nehmen die Mengen-Verhältnisse allmählich ab.

Der alles benetzende Urin erzeugt einen durchdringenden Uringeruch, Katarrhe der Genitalien, Wundsein der äusseren Theile, Erkältungen; es treten Störungen im Schlafe und Appetit ein: die Pat. muss sich isoliren, wird arbeitsunfähig, fällt ihrer Umgebung zur Last, und alles dieses ruft eine melancholische Stimmung hervor. Fast das gleiche gilt von den Darmfisteln. Diesem Sinken des Allgemeinzustandes erliegen die Pat. nach Jahrzehnten.

Diagnose: am leichtesten sind die an der Vorderwand der Scheide sitzenden Fisteln zu erkennen — durch einfache Digitalexploration, wenn von der Grösse einer Fingerkuppe. Sonde oder Katheter von der Blase her durchführen.

Bei kleinen und vor allem seitlich oder im Cervicalkanal mündenden Fisteln Nachweis durch Einlauf einer gefärbten Flüssigkeit in die Blase (Milch, Sol. kal. permangan.) und genauer Einstellung der undichten Stelle im Speculum; Fixation der Letzteren mit Häkchen und Feststellung des Verlaufes des Kanales durch feine Sonden. Bei Vesico-uterin-Fisteln muss also der Mm. evertirt, ev. dilatirt oder gespalten werden; ebenso müssen Stenosen vorher beseitigt werden.

Wenn wohl Urin, aber keine gefärbte Flüssigkeit durch die Genitalien abläuft, so handelt es sich um Ureter-Fisteln. Vgl. die anatom. Angaben! Die Ureter-uterin F. stellt man gegenüber der entsprechenden Vaginalf. dadurch fest, dass man den Mm. fest tamponirt und die Scheide nunmehr trocken bleibt.

Bleibt man im Zweifel, so wird mit Simon'schen Harnröhren-Specula dilatirt und das Blaseninnere palpirt. Dieses Verfahren gibt auch Aufschluss bei Verdacht auf noch anderweitige Blasenfisteln (Ileo-vesical F. etc.). Als ultima ratio macht Trendelenburg den hohen Blasenschnitt (S. suprapubica).

Bei Darmfisteln entscheidet die Art der Ingesta, bzw. Faeces (Ileum s. Colon-Rectum).

Therapie: entsprechend der modernen vorgeschrittenen Technik ist der **blutige** Schluss der **Urin-Fistel** die naturgemässe Methode. Noch mehr als bei Kolporrhaphie und Perinaeoplastik handelt es sich hier um minutiöseste Exactheit, u. zw.:

1) in der Blosslegung des Operationsfeldes, unter ergiebiger Benutzung der Simon'schen hinteren und vorderen Rinnen, der Seitenhebel und von feinen einfachen und Doppelhäkchen, ev. von Kugelzangen und Muzeux'schen feinen Krallenzangen.[1]) In der schwierigen Zugänglichkeit der Fistel bestand früher die Hauptursache des so häufigen Misslingens. Ist die Scheide stenosirt, muss sie erst mechanisch oder blutig dilatirt werden.

Die Pat. liegt in Steissrückenlage, die Beine rechtwinklig gegen den Rumpf emporgeschnallt.

Um in der Tiefe und dem schmalen Raume operiren zu können, bedient man sich der langgestielten feinen geraden und winklig gebogenen Simon'schen Fistelmesser. Die Fistelränder selbst werden mit feinen Häkchen gefasst. Die sich etwa einwulstende vordere Blasenwand wird mit einem dicken Katheter zurückgehalten.

2) Wichtig ist die richtige Wahl der Anfrischungsweise, je in Anpassung an die leichteste natürliche Adaption der Fistelränder, wobei die etwa eingestülpte Blasenwand mit angefrischt und vernäht wird, während eine umgestülpte Scheidenwand in die Vagina zurückgelegt wird. Das narbige Gewebe wird excidirt. Die Blasenschleimhaut wird am besten intact gelassen, da die Nähte leicht mit Harnsalzen incrustiren und dann zu Harnsteinen oder zu erneuter feiner Fistelbildung Anlass geben. Genügt die einfache Anfrischung nicht, so müssen Lappen gebildet werden (T oder Y.)

3) Die Nähte dürfen nicht zu fest angezogen werden und nicht zu dicht aneinander liegen ($^3/_4$ cm). Die Sutur muss stets durch die ganze Wandtiefe der Fistel erst der einen, dann der gegenüberliegenden Seite gelegt und so durch Zusammenziehen die beiden Wände aneinander gelegt werden. Durch die Nähte müssen etwa spritzende Gefässe mitgefasst

---

[1]) oder in Ermangelung von Assistenten: ein sich selbst und die Scheide in Querspannung haltendes Speculum (am besten das Bozeman'sche) und die hintere Simon'sche Rinne (n. Fritsch am Tisch festgeschroben.)

werden. Als Nahtmaterial: Seide oder Fil de Florence. Als Nadeln: Simon'sche Fistelnadeln oder Hagedorn'sche.

Ist die Urethra stenosirt, so muss sie forcirt dilatirt werden.

Cervicalfisteln werden nach Discision der Mm.'s-Lippen operirt. Ureterenfisteln werden plastisch mittelst ovalförmigem Lappen geschlossen, welcher über einem in den Harnleiter eingelegten Katheter vernäht wird (nachdem vorher eine künstliche Blasenscheidenfistel geschaffen ist = Kolpocystotomie, um den Harnleiterkatheter einlegen zu können). (Simon. Schede.)

Misslingen diese Operationen, so bleibt die quere Obliteration der Vagina (= Kolpokleisis, Simon) i. e. die Schaffung eines Urinreservoirs in der oberen künstlich atretisch gemachten, aber gegen die Blase hin offenen Scheidenhöhle, — oder die Hysterokleisis, i. e. die Anfrischung und Vernähung der Mm.'s-Lippen. Fast analog können Blasenscheiden-Gebärmutter F. durch Einheilung der vorderen, bzw. hinteren Mm.'s-Lippe geschlossen werden. Der so geschaffene Zustand ist durch Entstehen von Incrustationen, Katarrhen u. s. w. ein wenig ansprechender, so dass in einigen Fällen die Obliteration wieder beseitigt werden musste. Ein Münchener Fall wurde danach von v. Winckel noch zur dauernden Fistelheilung gebracht.

Nachbehandlung: Ausspülen der Blase unmittelbar post op. mit einem Antisepticum (ev. Nachweis der erzielten Dichtigkeit mittelst Milch oder Kal. permangan). Später braucht nur dann katheterisirt zu werden, wenn die Pat. nicht spontan entleeren kann. Bettruhe nur einige Tage; Seidennähte nach 5 Tagen, Silkworm nach 8 Tagen entfernt. Scheidenausspülungen nur bei foetidem Ausfluss. Etwaige Nachoperation nach 4 Wochen.

Scheiden-**Mastdarm**fisteln sind in den meisten Fällen ebenfalls operativ zu behandeln, und zwar fast ausnahmslos entweder nach ovaler Umschneidung oder nach Lappenbildung von der Scheide aus vernäht in einer den Urinfisteln analogen breiten tiefen Umstechung. Sehr feine oder mit Analdefect oder nach Perinaeoplastiken bestehen bleibende Fisteln werden mittelst Durchtrennung des ganzen recto-vaginalen Septum geschlossen. Vorher wird mehrere Tage laxirt und beide Hohlorgane ergiebig antiseptisch ausgespült. Während der Op. wird der obere Fistelrand mit Häkchen herabgezogen und das Rectum mit einem Wattetampon oberhalb der Fistel geschlossen. Nachher flüssige Diät und milde Kathartika.

Die **Ileovaginal**fisteln werden in der Weise geschlossen, dass mittelst einer Klemmzange das Septum der beiden Dünndarmenden von der Scheide aus zur Nekrose gebracht und es so möglich gemacht wird, dass nach plastischem membranösem Verschluss der Scheiden-Dünndarm-Oeffnung die Ingesta bequem in der wieder verschlossenen Dünndarmschlinge ihren Weg nehmen können.

Kauterisationen mittelst Acid. nitr. fum. oder sulfur., Zinc. chlor., Wiener Aetzpaste, Kal. caust., Arg. nitr., ferr. cand. sind unzuverlässig, meist sehr langsam wirkend und endlich (durch Bildung von harten blutarmen Fistelrändern) das Gewebe ungünstig für später nötig werdende Operationen beeinflussend. Demgemäss nur für **lange feine** Fisteln mit kräftigen Granulationen, dagegen nicht bei harten callösen Rändern brauchbar. Ev. combinirt mit Fritsch's Dauerkatheter (vgl. § 22.)

Kapitel III.
Traumatische Blutergüsse.

Traumatische Blutergüsse können in das die Genitalien umgebende Bindegewebe hinein stattfinden = Haematome, oder in die Bauchhöhle hinein = Haematocele intraperitonealis.

§ 28. **Haematoma**: a) **Vulvae**, b) **retro-** oder **peri-** oder **anteuterinum extraperitoneale** (Haematocele extraperitonealis).

a) **Haematoma vulvae** (vgl. Taf. 2 Fig. 1) ein plötzlich unter Jucken und Schmerz entstandener, prall-elastisch-fluctuirender, bläulich durchschimmernder Tumor in den Labien. Therapie: Eisblase und Compression; wenn Haut nekrotisch verfärbt: Incision, Jodoformgaze, Tamponade; langsame Heilung.

b) **Haematoma retro-, peri- und anteuterinum extraperitoneale** (vgl. Taf. 42 Fig. 3), besonders im Lig. latum, sich ev. senkend neben der Vagina bis zum Beckenboden. Im Anschluss an ein Trauma (Fall) plötzlicher Anämie-Collaps und heftiger Schmerz im Becken; Harn- und Stuhlbeschwerden. Fieber und Bauchfellreizung fehlen — es sei denn, dass das Lig. lat. rupturirt und eine Haematocele intraperitonealis des Douglas-Raumes entstanden sei.

Im ersteren Falle fühlt man bimanuell den Douglas-Raum leer, dagegen das hintere Scheidengewölbe gesenkt oder seitlich vom Uterus einen prall-elastischen Tumor.

Therapie: Ruhe; horizontale Lage, Kopf niedrig; Analeptika. Ev. Incision.

§ 20. Haematocele retrouterina intraperitonealis.

Betr. **Definition** und **Aetiologie** vgl. die Erläuterung zu Taf. 42, Fig. 2.

Symptome: Plötzlicher Anämie-Collaps und Schmerzen in Folge von peritonealer Reizung. Treten keine Infectionskeime aus dem Blute oder durch die Tube oder aus den Parametrien in das ergossene Blut über, so verläuft die Resorption fieberlos; im anderen Falle heftigere peritonitische Schmerzen und Fieber.

Aus dem Uterus: protrahirte Abgänge von nicht frischem Blute (nach v. Winckel durch die Tube aus den ergossenen Blutmassen in die Gebärmutter geleitet).

Durch den Druck auf die Nachbarorgane: Neuralgien und Dysmenorrhoe (Ovarien, vgl. § 23; von dem Plexus sacroischiadicus aus in den Oberschenkeln), Obstipation, Harnbeschwerden.

Durch weitere Blutungen, — wie sie besonders nach vorher gegangenen Perimetritiden vorkommen können, — wiederholte plötzliche Verschlimmerungen, bis endlich Resorption, selten Durchbruch in Hohlorgane (am meisten noch in's Rectum) mit Gefahr der Verjauchung. Nach der Resorption hinterbleibt eine Schwiele.

Diagnose: mit grösster Vorsicht bimanuell untersuchen, theils damit keine weiteren Blutungen stattfinden, theils damit der sich selbst fibrinös abkapselnde Tumor nicht wieder in die freie Bauchhöhle hineinplatzt, theils damit keine Keime aus der Tube hineingepresst werden; ausserdem ist die Berührung des hinteren Scheidengewölbes sehr schmerzhaft. Auch alle sondirenden oder incidirenden Manipulationen sind zu unterlassen!

Der Uterus ist anteponirt; das hintere Scheidengewölbe durch einen prall-elastischen Tumor hinabgewölbt. Der Douglas-Raum ist durch ihn nach oben hin rundlich ausgefüllt, derart dass die Tumorconturen continuirlich in den Uterusfundus-Rand übergehen; daher zuweilen Verwechslungen mit Uterus retroflexus gravidus, zumal wenn hierbei Perimetritis. (Betr. Diff. Diagn. vgl. sub „Ovarialkystom"). Die Anamnese und obige Symptome geben weitere Anhaltspunkte. Das Kleiner- und Knolligwerden des Tumors bei Fieberlosigkeit spricht für H.

Therapie: absolute Bettruhe und Vermeidung aller therapeutischen inneren Untersuchungen und Eingriffe; ausserdem: Eisblase, Opium oder Morphium oder Chloral als Klysma (zur Herabsetzung der Herzaction.) Dauert der Collaps fort und besteht Grund zur Annahme einer Extrauteringravidität (vgl. Atl. II, § 44—46): Koeliotomie.

Droht ein Durchbruch oder bestehen heftige Schmerzen und Fieberanfälle und bleibt der Tumor gleich, so wird an der prominentesten Stelle von der Scheide aus incidirt und der Sack drainirt und unter geringem Druck täglich ausgespült; Eisblase, blande Diät, Lavement, milde Laxantien. Sonst Koeliotomie. Bei Perforation in's Rectum wegen Verjauchungsgefahr nicht untersuchen!

Die eingetretene Resorption wird durch Resorptivkuren (vgl. § 18) unterstützt. Ruhe während späteren Menstruationen, während welcher leicht neue Haemorrhagien!

Prognose: je früher und zweckmässiger nach Obigem behandelt, desto günstiger ist die Pr. für eine in einigen Wochen bis Monaten vollständige Resorption. Bei Perforationen ist die Pr. von der Handhabung der Antisepsis abhängig; am günstigsten der Durchbruch in den Mastdarm. Ist die H. einmal gebildet, so ist bei Extrauteringravidität die Hauptgefahr, der Verblutungstod, schon überstanden.

Kapitel IV.
Fremdkörper im Genitalkanal und in der Harnblase.

In obige Organe gelangte Fremdkörper können entweder durch den Vorgang ihres Eindringens verletzend wirken oder erst durch längeres Liegen entzündliche Erscheinungen hervorrufen. Die Behandlung der ersten Gruppe hat nach §.24. 25 zu geschehen.

§ 30. Fremdkörper

gelangen in die Blase oder die Scheide oder den Uterus aus viererlei Ursachen:

a) zurückgebliebene therapeutische Instrumente u. dgl.: Stücke von Scheidenrohren, Glasspecula, incrustirte Pessarien, Nadeln, Tampons, Laminaria, vergessene lange Seidensuturen etc.

b) durch masturbatorische, perverse oder verbrecherische Manipulationen: Haarnadeln, Nadelbüchsen, Kerzen, Bleistifte, Tannenzapfen, Pommadenbüchsen, Garnspulen; — Tampons, Schwämme und Occlusivpessare (zur Verhütung der Conception); — Stricknadeln u. a. spitzige Instrumente (zur Abtreibung der Frucht).

c) durch Sturz auf einen spitzigen Zaun u. dgl.

d) aus dem eigenen Körper stammend: perforirende Tumoren, wie Dermoidcysten (Zähne, Haare, analog. der Taf. 17, 2 in das Rectum), Extrauterinfruchtsäcke (Atl. II. Fig. 115). Echinokokkusblasen, Fisteln von anderen Hohlorganen her. Dahin gehören auch im Uterus zurückgebliebene Eitheile. Blasensteine, incrustirte Katheter oder abgebrochene Katheterstücke.

Die Folgen sind die in den §§ 22, 24, 25 und in der Erläuterung zu Taf. 60 beschriebenen, meist entzündlicher, ulcerativer oder fistulöser Natur.

Therapie: Die Entfernung incrustirter Pessarien ist bei Taf. 60 angegeben.

Jeder Extraction aus dem **Genitalkanal** ist eine desinficirende Ausspülung vorauszuschicken (theils wegen vorhandener Entzündung mit foetidem Fluor, theils wegen der bei der Extraction leicht erfolgenden Mucosa-Verletzungen).

Die Corpp. al. sind vorsichtig mit dem Finger zu extrahiren. Misslingt dieses, so wird zu Instrumenten gegriffen (Kugel-, Polypenzange, Häkchen), unter sorgfältiger Deckung der Schleimhaut gegen etwaige Spitzen.

Misslingt auch dieses, so werden entweder die Objekte verkleinert oder Incisionen gemacht. Bei solchen Fällen muss tief narkotisirt werden.

Bei Fremdkörpern in der **Blase** wird die **Diagnose** mit dem Metallkatheter oder bimanuell oder nach Urethradilatation (vgl. § 22) gestellt. Letztere braucht man auch zur Entfernung: neben dem touchirenden Finger wird die Kugelzange dem fremden Körper angelegt, u. zw. thunlichst einem Endpunkte desselben, damit er sich nicht quer stellt. Oder der Fremdkörper wird in das Speculum eingestellt. Zuweilen ist die Füllung der Blase mit Borwasser zweckmässig. Ist der Körper zu gross, so wird er verkleinert, sonst — Kolpocystotomie, bei Kindern Sectio suprapubica.

Die **Blasensteine** nehmen nicht nur den übrigen Fremdkörpern gegenüber aetiologisch, symptomatologisch und therapeutisch eine gesonderte Stellnng ein, sondern auch gegenüber dem gleichen Leiden bei dem Manne, u. zw. zeigt sich dieser Unterschied schon im kindlichen Alter: die Kürze und bedeutendere Weite der weiblichen Urethra lässt Steine bis Kirschkerngrösse passiren, so dass seltener Concremente zu Steinen durch Apposition von harnsauren Salzen weiter anwachsen können.

Aetiologie und **Symptome**: alle Fremdkörper, wozu auch Schleim- und Eiterpartikel bei Blasenkatarrh, sowie Tumoren, gehören, werden mit Niederschlägen von harn-, phosphor-, oxalsauren Salzen sowie Cystin incrustirt. Alle Blasenkatarrh und sonstwie allgemeine oder partielle Harnretention hervorrufende Momente (Blasenparalyse, Cystocele, Divertikel) sind auch Ursachen der Steinbildung. Umgekehrt erregen Steine wieder Blasenkatarrh, so dass die Symptome des letzteren zugleich das Krankheitsbild des Steinleidens zusammensetzen helfen.

Der Stein reizt die Blase: Hyperämie, Hypersecretion, Blutungen, Schmerzen (local und ausstrahlend in die Genitalien, Kreuzlendengegend, untere Extremitäten) Krampf. Die locale Reibung führt zur Ulceration, zu perforirendem Abscess, zur Fistelbildung.

Im Urin also: Schleimwolken, Eiter, Blut, Pflasterepithelien.

Diagnose: durch bimanuelle Untersuchung; Einführung des Katheters, Urethradilatation (vgl. § 22) wird der Stein leicht gefühlt. Ob in Cystocele oder Divertikel, nachweisbar durch Verschiebung mittelst Katheters, nachdem die Blase mit 2% Borwasser gefüllt ist.

Therapie: a) prophylaktisch: Beseitigung der Ursachen, wie Blasenkatarrh, Cystocele, Fremdkörper, Fisteln;

b) radical: Entfernung der Steine:
1) durch die Harnröhre, nach Dilatation derselben (vgl. § 22); 2) durch die Kolpocystotomie = Eröffnung der Blase von der Scheide aus durch einen T-Schnitt, dessen oberer Querarm im Scheidengewölbe dicht an der vorderen Mm.-Lippe gelegt wird. Genügt diese Methode wegen Grösse der Steine oder Enge der Genitalien nicht, so wird die

3) Sectio alta (Cystotomia suprapubica) ausgeführt: nach entleertem Darm werden 350 g 2% warme Borlösung in die Blase eingeführt, um das Peritoneum mit der Blase über die Symphyse zu heben. 5—7 cm langer Schnitt in der Lin. alba direkt an der Symphyse beginnend (oder entsprechender Querschnitt, Trendelenburg). Dicht über der Symphyse 1—2 cm. die Fasc. transv. durchtrennen, den Schnabel des (in der Blase liegen gelassenen) Katheters gegen die Wunde heben und ihm entgegen die Blase anschneiden; die Blasenwundränder festhalten!

Gruppe V.
Neubildungen.

Aetiologie: Wie die Entstehungsursachen der Geschwülste überhaupt in's Dunkle gehüllt sind, so auch an den weiblichen Geschlechtsorganen. Wohl aber springt es in die Augen, dass Organe, — welche einerseits einem so regen und so sehr variablen Stoff-, Form- und Structurwechsel unterworfen, andererseits so vielen mechanischen und bacillären Schädigungen, Verletzungen und nervösen Reizzuständen ausgesetzt sind, — leicht gleichsam ihr Structurgleichgewicht, d. h. das physiologische Verhältniss der einzelnen Gewebsarten zu einander, verlieren können.

Wir beobachten Wucherungen bei langdauernden Entzündungen i. allg. (vgl. Gruppe III, Kap. I und § 22) oder bei specifischen Infectionsentzündungen (vgl. §§ 12, 20 und 21). Wir können ferner verfolgen, wie solche Entzündungswucherungen allmählich das physiologische Verhältnis der epithelialen zu den bindegewebigen Gebilden oder der zelligen zu den Faserelementen verlieren, also atypisch werden und einen malignen Character annehmen (vgl. Endometritis fungosa und Erosio papilloides § 13 sowie Taf. 7 und 50). In gleicher Weise sehen wir auch ganz gutartige Wucherungen, wie z. B. das Myxofibrom einen sarkomatösen Charakter annehmen; die Pigmentnaevi der Vulva haben eine grosse Neigung, sich plötzlich in die bösartigsten Melanosarkome umzuwandeln. Wiederholte Anätzungen, Excochleationen und hierbei unglücklicherweise erfolgende Infectionen haben zweifellos schon öfters den Anstoss zur Malignitäts-Metamorphose gegeben. Wie bei allen Epitheliomen, so ist auch hier das Alter der Menopause hauptsächlich davon betroffen.

Für die Entstehung der **bösartigen Epitheliome** besteht offenbar sowohl nach den Praedilectionsstellen an Vulva und Cervix uteri als auch nach der Häufigkeit des Vorkommens bei Pluriparae ein Zusammenhang mit der **Vulnerabilität** dieser Teile, analog der durch Mastitisnarben gegebenen Praedisposition für spätere Mammarcarcinome, — sei es nun, dass man in den Narben an sich oder in der ursprünglichen oder etwa einer specifischen Infection die Ursache sucht.

Für die sarkomatösen und die malignen kystomatösen Geschwülste fehlt jeder aetiologische Anhaltspunkt; erstere kommen sogar relativ oft im kindlichen Alter oder congenital vor. Bei den Dermoidcysten scheinen wir es mit einer Art „Intrafoetation" zu thun zu haben.

Während die Schleimhautpolypen überwiegend oft als circumscript entzündliche Wucherungen (Endometritis polyposa) anzusehen sind, fehlt für die Wucherung der Muscularis uteri, die Myome und Fibromyome, jeglicher aetiologische Anhalt; sie kommen freilich weit häufiger bei Frauen, die nie oder nur wenig geboren haben, vor. Vielleicht ist die Kinderlosigkeit (trotz regelmässigen sexuellen Verkehrs), vielleicht aber sind auch die Ursachen der Kinderlosigkeit zugleich Myomatose hervorrufend; oft genug besteht secundäre Wucherung der Mucosa und mag diese dann Ursache der Sterilität sein.

Kapitel I.
Gutartige Tumoren.

Unter gutartigen Tumoren verstehen wir anatomisch solche, welche die typische Structur des Gewebes, dem sie entstammen, beibehalten und nicht unter überwiegender Zellwucherung alle übrigen Gewebe gleichsam „auffressen" und ulcerativ zerfallen lassen, oder durch Metastasen weithin destruirend wirken. Klinisch indessen können bestimmte anatomisch gutartige Tumoren gar wohl für den Organismus perniciöse Folgen haben. In diesem Kap. werden nur die absolut gutartigen Tumoren behandelt.

§ 31. Gutartige Tumoren der mit Plattenepithel bedeckten Schleimhäute (Cutistumoren der Blase, Vulva und Vagina und der ihnen eingelagerten Organe).

Die mit Plattenepithel bedeckte Schleimhaut kleidet die Vagina, das Vestibulum, die Blase und Urethra, und im weiteren Sinne die Vulva aus. Sie besteht aus mehrschichtigen, auf kuboiden Matrixzellen ruhenden Plattenepithelien, dem Bindegewebe der Cutis, welches einen in der Form variabelen Papillarkörper bildet (vgl. Taf. 5 u. Atl. II. § 17) und dem Fettkörper. Eingelagert sind Lymphgefässe und Lymphfollikel, — Blutgefässe, welche in der Clitoris, den Nymphen und der Umgebung der Harnröhre bedeutende cavernöse Schwellkörper bilden — ferner Talgdrüsen, die beiden mit Cylinderepithel ausgekleideten Bartholin'schen Drüsen (vgl. Taf. 4) und die ebenso versehenen Drüschen und Drüsengänge der Urethra (Skene'sche Drüsen, vgl. Fig. 20 i. Text) und der Harnblase (die Scheide hat nur ausnahmsweise Glandulae aberrantes), — endlich Muskelfasern und Nerven. Aus irgend einem dieser Gewebe entspringen die hier in Frage kommenden Tumoren. Wir unterscheiden demnach:

1) Papillome und Condylome, sowie Lupus der Vulva (vgl. § 12 u. 20; Taf. 3 u. 6) und selten der Vagina.
2) Condylome (Carunkel) der Urethra (vgl. Taf. 3, Fig. 1);
3) Papillome der Harnblase. —
4) Fibrome, Myxofibrome, Fibromyome der Vulva;
5)   „   „   „   „ Vagina;

6) Schleimhautpolypen oder papilläre polypöse Angiome. Fibrome. Fibromyome der Urethra;
7) Schleimhautpolypen. Fibrome. Fibromyome der Harnblase. —
8) Lipome der Vulva. meist polypös gestielt. und der Vagina. —
9) Elephantiasis lymphangiektatika Vulvae (vgl. Taf. 3 u. 6);
10) Cysten der Vulva (gland. Bartholiniana: ferner in der Clitoris- und Urethragegend; verstopfte Talgdrüsen der Nymphen, Hydrocele canalis inguinalis und der Vagina (wozu auch die Trimethylamin bildende Kolpohyperplasia cystica gehört).
11) Cystöse Myxoadenome der Urethra;
12) Cysten der Blasenschleimhaut (fand ich ein Mal bei einem Foetus, vgl. v. Winckel's Ber. u. Stud. München.)

Diagnose und **Therapie**: die Neubildungen der **Vulva** werden meist polypös, sind daher leicht mit Scheere, Messer oder Galvanokauter bzw. Paquelin abzutragen; der letztere eignet sich besonders gut bei breitbasigen oder sehr gefässreichen Tumoren.

Fibromyome der **Vagina** sind selten, können aber so gross werden, dass sie den Uterus über den Beckeneingang emporheben und die sexuellen Functionen ebenso stören wie die von Blase und Darm. Sind sie breitbasig inserirt, so werden sie aus ihrem Bette ausgeschält. Zuweilen degeneriren sie myxomatös; jedenfalls ist darauf zu achten, ob es sich auch thatsächlich um Scheidentumoren handelt.

Scheidencysten kommen je nach der Herkunft in verschiedener Grösse und Beschaffenheit vor: mit Flimmerepithel und serösem Inhalte als Reste eines Gartner'schen Ganges oder einer Vagina septa (vgl. Fig. 20 i. Text nach meinem Präparate eines Foetus), — oder mit mehr oder weniger blutgefärbter Flüssigkeit als Rest eines resorbirten Haematoms.

Ein breites Stück der Wand wird excidirt und die Höhle tamponirt,

Die Geschwülste der **Urethra** sind sehr

empfindlich und bluten leicht. Die oft mit Jucken oder lästiger sexueller Erregung oder Harnzwang combinirten Schmerzen strahlen in die Umgebung aus und können Krampfanfälle auslösen. Das Uriniren ist schmerzhaft und abgesetzt oder unterbrochen. Werden die Geschwülste grösser, so ragen sie zur Harnröhren-Mündung heraus; anderenfalls zieht man sie mit feinen Häkchen zu Tage oder incidirt resp. dilatirt die Urethra.

Letztere Vorbereitungen müssen auch für die Entfernung der Tumoren getroffen werden: Abbindung und Abtragung derselben, ev. Paquelin oder Ecraseur (Drahtschlinge).

Die Papillome u. s. w. der **Harnblase** geben sich zuerst durch unbestimmten Druck in der Blasengegend kund, sodann durch frühzeitige Beschwerden beim Uriniren (Harnzwang, -Drang, Ischurie). Weiterhin entstehen ausstrahlende heftige Schmerzen. Bei der leichten Verletzbarkeit der Tumoroberfläche entstehen häufige Blutungen und damit ein besonderes auffallendes Symptom: Haematurie, welche durch Fibrinbildung zur Verstopfung der Harnröhre beim Uriniren führen kann. Erst dann entsteht Zersetzung des Urines und damit alle Erscheinungen des Blasen-Katarrhes. Da sich Partikel der Neubildung loslösen, so rufen auch diese Verstopfungen der Urethra oder Concrementablagerungen, i. e. Steinbildungen hervor.

Bei solchen Anzeichen: Dilatation der Urethra und Palpation des Blaseninnern. Mikr. Untersuchung der Tumorpartikel; sind dieselben intact, nicht zerfallen, so spricht dieses für eine gutartige Neubildung. Zu denken ist an perforirende Tumoren, z. B. Dermoidcysten, extrauterine Fruchtsäcke.

Die Entfernung der Tumoren geschieht nach Erweiterung der Harnröhre unter Einführung des linken Zeigefingers und des Drahtecraseurs

mit der rechten Hand. Ist der Tumor breitbasig inserirt oder zu gross, so wird er incidirt oder bimanuell zerdrückt. Der Blutungen wird man durch Betupfen mit Liqu. ferri sesquichlor., Ferripyrin, Einspritzen von Eiswasser, Auflegen der Eisblase und festes Tamponiren der Scheide Herr.
    Sonst Kolpocystotomie oder Sectio suprapubica (vgl. § 30). Was die Prognose anlangt, so ist die Entfernung der Tumoren bei der jetzigen Technik sicher, ohne Gefahr für das Leben und ohne bleibende Incontinenz.

§ 32. **Gutartige Geschwülste der Gebärmutter.**

Unbedingt gutartig sind, was die Folgen und die Entfernung der Geschwülste anbelangt, nur die Schleimpolypen (i. e. die kleineren polypöscircumscripten Wucherungen der Schleimhaut) und die stationär bleibenden subserösen, kleineren intramuralen und kleinen, dünngestielten, polypös-submucösen Fibromyome.

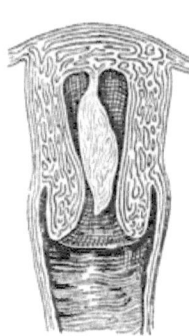

Fig. 45.
Schleimhautpolyp des Fundus uteri.

Zu den in ihren Folgen und ihrer Exstirpirbarkeit in mindestens 10°/o der oben nicht aufgeführten Myomarten **zweifelhaften, oft gefährlichen** Tumoren gehören die flachwuchernden Schleimhautpolypen (-Molluscum) und die grossen und breitbasigen Fibromyome, zumal wenn sie intramural und submucös sind.

Gutartig sind also:
1) **Schleim**(haut)**polypen**(gutartige Adenome): a) der **Mm.'s-Lippen**, b) der **Cervical- und Corpusmucosa** (vgl. Taf. 16, 1; 46; 59 — daselbst Anatomie und Histologie derselben und Fig. 45 i. Text). Sie kommen häufig vor, ge-

wöhnlich multipel, oft combinirt mit Myomen und denselben aufsitzend: sie bleiben meist klein!

Symptome und **Diagnose**: vor allem leicht Blutungen. Da eine ganze Reihe dieser Adenome ihren Ursprung einer Endometritis fungosa oder decidualis (Deciduome, Küstner) mit oder ohne Cystenbildung (ov. Nabothi zerren die Schleimhaut

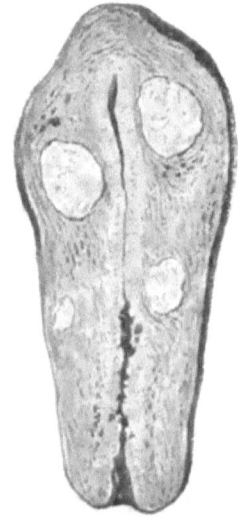 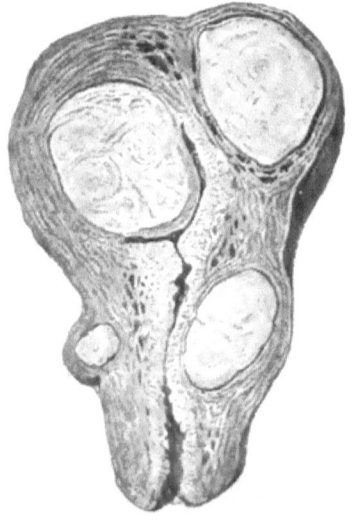

Fig. 46.
Myomata intramuralia. Die Muskelgeschwülste der Gebärmutter **entstehen** (nach v. **Winckel**) ausschliesslich in dem Muskeltheile des Organes κατ' ἐξοχήν, in dem **Corpus** uteri. Von hier aus wachsen sie aus der Wandung heraus (vgl. die folg. Fig.). Cysten in der geswucherten Cervix mucosa.

Fig. 47.
Intramural in dem **Corpus** uteri entstandene Myome wachsen in verschiedener Weise aus der Wandung heraus: **subserös, submucös,** in die **Collum**-Wand **hinunter.** Alle sind noch breitbasig inserirt, umgeben von circulär gelagertem Fasergewebe mit weitklaffenden Gefässen. Mucosa verdickt.

aus, vgl. Taf. 59) verdankt, so combiniren sich deren Symptome damit, vor allem Menstruationsanomalien.

Die Adenome der Mm.'s-Lippen repraesentiren adenomatöse Hypertrophien derselben, während diejenigen der höher sitzenden Schleim-

haut gestielt der letzteren anhangen. Darauf
basirt die Diagnose im Speculum: sie sind
dunkelroth, meist weich, und bluten ausserordent-
lich leicht. Da sie gegen den Mm. herabdrängen,
rufen sie ein dementsprechendes Dranggefühl
und reflectorisch Uebelkeiten hervor. Aber

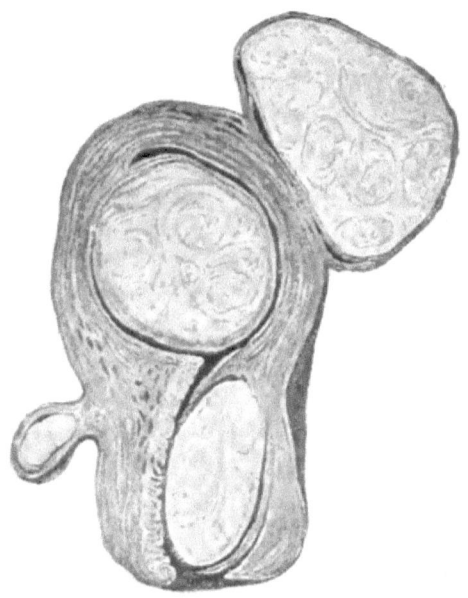

Fig. 48.
Die Tumoren beginnen sich zu stielen als Fibromyoma
subserosum polyposum, submucosum pol. Das durch Senkung entstandene Collummyom beginnt sich aus seinem
Bette auszuschälen (vgl. Atl. II, Fig. 16 ein solches sub
partu „geboren"). Circuläre Fasergruppirung innerhalb der
Tumoren.

häufig genug mögen solche Erscheinungen ganz
übersehen werden.

Therapie: Abtragung der gestielten,
leicht zugänglichen Tumoren mittelst der
Drahtschlinge oder nach Umschnürung mittelst der
Scheere.

Ist der Stiel des Tumors schwer zugänglich (Fig. 45 i. Text): Mm. mit (gut sterilisirter!) Laminaria dilatiren oder die Commissuren incidiren und den inneren Mm. mit Metalldilatatoren erweitern, dann die Mm.-Lippen mit Häkchen auseinanderhalten; bei heftigeren Blutungen umstechen oder mit Paquelin oder Liqu. ferri s. betupfen und dann mit Jodoformgaze fest tamponiren (24—48 Stunden).

Flache Tumoren werden curettirt (vgl. § 13 b); hernach Jodoformgazetamponade; Cysten werden angestochen (Taf. 59).

Alle diese Tumoren müssen exact mit dem Stiel entfernt werden, da sonst Recidive entstehen. Bei grosser Neigung zu solchen wird nach der Entfernung der Neubildung mehrmals geätzt mit Chlorzink oder Liqu. ferri s.

2) **Fibromyome** mit **absolut gutartigem** Verlauf: **stationär bleibende** Myomata **intramuralia** (**parietalia**), **kleine** Fibromyomata **submucosa** oder **submuc. polyposa**, **kleine F. M. subserosa** oder **subser. polyposa**. (Vgl. Figg. 46 bis 48 i. Text und Taf. 16, 2; 22 u. 25; 34; 35; 37, 2; 40; 44, 2; 46 (mikr.); — Atl. II. Fig. 96. Anatomie und Histologie: vgl. Erläuterung zu Taf. 41 u. 46).

Symptome: da, wie aus obigem ersichtlich, diese Tumoren durchgängig nur so lange als „absolut gutartig" nach ihren Folgen und ihrer gefahrlosen Operabilität angesehen werden können, als sie klein sind, so ist ihre möglichst frühe Diagnosticirbarkeit und Entfernbarkeit, bzw. die prophylaktische Behandlung zum Zwecke des „Kleinhaltens" von wesentlichster Bedeutung!

Anfangssymptome: alle Erscheinungen sind unabhängig von der Grösse der Geschwülste. Charakteristisch sind gerade für kleine intramurale

Neubildungen die heftigsten, bohrenden Schmerzen, hervorgerufen durch die Spannung. Diese Schmerzen werden gesteigert bei allen Congestionszuständen (Menses, Cohabitation. Obstipation) und bei explorativer Berührung des Uterus, der weder vergrössert noch verlagert zu sein braucht! Diese Schmerzen strahlen in die Nachbarschaft aus und rufen reflectorisch Neuralgien in Kreuz- und Lendengegend, Gesicht etc. hervor und repraesentiren einen grossen Theil des hysterischen Symptomencomplexes bei sonst objectiv gutem Allgemeinbefinden der Patientinnen.

In der zeitlichen Reihenfolge erscheinen Blutungen u. zw. zunächst in Gestalt von Menorrhagien, später von regellosen Metrorrhagien.

Ursache: Endometritis glandularis über dem Tumor: sobald aber die letzten Muscularisfasern zwischen Neubildung und Mucosa gewichen sind, entsteht mit der Wucherung des interstitiellen Gewebes eine End. fungosa, bzw. multiple adenomatöse Neubildungen (Wyder).

Diese Blutungen treten, entsprechend ihrer Entstehungsursache, fast ausschliesslich bei intraparietalen und submucösen Myomen, u. zw. schon früh auf.

Während weiterhin die geschilderten Anfangsschmerzen dadurch aufhören, dass der Tumor aus der Wandspannung herauswächst und, wenn subserös und klein, keine weiteren Druckerscheinungen hervorruft, so entstehen neue, wehenartige Schmerzen, wenn die Geschwulst submucös das Uteruscavum ausdehnt (Fig. 47 i. Text); Fluor albus und Blutungen werden zugleich stärker. Jene Schmerzen leiten die Erweiterung des Mm.'s ein (vgl. Taf. 16). Giebt die Geschwulst bald nach, zieht sich der Stiel dünn und lang aus, so erfolgt die völlige Ausstossung der Masse.

Diagnose: kleine intraparietale Myome sind palpatorisch nicht zu erkennen; wir vermuten sie bei Fieberlosigkeit und heftigen bohrenden Initialschmerzen, späterhin bei Menorrhagien und Metrorrhagien, welche zur Austastung des Cavum uteri (nach Dilatation mit oder ohne Incision der Mm.'s Commissuren) auffordern und die submucösen oder schon polypösen Prominenzen erkennen lassen, ev. verschiedenartige Consistenz der Uteruswand.

Späterhin Verstreichung des Mm.'s (vgl. Taf. 16) im Speculum erkennbar.

Die Diff. D. vgl. i. folg. Kap. Vor allem ist Schwangerschaft vor der ev. Dilatation der Cervix auszuschliessen (Menstruation fehlt nicht, Portio nicht so livide und so weich!).

Therapie: prophylaktisch: Ergotin subcutan (0.05 täglich, Monate- bis Jahrelang), um den Tumor zum Schrumpfen, resp. zur Elimination zu bringen. Ausserdem besckränkt Ergotin ebenso wie Hydrastis die Blutungen, — beide durch Anregung der Contraction der glatten Muskelfasern in den Gefässen.

Beide Zwecke werden wirksam durch heisse Scheidenausspülungen (38 bis 42º R. mehrere Mal täglich, ev. alle 2 Stunden ein bis mehrere Liter) unterstützt.

Sollten heftige Blutungen nicht zum Stillstand kommen, so wird die Scheide mit Jodoformgaze und Wattetampons fest tamponirt; — hilft dies nicht, so wird die Playfair'sche Aluminiumsonde mit in Eisenchlorid getränkter Watte umwickelt in die Uterinhöhle eingeführt, ev. sogar ein paar Stunden liegen gelassen und dabei Ergotin subcutan und per os gegeben (als Extr. sec. corn.)

Ist hingegen die Uterinhöhle erweitert und die Wandung schlaff, so muss Liqu. ferri s. mittelst der Braun'schen Spritze injicirt werden.

Symptomatisch ist weiter die Folge der

Blutungen, die Anämie, zu bekämpfen — vgl. § 4 sub 7; die dysmenorrhoischen und neuralgischen Beschwerden nach § 4 sub 8 und ausserdem mit Salz- oder Soolbädern (ev. Kreuznach,

Fig. 49.
Myxofibroma ovarii, in seltener Weise lang gestielt (Präp. d. Münch. FrauenkL).

Tölz) und Umschlägen von Moor oder Soole auf's Abdomen.

Operativ werden die fibrösen Polypen wie die Schleimpolypen entfernt. Sind die Geschwülste gross, so werden sie durch longitudinale oder spiralige Einschnitte oder durch Ausschneiden von Stücken so lange verkleinert, bis der Stiel enucleirbar wird. Sodann Desinfection der Uterinhöhle und Tamponade mit Jodoformgaze.

Kleine submucöse Tumoren werden nach Cervixdilatation entfernt, indem man die Schleimhautdecke incidirt und die mit Muzeux'scher Krallenzange gefassten Neubildungen aus ihrem Bette ausschält.

Collummyome, die in das parametrane Bindegewebe gewachsen sind, werden eliminirt, nachdem die Scheidenschleimhaut auf sie hin eingeschnitten ist (Czerny). Vaginaltamponade.

§ 33. Gutartige Geschwülste der Uterusadnexa.

Die Visceralserosa der Adnexorgane mit ihrem subserösen Bindegewebe und den glatten Muskelfasern der Ligamente (lg. lat. et rot.), die papillenförmige, mit Cylinderepithelien ausgekleidete Mucosa und die Muscularis der Tube, das kuboide Oberflächenepithel der Eierstöcke, aus welchem deren Keimelemente hervorgehen, und das ovarielle bindegewebige Stroma sind die Gewebselemente, aus welchen die hier zu erwähnenden Neubildungen hervorwuchern (vgl. Atl. II §§ 15 u. 16).

Wir kennen folgende:

1) papilläre Wucherungen der **Tube**: circumscript oder diffus, mit oder ohne Cystenbildung der Tubenmucosa; infectiöser Natur.

2) Fibrome und Fibromyome der **Tube**: solitär von Erbsen- bis Kindskopfgrösse; multipel als Folge entzündlicher Wucherung (Salpingitis nodosa, combinirt mit Hyperplasia mucosae und Cystenbildung) in dem muskelfaserreichen uterinen Isthmus-Theile der Tube.

3) Kleine Fibrome und Fibromyome des **Ovarium** können sich aus den corpp. candicantia s. fibrosa (vgl. Taf. 19, 3) entwickeln. Sie werden unter Umständen sehr gross und gehören dann, teils wegen ihrer Neigung zur malignen Degeneration, teils als bedenkliches Hinderniss bei Geburten zu den suspecten Tumoren. Sie können cavernösen oder cystischen Bau haben.

4) Fibromyome des **Lig. rotundum** kommen sehr selten intraperitoneal[1], häufiger noch im Leistenkanale vor.

5) Fibromyxome und Fibromyome des **Lig. latum** können auch zum B.-Ausgang wachsen und dadurch Hernien vortäuschen; mit letzterem dürfen nicht die intraligamentär gewachsenen Uterus-Myome verwechselt werden!

6) Lipome der **Tuben** und der **Ligg. lata** sind selten

---

[1] Ich fand ein solches an einem Sectionspräparat rund, von der Grösse einer kleinen Kartoffel, in der Mitte des Bandes. (Samml. d. Münch. Frauenklinik; v. Winckel's Ber. u. Stud. 1884—90.

erstere nur bohnengross, letztere allerdings bis zu 15 Kilo, vorkommend.

7) Cysten der **Tuben** und der **Ligg. lata**, serösen Ursprunges (mit Ausnahme der sub 1 u. 2 erwähnten mucösen), sind klein und nur insofern gelegentlich von praktischer Bedeutung, als sie einen Stiel ausziehen (Hydatiden[1]) wie die Morgagni'sche) und an Darmschlingen adhärent werden können.

Uniloculäre Cysten des **Ovarium** entstehen durch Hydrops folliculorum. Die multiloculären Kystome des Eierstocks sind nur so lange ganz ohne Bedeutung als sie klein sind.

Parovariale Cysten entstehen aus den Resten des Wolff'schen Ganges (vielleicht auch aus den Resten der Urniere, zwischen Parovarium und Uterus, vgl. Atl. II, § 16): diese Gebilde bleiben meist klein, können aber wallnuss- und apfelgross (bis mannskopfgross) werden und machen dann Beschwerden. Sie sitzen zwischen Eierstock und Eileiter und können ihrer Genese entsprechend multipel auftreten. Die Wandung der stets einkammerigen Cyste ist dünn und besteht aus Serosaendothel, subserösem Bindegewebe mit elastischen und glatten Muskelfasern und ist mit flimmernden oder nicht flimmernden Cylinderepithelien ausgekleidet.

Der Inhalt ist hell und meist eiweissarm, desshalb dünnflüssig (Diagn. wichtig betr. Punktion!), 1005 sp. G., Cylinderzellen enthaltend.

Symptome und Diagnose:

Ovarialfibrome: vgl. Ovarialkystome und folg. §.

Ovarialcysten (uniloculäre) vgl. Ovarialkystome und betr. oligocystischer Degeneration § 17. Ein Eierstock kann cystisch verändert sein, ohne vergrössert zu sein; trotzdem bestehen Schmerzen, namentlich um die Zeit der Menstruation oder bei der meist schweren Defaecation; ebenso beim Palpiren. Diese Schmerzen werden im Kreuz empfunden, zuweilen

---

[1]) Diese Hydatidenbildung ist ein häufiges Vorkommniss: bei 130 Sectionen fand ich dieselbe 45 Mal; davon 8 Mal mehrere Hydatiden neben einander, 3 Mal zwei Bläschen an einem Stiel. Mehrere waren verkalkt. — Cystchen des Lig. latum 15 Mal, wovon 5 verkalkte; auch bei Foeten sah ich solche wiederholt.

als sog. „Mittelschmerz" (vgl. § 17). Im Anschluss daran Dysmenorrhoe oder, wenn beiderseitige Erkrankung, Amenorrhoe und Sterilität.

Dieses schmerzhafte Leiden meist entzündlicher Natur prägt sich allmählich in den Gesichtszügen der Pat. aus — **Facies ovarica** (zusammengepresste Lippen mit resignirt oder weinerlich herabgezogenen Mundwinkeln, deren umliegende Haut sich mit der Zeit entsprechend furcht, gerunzelte und gefurchte Stirn, eingefallene Wangen und dadurch stark vorspringende Backenknochen und spitze Nase).

Wächst dann der Tumor bis Kindskopfgrösse, so entstehen Druckerscheinungen auf Rectum, Blase, Gefässe, Nerven und Verdrängung des Uterus, (Harndrang, Obstipation, Hämorrhoiden, Phlebektasien und Neuralgien in den unteren Extremitäten, u. s. w.) Damit beginnt aber der Termin, wo die Eierstockscysten aufhören, unbedenklich zu sein.

Die Diagnose der Ovarialcysten wird bimanuell ev. per Rectum gestellt durch Nachweis einer gestielten Geschwulst neben dem Uterus und Identität derselben mit dem gleichseitigen Eierstock (also Fehlen desselben an derselben Seite).

Parovarialcysten machen erst dann Erscheinungen, wenn sie, bis zum B.-Eingang reichend, Circulationsstörungen in dem breiten Mutterbande und damit Ernährungsstörungen in dem Ovarium hervorrufen; davon die Folge: Menstruationsanomalien.

Lässt sich dann neben dem Uterus, deutlich abgrenzbar, ein fluctuirender Tumor nachweisen, aus dem durch Punction eine Flüssigkeit von oben beschriebener Beschaffenheit entleert werden kann, so handelt es sich um eine Parovarialcyste, zumal wenn nach der Punction der Tumor nicht recidivirt.

Therapie: Punction oder bei eiweissreicheren **Parovarialcysten** Entfernung per Koeliotomiam. Dieselbe ist einfach, falls der Tumor gestielt. Wenn starke Adhäsionen bestehen: soweit möglich abtragen und vernähen.

Wenn intraligamentär gewachsen: die Cyste aus dem Bindegewebe herauslösen. Sonst Excision der betr. Partie des Lig. latum.

Bei **Ovarialcysten** bis Apfelgrösse Entfernung nur, wenn sie unerträgliche Beschwerden machen. Sonst Jodkali in Lösung oder in Globulis (als Resorptivkur) per Vaginam, bis Jodismus eintritt. Zur Linderung der Beschwerden: Priessnitz'sche Umschläge auf's Abdomen und Jodbepinselung; während der Periode: Ruhe. Bei pelveoperitonitischen Erscheinungen: Eisbeutel und Bettruhe. Stets für leichte Defaecation sorgen.

Kapitel II.
Tumoren von gutartiger Structur, welche unter bestimmten Bedingungen gefährlich verlaufen.

§ 34. Die Fibromyome.

Zu den Fibromyomen mit **bedenklichen Folgen** (10% Todesfälle) gehören sämmtliche **grosse, nicht stationär bleibende Muskelgeschwülste der Vagina, des Uterus und des Ovarium**, vor allem aber alle diejenigen, welche **intraparietal** oder **intraligamentär** oder **breitbasig inserirt** verlaufen, — also alle grossen Neubildungen dieser Art, welche **nicht polypös** inserirt sind.

Die **bedenklichen Folgen** dieser Geschwülste sind:

1) Die auf die Dauer zur hochgradigsten Anämie führenden Blutungen (späterhin durch Platzen erweiterter dünnwandiger Gefässe), u. sec. Herzerkrankungen.

2) Die Haemorrhagien können auch in das

Geschwulstgewebe hinein erfolgen (Taf. 41). Die Ursache geben meist Circulationsstörungen mit Thrombosen ab (dieselben führen zuweilen noch post oper. durch Embolie ad exitum). Diese Extravasate **vereitern** leicht und bewirken so **Sepsis**.

3) Bei den grossen **subserösen Polypen** treten durch **Stieldrehung**[1]) **Nekrose und Entzündungen** des Tumors ein, bei den **submucösen Polypen Ulcerationen und jauchige Gangrän**.

4) Es bilden sich entzündliche **Adhäsionen** mit den Därmen.

5) Die submucösen Polypen können zur **Inversio uteri** führen (Fig. 48 i. Text u. Taf. 25), wenn sie vom Fundus ausgehen und zahlreiche starke Muskelfasern noch von der Uterusmuscularis bis in den Tumor hineinragen, so dass seine Ablösung erschwert ist. Weitere Folgen: Drucknekrose, Gangrän.

6) Durch ihre **Grösse** (mannskopfgross und darüber, — kürbisgross bis 40 Kilo — zumal wenn **cystisch degenerirt**) rufen sie **Einklemmungs- und Zerrungserscheinungen der Beckenorgane**[2]) hervor oder wirken störend sub partu (vgl. Atl. II. Figg. 96 u. 97) — um so gefährlicher, wenn sie **verkalkt** sind.

Die **Cysten** entstehen entweder durch myxomatöse Degeneration oder aus resorbirten Blutextravasaten oder durch oedematöse Erweichung bei Zerfall von Muskelfaserpartien.

---

[1]) Es gibt Fälle, wo der Uterus selbst anstatt eines Stieles um seine Achse torquirt war, ja wo derselbe am inneren Mm. auseinandergerissen war. Ebenso können sich die Tumoren in der Bauchhöhle losreissen; gewöhnlich findet die Ernährung dann durch vorher schon bestehende Darm- und Netzadhäsionen statt.

[2]) Vor allem **Darm-, Blasen- und Ureterenocclusionen**, welche zu Ileus, absoluter Harnverhaltung u. Urämie oder Incontinenz mit secundärer Cystitis, Pyelonephrose etc. führen.

(Folge von Compression der Gefässe oder infectiöser Thrombosirung derselben).

7) Die intramuralen Geschwülste können zwar in günstiger Weise durch Verfettung oder Verkalkung stationär bleiben oder dann durch Resorption verkleinert werden, — sie können aber auch myxomatös degeneriren und haben dann Neigung, sich in ein Myxosarkoma umzuwandeln (vgl. Taf. 47. 2; 53, 2), zuweilen mit intermusculären Pseudocysten (Taf. 47, 3), welche durch Zerfall von Rundzellen entstehen.

8) Primäre Metamorphose centralwärts gelegener Gewebspartien in Fibrosarkom — und primäre carcinomatöse Degeneration des Tumors selbst oder der fungös gewucherten Uterusmucosa.

9) Die Gefahren der operativen Entfernung bestehen in den Blutungen und Verjauchungen, bzw. bei Koeliotomie in der Gefahr der Peritonitis, wenn breitbasig oder tief in der Uteruswand inserirte Tumoren nicht ohne Eröffnung der Uterinhöhle exstirpirt werden können; letztere Infectionen können unmittelbar oder secundär durch Platzen eines sich im Stumpfe bildenden Abscesses entstehen.

Endlich treten häufiger als bei der Operation anderer grosser Genitaltumoren Lungen-Embolien auf.

Symptome:

Bei **Vaginal**myomen nur Drucksymptome.

Bei grossen **Uterus**myomen (die Initialsymptome vgl. in § 31!)

Wenn sie **intramural** sind: Menorrhagien, später Metrorrhagien, ausserdem Druckerscheinungen, wie bei allen diesen grösseren Tumoren.

Wenn **submucös**: Menorrhagien und Metrorrhagien unter heftigen kolikartigen Schmerzen, da die Tumoren die Ausflussöffnung oft verlagern und den Uterus torquiren. Ausserdem leicht

164

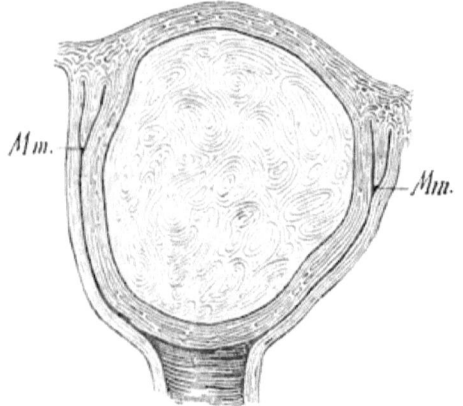

Fig. 50.
Fibromyoma intramurale fundi uteri, in die Scheide getreten.
Mm. — Muttermund.

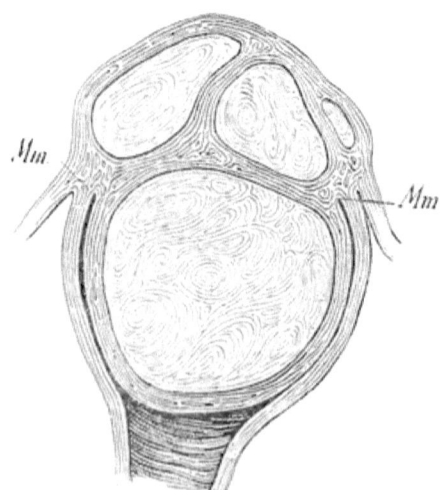

Fig. 51.
Multiple intramurale und **submucöse Myome** des **Uterusfundes**,
in die Scheide getreten.

perimetritische Schmerzen. Häufig Sterilität oder Abort. Puerperal verjauchen die Geschwülste leicht.

Wenn **submucös-polypös**: wie bei den einfach submucösen; dazu wehenartige Schmerzen auch ausser der Menstruation: die Gebärmutter sucht das Myoma pendulum auszustossen, zu „gebären". Leicht Ulceration und Verjauchung, wenn der Polyp erst in der Scheide oedematös anschwellend liegen bleibt. Alsdann constantes, nicht remittirendes Fieber, auch wenn noch kein foetider Ausfluss erfolgt! also zunächst nur interstitielle Tumorinfection.

Katarrhalischer Fluor bedeutend, weil der Reiz der fibrösen Polypen die Schleimhaut in toto wuchern lässt, ja es entstehen daneben noch multiple Schleimpolypen.

Bei **Collum**myomen: Menorrhagien und profuser fluor albus.

Wenn **subserös**, so sind die Erscheinungen gering, oft nicht bedeutender als die Drucksymptome der schwangeren Gebärmutter (sogar Atemnot; selbst der reflektorische Reiz auf die zusecerniren beginnenden Mammae fehlt oft nicht!), es sei denn, dass von dem Tumor peritonitische Reizungen ausgehen oder dass durch Druck oder reflektorisch Neuralgien entstehen.

In der **Menopause** schrumpfen die Tumoren, mit ganz seltenen Ausnahmen; jedoch wird das Klimakterium in die Länge gezogen.

Bei **Ovarial**fibromyomen sind die Erscheinungen sehr wechselnd; zuweilen Fehlen der Menses oder Ascites.

Diagnose:
Bei den **Vaginal**myomen ist darauf zu achten, ob sie auch wirklich der Scheidenwand entspringen und nicht — ausser ihrer Adhärenz an dieser — einen

Stiel im Uterus haben, da sec. Verwachsungen bei Uteruspolypen vorkommen können.

Bei intramuralen **Uterus**myomen ist sowohl die betr. Wandung des Organes hypertrophirt als auch die Uterushöhle verlängert.

Diff. diagn. kommen hier Metritis und Gravidität in Betracht. Bei ersterer ist die Wand nicht so derb und die Sonde wird nicht durch Tumoren von ihrer geraden Richtung abgedrängt: bei letzterer ist die Portio livide und

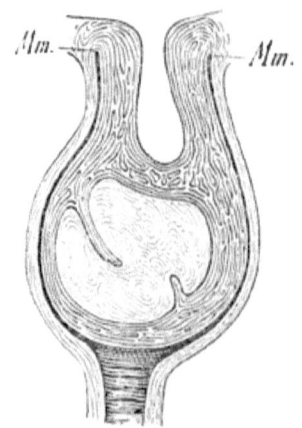

Fig. 52.
Fibromyoma intramurale fundi uteri, eine Uterusinversion hervorrufend.
Mm. Muttermund.

das ganze Organ auffallend weich; die Wachstumszunahme geschieht in der für Schwangerschaft typischen Weise; die Periode fehlt.

Vermutet man submucöse oder polypöse Myome, so wird nach Cervixdilatation die Uterinhöhle palpirt. Vorher sondiren: die Höhle ist vergrössert, aber die Sonde weicht an dem Tumor ab oder kann nicht eindringen. Zur Zeit der Periode drängt der Tumor den Mm. auseinander, was diagn. zu verwerten ist (vgl. Taf. 16, 2; 54); ein Zug mit der Kugelzange (Antiseptisch!) belehrt uns, ob ein langer Stiel oder breitbasige Insertion vorhanden ist.

Sind solche Geschwülste sehr gross (vgl. Fig. 50 p. p. i. Text) und ragen sie weit in die Scheide hinein, so ist es oft schwer, ohne bimanuelle Untersuchung vom Rectum her, ev. unter gleichzeitiger Application der Sonde, die wahre Herkunft festzustellen.

Bei Cervixmyomen, zumal wenn sie verjaucht sind, kommt diff. diagn. das Cancroid der Portio in Betracht: bei ersteren lässt sich ein Stiel nachweisen, der in den Mm. hineinführt; auch sind die Fibromyome in diesem Zustande faserig-fetzig, wie mürber Zunder, und braunroth oder blassrosa, während die cancroiden Knollen weicher und krümelig-bröcklig sind, und bei dem leichten Abbröckeln stark bluten. Das Mikroskop entscheidet zwischen Fasern und cancroiden Zellzapfen (vgl. Taf. 46.2 mit 45); die cancroiden Knollen und Papillome sitzen stets ausserhalb des äusseren Mm.'s. Das Cancroid der Cervix zerfällt ulcerös, ohne polypöse Wucherungen zu machen. Von dem Sarkom ist das Fibromyom durch grössere Derbheit, langsameres Wachstum, Schmerzlosigkeit und Fehlen jauchiger Ausflüsse mit Gewebsbröckeln unterschieden. Der **Uebergang vom Myom zum Sarkom** ist demnach durch das Auftreten jener Erscheinungen charakterisirt, gepaart mit Ascites. Auch mit Placentarpolypen und mit Inversio uteri sind Verwechslungen vorgekommen. Betr. letzterer vgl. § 7. Placentarpolypen sind, ebenso wie Schleimpolypen, weicher. Sie enthalten Deciduazellen, Drüsenepithelien und Chorionzotten (vgl. Atl. II, Figg. 58, 59).

Das subseröse und das intraligamentäre Uterusmyom von anderen Adnex- oder Douglas-Tumoren zu unterscheiden ist oft schwer, teils wegen tiefer Ausfüllung des Douglas-Raumes, teils dann,

wenn pelveoperitonitische Exsudattumoren die Abgrenzung des eingelagerten Myoms und die Klarstellung der Symptome unmöglich macht; vgl. hierüber die Diff. Diagn. im folg. § sub. „Ovarialkystom."
Die Sonde zeigt uns den Verlauf der Uterinhöhle, so dass wir wissen, wo der Uterus und wo der Tumor zu suchen ist (vgl. Taf. 42,4).

Ferner ist bei der bimanuellen Untersuchung die M i t b e w e g u n g s f ä h i g k e i t des U t e r u s s e l b s t zu prüfen, wenn der Tumor hin und her geschoben wird: besonders bei langgestielten s u b s e r ö s e n P o l y p e n ist diese Untersuchungsmethode von Wichtigkeit (vgl. Taf. 44). Zu achten ist darauf, o b solche Tumoren d e r b sind. Wenn es sich um F i b r o c y s t e n handelt, oder um sehr o e d e m a t ö s e Tumoren, so können diese ebenso wie die Ovarialkystome Fluctuation zeigen; hier hilft die P u n c t i o n : die Myomflüssigkeit g e r i n n t und enthält nur Lymphkörperchen; sie ist Lymphe. Bei reinen Myomen fliesst nur frisches Blut. Somit bleibt unter Umständen nur die Diff. Diagn. gegen Ovarialfibrome in suspenso.

Bei 66% aller Myome können G e f ä s s g e r ä u s c h e auscultirt werden, bei Kystomen selten.

Ist ein Myom v e r j a u c h t, so wird es hochgradig schmerzhaft und fluctuirend unter Fiebererscheinungen und septicopyämischem Icterus.

Bei den **Ovarialfibromen** ist der Ausgang des Tumors vom Eierstock die Hauptsache; vgl. folg. §. Die weitere Diagnose folgt aus der Derbheit des Tumors.

Therapie: Bleibt die im vorigen § angegebene Behandlung mit E r g o t i n (H i l d e b r a n d t) ohne Erfolg und der Tumor nicht stationär, so ist bei gefahrdrohenden Symptomen die operative Beseitigung indicirt. Erfolglos ist die Kur dann, wenn bei täglicher Injection von 0,2 Ergotin, 2 Menstruationsperioden hindurch, also nach mindestens 60 bis 80 Injectionen — keine Aenderung der Menorrhagien eingetreten ist.

Grössere submucöse Tumoren werden in Stücken per vaginam (v. Winckel in einem Falle 52 Stücke), und zwar jauchende Tumoren vorsichtig unter permanenter Irrigation, mittelst der Polypenzange entfernt = **Kolpomyotomie.**

Misslingt die „Enucleation" im wahren Sinne des Wortes — und in den wenigsten Fällen sind die intramuralen und submucösen Myome so deutlich abgekapselt —, so ist es oft schwer, da der Finger im Dunklen in der Uteruswand arbeitet, den Tumor herauszubefördern; durch Heisswasser-Injectionen und Tamponade wird die Blutung gestillt. Nur zu leicht tritt hierbei Sepsis ein.

Wird ein solcher Fall vorausgesehen, so ist es besser, die Schleimhautdecke des Tumors zu spalten, und durch Darreichen von Secale die Geschwulst austreiben zu lassen.

Desshalb eignen sich grosse hochsitzende intramurale Tumoren ebenso wie die subserösen besser für die **Koeliomyotomie.**

Es giebt hier drei Methoden:

I. Die Myomotomie, i. e. Abtragen des Tumors von dem unversehrt gelassenen Uterus;

II. Die Amputatio uteri supravaginalis, i. e. Abtragung des Uteruskörpers mit seinen Myomen vom Collum uteri;

III. Die Totalexstirpation des Uterus per Koeliotomiam. (Fritsch, Martin, Mackenrodt, Küstner.)

IV. Die Castration i. e. Entfernung beider Eierstöcke, weil die Erfahrung, dass die Myome nach der Menopause schrumpfen, dazu auffordert, durch anticipirte Klimax das Gleiche zu erreichen.

Es muss sorgfältig abgewogen werden, ob die Beschwerden und die durch die Geschwulst hervorgerufenen Gefahren denjenigen der Operation (20% Exit. let. durch Blutung und Sepsis, hauptsächlich von der eröffneten Uterinhöhle her, vgl. oben) das Gleichgewicht halten.

Indicationen für die Operation:

1) Hochgradigst erschöpfende Blutungen;
2) Arbeitsunfähigkeit;
3) So schnelles Wachstum, dass voraussichtlich das Leben dadurch bedroht wird, — zumal mit cystischer Degeneration;
4) Abscedirung der Geschwulst;
5) Stieltorsion mit lebensgefährlichen Symptomen.

I. Die Myomotomie ausführbar bei subserösen Polypen und solchen subserösen oder auch intramuralen Myomen, welche flach aus der Uteruswand ausschälbar sind.

Wird die Uterushöhle dabei eröffnet oder bleibt nur die Schleimhaut als dünne Lamelle stehen, so ist:

II. **Die Amputatio supravaginalis** auszuführen.

Oft lässt sich erst nach eröffneter Bauchhöhle entscheiden, ob und wie die Amputation auszuführen ist; indicirt ist sie bei breitbasigen subserösen, bei grossen oder multiplen intramuralen, bei intraligamentären und bei verjauchten oder sonstwie degenerirten (cystisch, cavernös, carcinomatös), nicht in die Uterinhöhle prominenten Tumoren.

Um Uterus incl. Adnexa (also lateral von den Ovarien) wird möglichst tief ein elastischer Schlauch gelegt (nach Art der Esmarch'schen Blutleere); dann werden in 3 Portionen die Ligg. lata vom Lig. infundibulo-pelvicum bis möglichst tief und nahe an den Uterus heran ligirt (Zweifel) und nun der Uterus mit Tumoren und Adnexen abgetragen. Befinden sich intraligamentär Tumoren, so werden die breiten Mutterbänder gespalten, nachdem die projektirte Schnittstelle zu beiden Seiten in kleineren Portionen unterbunden ist. Die Gummiligatur kann für **immer** liegen bleiben.

Die Versorgung des Stumpfes geschieht nach verschiedenen Methoden:

1. Schröders intraperitoneale Behandlung: keilförmige Ausschneidung und Verätzung des Stumpfes (mit conc. ac. carbol. liquef. oder zinc. chlor. oder Paquelin); 3 Etagennähte zum Schluss der Mucosa, der Muscularis, der Serosa (Catgut).

Gefahr der **secundären** Infection, i. e. Abscessbildung im Stumpf und **Bersten der** vernähten Serosa.

2) Péan-Hegar's extraperitoneale Behandlung: Der Stumpf wird mit kreuzweis gelegten langen Nadeln in den unteren Bauchwundwinkel gelegt, u. zw. ausserhalb des Bauchfells, indem die Serosa des Stumpfes mit derjenigen der Bauchdecken vereinigt wird, also nur überdeckt durch die Muskeln der Bauchdecken. Der nekrotisirende Stumpf stösst sich mit dem Gummischlauch nach 2—3 Wochen ab.

Der Nachteil besteht in der bleibenden nicht unbedeutenden Zerrung der Harnblase.

Fritsch schliesst den Stumpf ähnlich wie Schröder, nur mit sagittalen Nähten anstatt queren, und näht ihn dann in den unteren Bauchwundwinkel mit ein, entfernt aber am 9. Tage die Vereinigungsnähte des Stumpfes **in** der Tiefe des Wundtrichters.

Chrobak legt **den Stumpf retro- und** damit extraperitoneal.

III. Die **Totalexstirpation** per Koeliotomiam gewährleistet **die** grösste Sicherheit gegen die secundäre Infection der Bauchhöhle seitens des stets secernirenden Collumstumpfes

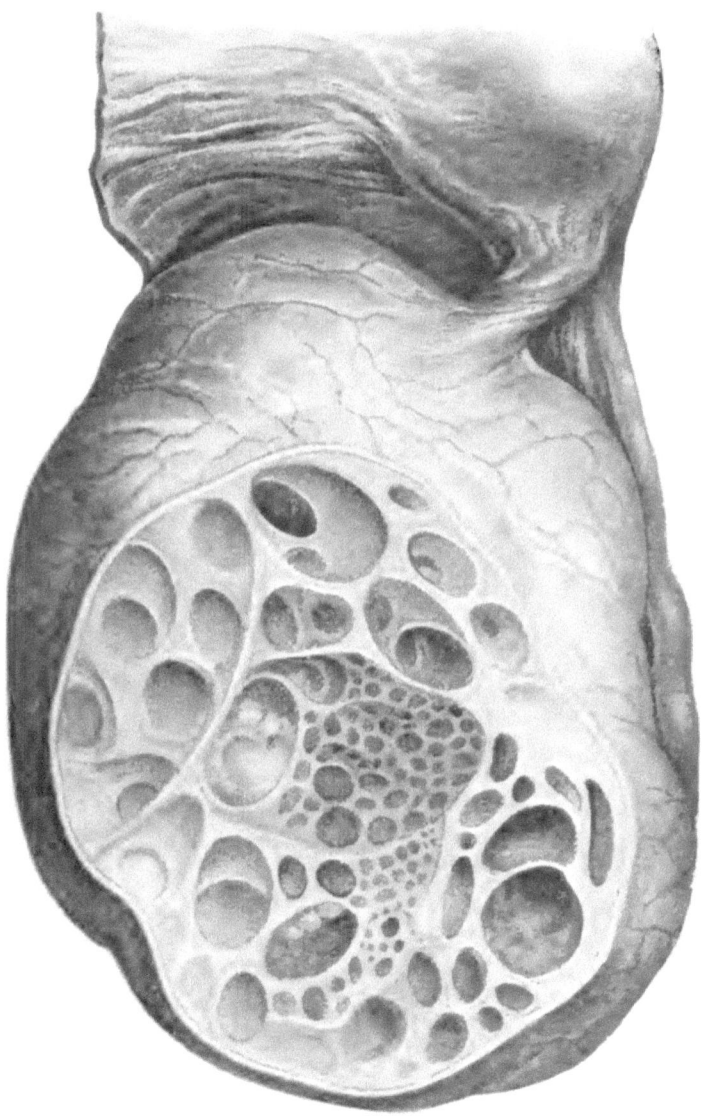

Fig. 53.
Multiloculäres glanduläres Myxoidkystom des Ovariums, mit Stieldrehung.
(Präp. der Münchener Frauenklinik).

bei der supravaginalen Amputation [1]. Ligatur der Spermaticalgefässe; Querschnitt in der Excavatio vesico-uterina, ebenso in der Tiefe des Douglas-Raumes; successives Abbinden und, Durchtrennen der Ligamente. Amputation des Collum derart dass nur ein ganz kleiner Rest mit dem äusseren Mm. zurückbleibt. (Ausätzen der Oeffnung). Vereinigung dieser Wunde mit nicht drainirendem Material (Fil de Florence); Catgutligaturen durch das parametrane Zellgewebe und die Serosa.

IV. Die Hegar'sche Castration ist nur ein Notbehelf und nur auszuführen bei solchen Myomen, deren Entfernung a priori als lebensgefährlich angesehen werden muss (sehr gross, wegen multipler subseröser Knoten in verschiedener Richtung nicht aus dem kleinen Becken herauswälzbar). Zudem hat diese Op. auch 16% Mortalität, weil oft die Ovarien so nahe an die Tumoren gerückt sind, dass die Gefässumstechung

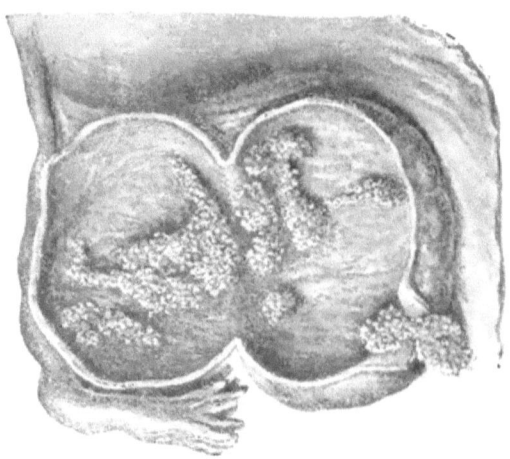

Fig. 54.

Kystoma proliferum papillare (Präp. d. Münchn. Frauenklinik) ist dadurch charakteristisch, dass das Epithel nicht nur glanduläre, i. e. folliculäre und **cystöse** Bildungen zu stande bringt, sondern auch auf den Cystenwanderungen **Conglomerate von papillären Bildungen** (vgl. Abbild. i. Text und Tafel 48 Fig. 2, 3). Diese dendritischen Wucherungen finden sich **entweder** nur auf der **Innenfläche** der Cysten, **oder** aber auch an der **Oberfläche** und in diesem Falle durchwuchern sie nicht selten die Wandung. Sie machen im ganzen Bauchraum auf der Serosaoberfläche **Metastasen** und bewirken **Ascites**. Sie sind makroskopisch von der ähnlichen, nur etwas festeren **carcinomatösen** Art nicht zu unterscheiden.

---

[1] In der Heidelberger Frauenklinik verliefen 30 Myotomieu per Koeliotomiam nach der retro-peritonealen Methode mit 2 Todesfällen: 1 Lungenembolie, 1 hochgradige Anämie.

bedenklich erschwert ist. Ausserdem blieb in manchen Fällen der erhoffte Effect aus.

Die operative Entfernung der **Ovarialfibrome** ist wegen der Gefahr ihrer malignen Degeneration indicirt, selbst wenn sie nur mittelgross sind und stationär bleiben. Die Gefahren der Op. bestehen in den Blutungen, zumal der Adhäsionen. Desshalb elastische Gummiligatur und breite starke Stielligaturen vor der Abtragung.

Die Vor- und Nachbehandlung bei allen diesen Koeliotomien wie bei der Entfernung der Ovarialkystome.

§ 35. **Die Ovarialkystome.**

Definition. Anatomie und Histologie vgl. i. d. Erläuterungen zu Taf. 36,4; 43,2; 47,4 u. 5; 48; 62,3. — Fig. 53 u. 54 i. Text. — Atl. II. Fig. 88.

Bedenkliche Consequenzen können die Kystome haben:

1) Durch ihre Grössenzunahme über Kopfgrösse;

2) Durch Strangulation als Folge der Stieldrehung (vgl. Erläuterung zu Taf. 43, Fig. 2), mit Blutungen, Entzündung, Vereiterung, Verjauchung (oder allerdings auch mit Naturheilung durch Resorption) — Septicämie;

3) Durch Darm-Adhäsionen und Torsionszuschnürung desselben mit Ileus;

4) durch Berstung des Tumors mit danach entstehendem Pseudomyxoma peritonei (Werth).

5) Durch carcinomatöse Degeneration;

6) Tod durch Herzschwäche, Urämie.

Symptome (vgl. im § 32 die Initialsymptome): Druckerscheinungen treten meist nur dann ein, wenn der Tumor Kindskopfgrösse erreicht und im kleinen Becken eingekeilt bleibt (Obstipation,

Harnbeschwerden, Neuralgien). Es kann zu **Darmperforationen** kommen (vgl. z. B. Dermoidcyste-Rectum Taf. 17, nach einer in der Münchener Frauenklinik ambulatorisch behandelten Patientin dargestellt). Atemnoth und Schwellung der thorako-abdominalen Venen, Oedeme, Ureterendruck, endlich Bettlägerigkeit.

Die **Diagnose** wird gestellt auf Grund des Nachweises des **Stieles** und der **Separirung des Tumors von dem Uterus**, ev. nach der Methode von **Schultze** (vgl. Taf. 62, Fig. 3), ferner der **Fluctuation**. Die **Percussion** lässt im Vergleich zum Ascites eine nach oben convexe Dämpfung u. oben u. seitlich darmtympanitischen Ton erkennen; es kann nebenbei Ascites bestehen. **Auscultatorisch** findet man weit seltener als über Myomen Gefässgeräusche.

Der Uterus wird meist nach vorn und unter dem Tumor gefunden (vgl. Taf. 43), seltener retrovertirt (Taf. 36,4); bei eintretender Schwangerschaft kann es zu Totalprolaps kommen (Atl. II, Fig. 88). Bewegt man den Tumor, so bewegt sich der Uterus nicht mit. **Der Stiel wird per rectum am besten getastet! er entspringt von einer Ecke des Uterus** (vgl. Taf. 62, 3). Die **Dermoidcysten** liegen meist **anteuterin** in der Excavatio vesico-uterina. Die durch **Punction** erhaltene Flüssigkeit ergiebt folgenden Befund:

a) **mikroskopisch** vgl. Taf. 47, Fig. 5;

b) **chemisch**: goldgelb bis dunkelbraun (Blut), sp. G. = 1010—1024 (1005—1055), colloid durch Pseudomucin (Metalbumin); letzteres nachzuweisen ist also wichtig; die chemische Unterscheidung der in den Kystomen nebeneinander enthaltenen Schleim- und Eiweissstoffe, von denen letztere einen der Verdauung analogen Umwandlungsprocess bis zur Löslichkeit im Wasser durchmachen (je älter der Tumor, desto mehr also, Eichwald) ist folgende:

Schleimreihe:	Eiweissreihe:	Fäll- bzw. Lösbarkeit:
1. Stoff der Colloidkugeln = umgewandeltes Zellenparenchym	1 a. Albumin 1 b. Natronalbuminat	1. { Kochen + { Essig-Säure fällt.
2. Mucin.	2. Paralbumin (Propepton)	2. „ „ „
3. Colloidstoff. (in Wasser löslich!)	3. **Metalbumin** (Pseudomucin) (in H₂O. nicht löslich!)	3. Alkohol fällt. Mineralsäuren nicht.
4. Schleimpepton.	4. Albumin-(Fibrin-)pepton.	4. Durch neutrale Metallsalze. Ferrocyan-Kalium. Tannin fällbar: in Wasser löslich.

Die Eiweissreihe ist von der Schleimreihe dadurch unterscheidbar, dass sie N- und S-haltig und durch Tannin und neutrale Metallsalze fällbar ist.

Metalbumin wird also gefunden, indem durch Kochen und Salpeter-Säurezusatz alles Eiweiss bis zum Paralbumin incl. ausgefällt und abfiltrirt wird, wobei auch die entsprechenden Mucine beseitigt werden und dann durch Alkohol das Metalbumin in weissen Flocken gerinnend zu Boden sinkt; durch vorherigen Essigsäurezusatz allein tritt eine Trübung, keine Fällung ein. Von dem entsprechenden Colloidstoff unterscheidet es sich durch seine Nichtlöslichkeit in Wasser, bzw. durch seine Fällbarkeit in einer neuen Probe mit Ferrocyankalium.

Für feinere Untersuchungen bedarf man der Reductionsprobe mit 10% Kupfersulphat (Trommer'sche Zuckerprobe).

Chem. Diff. Diagn.: Ascites-Transsudat und Exsudat vgl. Taf. 42. 1:

Parovarialcyste: wasserklarer Inhalt, sp. G. 1002 bis 1006, selten eiweissreicher; meist Flimmerepithel ohne andere geformte Elemente als Bl. K.

Hydrosalpinx: serös oder schleimig oder grützig; eiweissreich; Cholestearin, oft r. u. w. Bl. K.; Cylinderepithel.

Hydronephrose: viel Harnstoff, nachzuweisen durch Eindampfung, Extraktion mit Alkohol, Abdunstung; der mit wenig H₂O u. conc. Salpetersäure versetzte Rückstand lässt die rhomboiden Plättchen des salpeters. Harnstoffs anschiessen. Geringes spec. G.: wenig Albumen.

Echinokokkussäcke (kommen an den Genitalien in 4% aller Fälle vor, u. zw. vorwiegend im Uterus submucös und im Douglas): 1007 — 1015 sp. Gew.; Haken-Scolices; ohne Albumen. viel NaCl und vor allem Bernsteinsäure, nachzuweisen durch Eindampfen, den Syrup mit H₂O verdünnen und daraus mit Aether extrahiren; nach der Verdunstung bleiben die monoklinischen Prismen, sechsseitigen Tafeln der Bernsteinsäurekrystalle zurück — oder die wässrige Lösung giebt mit Eisenchlorid einen rostfarbigen flockigen Niederschlag.

I. Intrauterine Tumoren:

Diff. Diagn.: 1) Schwangerschaft: Fehlen der Menses, gleichmässiges Anwachsen in bekannter Weise und vom V. Monate an, Fühlen der Kindesteile und Bewegungen, Hören der Herztöne. Vorher livide aufgelockerte Portio und charakteristische Weichheit des Uterus am inneren Mm. (bimanuell per rectum). Dagegen sind die unsicheren Schwangerschaftszeichen, auch die Secretion der Mammae, wertlos, da sie auch bei Kystomen auftreten. Sonde und Troicart sind nicht eher zu gebrauchen, als bis Schwangerschaft sicher ausgeschlossen ist!

Besonders zu erwähnen ist die Retroflexio uteri gravidi (vgl. Atl. II. Fig. 85. § 34).

Hauptsymptom: die Ischurie. Zu denken ist ferner daran, dass die Frucht abgestorben sein kann (Frösteln).

2) Haematometra mit oder ohne Haematosalpinx: falls congenital, Periode niemals vorhanden, falls erworben, fehlt letztere erst seit einer bestimmten Zeit: also Durchgängigkeit von Vagina und Cervix mit der Sonde prüfen.

3) Intramurale und submucöse Myome: Menorrhagien; wehenartige Schmerzen; langsameres Wachstum als bei Kystomen. Derbe Consistenz, meist Gefässgeräusche; Cavum uteri verlängert. Häufig neben Kystomen vorkommend!

II. Gestielte Uterus- oder Adnextumoren:

4) Subseröse Uterusmyome: wie vorige; ausserdem Mitbeweglichkeit der Portio beim Verschieben der Geschwulst, u. zw. durch die hebelartige Uebertragung in umgekehrter Richtung. Derbe

Consistenz, abgesehen von Cystenfibromen oder oedematösen Tumoren (freilich können umgekehrt auch Kystome nach Stieltorsion durch Blutextravasate hart werden).

5) **Intraligamentäre Uterusmyome**, wie 3 und 4; eng mit dem Uterus verwachsen; von intraligamentären Kystomen nur durch die Derbheit unterscheidbar.

6) **Hydro- und Pyosalpinx, Haematosalpinx**: Anamnese, Fieber, Schmerzhaftigkeit. Extramedianer Sitz, wurst- oder posthornförmig mit Einschnürungen (vgl. Taf. 20): Punction.

7) **Parovarialcysten**: rundlich, stark fluctuirend, einkammerig, also nicht knollig; eng dem Uterus anliegend, also unbedeutender oder gar kein Stiel: — Punction.

8) **Ovarialfibrome**: überall gleichmässig derbe Consistenz bei kleinhöckeriger Oberfläche; langsameres Wachsthum.

III. Douglas-Tumoren:

9) **Abdominal-Gravidität**: zeitweilige Amenorrhoe; Schmerzen; ev. Decidua-Abgang. Ungestielter fluctuirender Sack mit Kindsteilen.

10) **Haematocele retrouterina intraperitonealis**: plötzlich entstanden mit Collaps; den Douglas bis an die Gebärmutter heran ausfüllender fluctuirender Tumor; schmerzhaftes Scheidengewölbe. Keine Probeincision.

Die **Haematocele extraperitonealis periuterina** (Haematoma) lässt den Douglas frei und liegt auch seitlich von der Gebärmutter.

11) **Peritonitis exsudativa liquida**: fieberhafter Verlauf mit heftigen Schmerzen, Auftreibung des Leibes, Erbrechen; oft Diarrhöen, Unfähigkeit zu gehen. Anfangs fluctuirender oder teigiger Tumor, später höckerig bei immobilem Uterus.

12) **Parametrane Tumoren** ähnlich wie vor.; seitlich oder hinten über dem Scheidengewölbe.

Geschrumpfte intraligamentäre Abscesse hängen mit der Gebärmutterkante zusammen.

13) **Mastdarmgeschwülste** seltener, zuweilen verwachsen mit Kystomen; vom Rectum aus zu palpiren als in der Wand selbst sitzend; Darmstenose. Oft ist es nicht möglich, den wahren Sachverhalt festzustellen, ob nicht ein Kystom am Darm adhärent ist.

14) **Tumoren der Beckenknochen** sind unbeweglich mit den letzteren verwachsen und wachsen langsam. Vor allem sind aber die Eierstöcke nachzuweisen, da ein am Becken adhärentes Kystom denselben Palpationsbefund vortäuschen kann.

15) Eine grosse Seltenheit ist die **Hydromeningocele sacralis anterior**, d. h. ein Wasserbruchsack der dura mater zwischen corpus und ala ossis sacri.

IV. **Andere Bauchgeschwülste:**

16) **Wanderniere:** bohnenförmiger, fester, etwas empfindlicher Tumor, nach oben an die Stelle der Niere, wo tympanitischer Ton zu percutiren ist, verschieblich, — ohne Stiel zum kleinen Becken.

17) **Hydronephrose:** seit langer Zeit bestehend, von der Lumbalgegend nach unten wachsend, ohne Stiel zum Becken; der Darm läuft vor ihnen, während er bei Eierstocksgeschwülsten hinter oder über ihnen hinziehen muss. — Punction (vgl. oben).

18) **Echinokokkusblasen** der Nieren, der Leber, des Beckens; Hydatidenschwirren; Punction (vgl. oben).

19) **Milztumor:** von der linken Bauchseite zum Becken reichend, aber ohne einen Stiel in dasselbe zu entsenden. Leukämie.

20) **Tumoren des Netzes:** Verklebungen bei **tuberculösen** und **carcinomatösen**

Processen sind nicht nach dem kleinen Becken hin gestielt, darunter also tympanitischer Ton oder Ascites; die Ovarien normal.

21) P a n c r e a s c y s t e n : fehlender Beckenstiel.

22) T u m o r e n d e r H a r n b l a s e : Verwachsungen mit Kystom; charakteristische Blasenbeschwerden: Urin untersuchen auf abgehende Gewebsfetzen, ev. Urethra dilatiren.

23) T u m o r e n d e r B a u c h d e c k e n u n d d e r B a u c h d e c k e n s e r o s a : haften der Haut fest an, ihre Conturen auffallend deutlich palpabel. Bei der Respiration geht die Geschwulst (n i c h t wie die intraperitonealen mit dem Zwerchfell von oben nach unten und verschwindet n i c h t unter der Spannung der Bauchmuskeln) mit der Bewegung der Bauchdecken von vorn nach hinten. Bei allen Körperlagen behält die Geschwult dieselbe Lage zu ihrem Ausgangspunkte in der Bauchwandung. In dem Momente der Zusammenziehung der Bauchmuskulatur, werden die Conturen der Geschwulst verflacht, man fühlt aber die contrahirten Fasern ihr direkt auflagern: dann gehört die Geschwulst der Bauchdecken s e r o s a   oder der F a s c i a t r a n s v e r s a an. Tritt die Geschwulst dagegen s t ä r k e r hervor, so gehört sie der Musculatur an, wenn sie w ä h r e n d der Spannung f e s t liegt, — dem subcutanen Bindegewebe oder praemusculär, wenn sie beweglich bleibt.

F l u c t u i r e n d e   G e s c h w ü l s t e   d e r U n t e r b a u c h g e g e n d müssen an perforirende p e r i - oder p a r a m e t r i t i s c h e A b s c e s s e oder bei t u b e r c u l ö s e r Lumbalkyphose an einen S e n k u n g s a b s c e s s, an einen P s o a s a b s c e s s, denken lassen, rechtsseitige an P e r i t y p h l i t i s oder T y p h l i t i s, wobei daran zu erinnern ist, dass manche in der Excavatio vesico-uterina adhaerenten Eitertuben ähnliche Erscheinungen machen.

V. Tumoren vortäuschend:

24) Ausgedehnte Harnblase;
25) Ascites vgl. Taf. 42,1;
26) Fette Bauchdecken;
27) Meteorismus; Tympanie überall. Genitalien normal; nirgends Härte (sog. „Phantomgeschwulst").

Prognose: 90%/₀ aller Kystome über Kopfgrössse führen zum Exitus letalis durch Berstung und Peritonitis, Verjauchung oder Entkräftung. Die maligne Degeneration ist stets möglich. Dermoid - Kystome vereitern leicht oder degeneriren carcinomatös. Gefährlich ist die

Stieltorsion: Circulationsstörung mit Phlebothrombose oder Blutextravasaten in dem Tumor und Berstung desselben, oder Ernährungsstörung und nachfolgender regressiver Metamorphose, wenn langsam erfolgend, — mit Nekrose (Taf. 47,4) und Gangrän, wenn rasch.

Diagnose der plötzlichen Stieldrehung: acut gesteigerte Schmerzen: der Tumor, oft auch der Leib, druckempfindlich, wesshalb die Pat. gekrümmt gehen; reflektorisches Uebelsein; mässige abendliche Temperatursteigerungen, Morgens remittirend.

Therapie (vgl. § 32): ist ein Kystom kindskopfgross, so muss es entfernt werden; selbst Gravidität gibt keine Contraindication mehr ab. Aber auch kleinere Kystome sind am besten durch die **Ovariotomie** zu entfernen, zumal wenn sie heftige Druckerscheinungen oder heftige nervöse Erscheinungen verursachen oder sonstwie die Arbeitsfähigkeit stören.

Die **Punction** soll nur noch aus besonderen Gründen ausgeführt werden: wenn die Ovariotomie verweigert wird; — sub partu; — bei **Contraindicationen der Ovariotomie** und hochgradiger Atemnot oder anderen Druckbeschwerden: Malignität, schwache Herzfunction mit Oedemen etc., hochgradigste Anämie, Lungentuberculose. Nephritis oder andere unheilbare schwere constitutionelle Leiden.

Die Punction ist mittelst des Bresgen'schen Troicarts oder des Potain'schen Apparates streng aseptisch und ohne Lufteintritt aufzuführen, da früher Verjauchungen vorkamen: sie wird von den Bauchdecken oder von dem Scheidengewölbe her aufgeführt, indem Troicart und Gummirohr vorher mit sterilisirtem Wasser gefüllt werden und das Rohr in ein Ablaufgefäss mit eben solchem Wasser eintauchen muss. Dann kann keine Luft durch den z. B. zurückfallenden Tumor angezogen werden; damit dieses noch weiter verhindert wird, wird er an die Bauchdecken festgenäht (es gelangt dann auch keine Flüssigkeit in die Bauchhöhle) und nicht durch manuellen Druck, sondern durch geeignete Lagerung entleert. Schluss mittelst Heftpflasters (in Form eines Maltheser Kreuzes) oder mittelst Verbandes. Die Flüssigkeit ist langsam abzulassen, da sonst leicht Collaps.

Selten schrumpfen die Ovarialkystome nach der Punction, meist Wiederfüllung unter starker Kräfteabnahme der Pat., während die Exstirpation bei der jetzigen aseptischen Methode nur noch 4.5% Mortalität aufweist (Fritsch); das Resultat der Heidelberger Frauenklinik im verflossenen Jahre war 1 Todesfall auf sämmtliche 60 Koeliotomien (hochgradige Anämie bei Myomatose, also kein Todesfall bei Ovariotomie).

Die **Ovariotomie** wird bald nach der Periode ausgeführt unter den allerstrengsten Anforderungen der Antisepsis. soweit es den nur für diesen Zweck reservirten geheizten (18—20° R., wegen der bedeutenden Abkühlungsfläche der Därme) Operationsraum, sowie alle Kleider, Schüsseln u. s. w. betrifft, welche während der Op. mit der Pat. und dem Wartepersonal in Berührung kommen. Die Instrumente und Gazecompressen zum Tupfen werden ausgekocht und liegen während der Op. in sterilisirtem Wasser — mit anderen Worten: alles was mit der Wunde in Berührung kommt, darf keine ätzend-antiseptischen Eigenschaften mehr haben (wodurch Endothelnekrose und Adhäsionen), sondern muss feucht-aseptisch beschaffen sein. Dementsprechend werden die Hände und Arme des Operateurs, der Assistenten und der Wärterinnen zuerst mit Seife, Bürste und heissem Wasser, dann mit Spiritus und Bürste, endlich mit Sublimatlösung und Bürste behandelt und nun, ehe der Bauchschnitt gemacht wird, mit sterilisirter physiologischer (0.6%) Kochsalzlösung abgewaschen: letztere Procedur wird während der Op. häufiger wiederholt.

Meist wird die Trendelenburg-Veit'sche Becken-Hochlagerung der Pat. am geeignetsten sein: Kniee höchster Punkt des Körpers, der auf einem Keilpolster liegt (Därme sinken gegen den Beckeneingang und von der Wunde fort: Schutz gegen Hirnanämie; die Narkose wird überhaupt ruhiger). Andere Op. (v. Winckel, Martin) benutzen den kleinen Klapptisch der Frau Horn und sitzen zwischen den entweder niederhängenden (vgl. Atl. II, Fig. 32 a) oder auf 2 Stützen seitlich ruhenden Beinen (Neigung des B.-Eingangs gegen den Horizont im ersteren Falle 10°, im letzteren 25°, sodass im ersteren der Tumor stärker nach oben gegen die Bauchdecken entgegengedrängt wird).

Die Pat. erhält Tags vorher ein Vollbad. Die Bauchdecken werden darauf rasirt und in derselben Weise, wie es eben für die Hände des Op.-Personales angegeben ist, desinficirt und für die Nacht mit einer feuchten Sublimatcompresse bedeckt (Fritsch). Da aber die Infectionskeime in der Tiefe der Hautdrüsen und den tieferen Lagen des Epidermis nisten, so ist diese Prozedur unmittelbar vor der Op. zu wiederholen, wobei der Nabel, ältere Narben oder sonstige Unebenheiten der Haut sorgfältigst zu bearbeiten sind.

Die Diät soll schon 1 oder 2 Tage vorher flüssig, aber kräftig sein (Bouillon, Ei, Milch, Kaffee), dabei muss aber für energische Darmentleerung (durch Sennainfus per anum et os) gesorgt werden. Ebenso unmittelbar vor der Op. die Blase entleeren! Vulva und Vagina vollkommen desinficiren und mit Jodoformgaze austamponiren, im Falle, dass die Eröffnung des Scheidengewölbes oder sonstige Manipulationen per vaginam nöthig werden sollten.

Was die Operation selbst anlangt, so wird dieselbe Niemand ausführen, der nicht schon wiederholt solche genau als Zuschauer und Assistent gesehen, ev. unter Leitung ausgeführt hat. Ich hebe desshalb hier nur erinnerungshalber einige wichtige Momente hervor, zumal da es typische schematische Operationsweisen für Tumoren, welche mit zahlreichen Adhäsionen, entzündlichen Abkapselungen, intraperitonealen Eiterabsackungen und Blutungen complicirt sind, nicht giebt, dagegen Beobachtungserfahrungen, ruhige Ueberlegung bei jeder neuen Schwierigkeit, manuelle Geschicklichkeit und vorsichtige Berücksichtigung aller in dem gegebenen Falle als möglich bekannter Gefahren am besten den Op.-Weg zeigen werden.

Nach der Durchschneidung der Bauchdecken in der Linea alba wird das Bauchfell mit Pincetten gehoben und so geöffnet, um die Därme nicht zu verletzen; die weitere Spaltung der Serosa geschieht mit der Scheere unter dem Schutze des eingeführten Fingers.

Der Schnitt wird möglichst lang gewählt; es ist besser, eine gute Uebersicht zu haben und ausserdem den Tumor thunlichst unverkleinert zu entfernen; misslingt letzteres, so nähert man ihn mittelst Häkchen den Bauchdecken und entleert so die Flüssigkeit mittelst Troicart und Incision direkt nach aussen.

Lockere Adhäsionen werden abgestreift; feste unterbunden und dann durchtrennt; breite Adhäsionen ebenso, ev. mit Abtragung eines Stückes Tumorwand. Zuweilen sind die Adhäsionen so stark vascularisirt, dass sie die Geschwulst ernähren. Sollten parenchymatöse Blutungen bei breiten Organverklebungen oder vor allem bei Bauchdeckenadhäsionen (wo die Loslösung der parietalen stark verdickten und leicht für Tumorwand gehaltenen Serosa vermieden werden muss), entstehen, so wird mehrfach umstochen, ev. wenn in der Tiefe des Douglas-Raumes: Paquelin oder Liqu. ferri oder am besten mit Jodoformgaze tamponiren (Capillardrainage Kehrer) nach dem unteren Wundwinkel oder dem hinteren Scheidengewölbe hinunter (Wiedow).

Es muss festgestellt werden, ob der andere Eierstock gesund ist; stets mitzuentfernen, wenn der andere Tumor suspect war.

Der Stiel des Tumors muss sehr sorgfältig mehrfach durch- und umstochen, umknotet und endlich übernäht und — vor definitivem Schluss der Bauchhöhle — erst noch einmal ungespannt betrachtet werden, nicht allein mit Rücksicht darauf, ob es noch blutet, sondern auch ob sich durch Retraction eines offenen Gefässes ein Stielhämatom gebildet hat; stark anschwellende Gefässe können ein solches vortäuschen. Sodann müssen die Tupfcompressen gezählt werden.

Die Bauchnähte können verschieden gelegt werden:

1) Vereinigung der einzelnen Bauchwandlagen mit einander = Etagennähte: Sutura sero-serosa mit Catgut (weil ohnehin in wenigen Stunden verklebend; S. musculo-musculosa mit Catgut oder versenkbarem Fil de Florence oder beide zusammengefasst mit Silberdraht (Schede, Kümmell); S. cutanea flach oder noch einmal tief durchfassend mit Seide, Silk-worm oder Silberdraht.

2) In zwei Lagen mit zwei Nähten: die versenkte sero-musculäre Catgut- oder Fil de Florence- oder Silberdraht-Naht; die cutaneo-musculäre Naht wie bei 1.

3) In zwei Lagen mit einer 8-förmiger Naht: ein doppelt armirter Seidenfaden wird mit der einen Nadel seromusculär auf der einen Seite eingestochen und dann cutaneomusculär zur anderen Seite geführt — mit der anderen Nadel geschieht dasselbe. Auf diese Weise schliesst die untere Schlinge der 8 beim Zusammenziehen Serosa und Muscularis aneinander, die obere Schlinge Muscularis und Haut. Beim Zusammenziehen hat ein Finger zu controlliren, ob keine Darmschlingen mitgefasst sind und ob Serosa sich fest gegen Serosa legt.

Je näher die Nähte liegen (1½—1 cm), desto weniger Gefahr des Auseinanderweichens (Diastase) der Mm. recti. Zwischen den oberflächlich tiefen werden noch oberflächliche Hautnähte gelegt unter Auseinanderfalzen und glattem Aneinanderlegen der Hautränder.

Verf. bedient sich z. Zt. der in Heidelberg üblichen Achternaht. Bei Diastase der Mm. recti scheint mir die versenkte Schede'sche Silbernaht am Platze zu sein.

Verband und Nachbehandlung: Dermatol auf die Wundnahtfläche, Salicylgaze, Watte; Handtuchverband. Wenn ohne Zwischenfall, nach einigen Tagen gewechselt; am 10. Tage Nähte entfernt; etwa eiternde Seidensuturen sind vorher zu beseitigen und Carbolcompressen aufzulegen.

Sofort nach der Op. für Ausbruch des Schweisses sorgen (gewärmtes Bett), teils damit der Collaps bald vorbei ist, teils damit möglichst wenig Transsudat sich im Abdomen befindet, welches etwa eingedrungenen Infectionskeimen zum Nährboden dienen könnte (Fritsch); desshalb auch

am ersten Tag: wenig trinken, nur etwas belebende Getränke: wenig Wein, Cognac oder Rum mit Wasser verdünnt, Bouillon, vielleicht Kaffee und gegen den Durst Eispillen. Dauernd warm halten! Bei länger dauerndem Collaps ausser genannten Darreichungen noch Weinklystier oder Aether. Wenn starker späterer Collaps: innere Blutung, — Wunde wieder öffnen!

1. Woche: flüssige kräftige Diät. Am 2. Tage Sennainfus[1]) als Klysma zur Verhütung des Entstehens von Darmadhäsionen (Kehrer).

Von da an täglich 2 Klystiere, (besonders bei Leibschmerzen) ev. Nachhelfen mit milden Kathartika. Wenn Urin nicht spontan, täg-

---

[1]) Verf. konnte die jahrelangen Beobachtungen an zwei Kliniken mit einander vergleichen, wovon in der einen die Opiumbehandlung, bezw. Ruhigstellung des Darmes, in der Anderen die Sennatherapie gehandhabt wurde, und hat sich selbst unbedingt für die letztere entschieden, zumal da auch das subjective Befinden der Pat. ein weit mehr euphorisches, ja ungemein leichtes ist.

lich 2 Mal mit grosser Vorsicht katheterisiren. Ruhige Rückenlage; nur bei Gefahr der Lungenhypostase Seitenlage (vorsichtig!) Etwaiges **Erbrechen** entsteht durch verschlucktes Cloroform (Eispillen und Eisgekühlter Sect) oder Meteorismus oder Obstipation oder Peritonitis. Umbetten erst mit Beginn der

2. **Woche**: leicht verdauliche festere Speisen, — wenn absolut tadelloses Befinden schon vom 4. bis 5. Tage an (Kalbfleisch, Huhn, Zwieback, Weissbrot u. s. w.)

In der 3. **Woche**: Aufstehen.

Bei **Meteorismus**: Priessnitz'sche Umschläge, Pfefferminzöl, Fenchelthee; wenn combinirt mit starkem **Erbrechen**, **Temperatursteigerung**, **Schmerzhaftigkeit**, **Exsudatbildung** im Abdomen = **Peritonitis**: Einreibung von Ung. ciner. und Darreichung von Calomel (vgl. pag. 91; § 15, V.)

Bei **sehr starkem plötzlichem Collaps** mit Anämie: Ursache innere Verblutung — sofort Wunde öffnen! — oder (zumal bei fibromyomatösen Tumoren!) mit Dyspnoe und Cyanose: Lungenembolie.

Bei **überstandener Peritonitis** = **Absackung und Abkapselung der Exsudate** vgl. Ther. § 18.

Schema der Differential-Diagnose der ante- und retrouterinen Tumoren.

A. Retrouteriner Tumor fluctuirend.

Langsames Wachstum ohne Fieber. Fundus uteri	Rasches Wachstum mit Fieber. Fundus uteri
in den Douglastumor übergehend / getrennt von dem Douglastumor	getrennt von dem Douglastumor / in den Tumor übergehend.

1. Retroflex. ut. (grav.) 2. Intraut. Cysten-Myome 3. Haematometra 4. Echinokokkus-Cysten des Uterus (submucös) | 1. Kyst. ov. s. parov. 2. Hydrosalp. 3. Abdom.-Grav. (variabel) 4. Echinokokkus-Cysten der Ut.-Adnexa u. des Beckens. | 1. Exsud. periton. liqu. 2. Haematoc. retrout. intraperit. 3. Parametr. exsud. u. Haematoc. periuterin. extraperit. (Dougl. frei).

B. Retrouteriner Tumor solid.
Fundus uteri

in den Beckentumor übergehend	getrennt von dem Beckentumor

1. Intrauterine und intraligamentäre u. breitbasige subseröse Fibromyomata uteri | 2. Peritonit. exsud. indurat. (Beide fieberhaft entstanden) 3. Parametr. indur. (Douglas frei) | 1. subseröse polypöse Fibromyomata uteri. | 2. Ovarialfibrome und Carcinome | 3. Beckentumoren. | 4. Rectumcarcinom.

C. Anteuteriner Tumor fluctuirend.

Langsames Wachstum	Rasches Wachstum
ohne Fieber	mit Fieber
Fundus uteri	

in den Tumor übergehend — getrennt von dem Tumor

1. Physiol. 2. Intraut. 3. Haema- 1. Dermoidcyste 2. Hydro- 3. Abdom. 1. Exsud. 2. Haematoc. 3. Paramet. ex-
Anteflex. Cysten- tometra d. ovar. (meist salpinx (Gravid. periton. anteuter. sud. ant. u. Hae-
ut. grav. Myome.   hier; selt. hier (häufiger (selten liqu.(selt.) intraperit. matoc; periuterin.
                            multiloc. Ky- hier) hier)   (selten hier). extraperit. (Ex.
                            stome)   cav. periton. frei).

D. Anteuteriner Tumor solid.
Fundus uteri

in den Tumor übergehend — getrennt von dem Tumor

1. Intrauterine 2. Peritonit. 3. Para- 1. subseröse 2. Ovarialfibrome 3. Blasentu- 4. Blasen- 6. Vordere
u. (selten hier) exsud.indur. metrit. in- polypöse u. Carcinome moren steine Becken-
breitbasige sub- (selten hier) durat. Fibromyo- (selten hier)   tumoren.
seröse Fibro-   fieberhaft entstanden. mata ut.
myomata uteri

Kapitel III.
Bösartige Geschwülste.

Die malignen Tumoren zerfallen in E p i t h e l i - o m e. d. h. Plattenepitheltumoren oder Cancroide, bösartige Drüsenwucherungen oder maligne Adenome (Drüsenkrebs), bösartige papillär-glanduläre ovariale Wucherungen oder maligne papilläre Kystome, — S a r k o m e , d. h. Rundzellen- und Spindelzellenwucherungen, mit oder ohne schleimige Degeneration oder Pigmentablagerung im Fasergewebe, — und E n d o t h e l i o m e , d. h. Gefässendothelwucherung oder Angiosarkome, da sie ein Mittelding zwischen Epitheliom und Desmoid sind.

§ 36. Maligne Tumoren der Vulva, Harnblase und Vagina.

Es kommen vor:

an der Vulva: 1) Cancroid (Taf. 2. 2; 45. 1); 2) fibröses Carcinom (selten); 3) Drüsencarcinom der Gland. Barthol.; 4) Sarkom (vgl. Erläut. zu Taf. 47, Fig. 3);

in der Urethra: 5) Cancroid (sehr selten primär);

in der Harnblase: 6) Zottenkrebs (Taf. 57. 5); 7) diffuser Scirrhus der ganzen Wand; 8) multiples nodöses Carcinom; 9) Sarkom (sehr selten primär);

in der Vagina: 10) papilläres Cancroid (Taf. 45. 2; 52. 1; 57); 11) flächenhaft-diffuse carcinomatöse Infiltration (52. 1; 57); 12) Sarkom (Taf. 46. 3; 47. 2 u. 3 selten).

Betr. **Anatomie** vgl. Erläuterung zu Taf. 47, Fig. 3!

Symptome und **Diagnose**: **Vulvacancroid**: Pruritus oft lange vor Eruption der Knötchenbildung, welche in Gestalt kleiner, flacher, geröteter Prominenzen die Hautoberfläche uneben machen. Später Ränder livide und derb; ringsum in der Haut kleine Knötchen. Frühzeitig Zerfall und Metastasen der Leistendrüsen. Das U l c u s hat irreguläre Ränder mit harter Umgebung. A e l t e r e Kranke, über 40 J.

Vulvasarkom: bei jüngeren Kranken, ev. congenital; Tumor faserig.

Blasenkrebs: Erscheinungen vgl. § 31 sub. Harnblase. Notwendig: Urethradilatation; der Tumor besteht aus weichen, bröckelig-faserigen, polypösen Massen; dieselben reissen sich leicht los und bestehen nicht, wie bei einem fibrösen Tumor, aus intacten Faserzotten, sondern aus z e r f a l l e n e n G e w e b s f e t z e n (Mikr.). Rasch Metastasen, leicht Embolien; peritonitische Erscheinungen. Meist secundär.

Vaginalcancroid: auch hier Pruritus; unregelmässige Blutungen. Schmerzen beim Coitus und spontan. Eitrige und jauchige Ausflüsse, wenn exulcerirt; sodann Abgang von fötiden, leicht zerdrückbaren Bröckeln. Allmählich Blasenbeschwerden und endlich Fistelbildung. Mikrosk. Bild vgl. Taf. 45; aber, wenn als Cancroid diagnosticirt, exploriren, ob es nicht secundär von der Portio stammt! (vgl. Taf. 57). Das p a p i l l ä r e Cancroid meist vorn breitbasig beginnend (chron. Vaginitis). Die n o d u l ö s e Form meist periurethral; die Knoten verschmelzen rasch und exulceriren bald.

Ganz analoge Erscheinungen macht das **Sarkom**; mikr. Bild vgl. Taf. 46 u. 47. Tod an venösen Metastasen oder Septicämie oder Verblutungen; verdächtig sind die r e c i d i v i r e n d e n Fibrome oder Polypen.

Therapie: Für alle diese Tumoren gilt es, dieselben sofort nach der Diagnose zu entfernen. — mit Messer und Paquelin, u. zw. muss die Exstirpationsgrenze ganz ausserhalb der infiltrirten Zone liegen. Drüsenmetastasen sind nicht zu vernachlässigen. P r o p h y l a k t i s c h sollte in dem klimakterischen Alter jede suspecte grössere oder nässende warzige Prominenz an der Vulva entfernt werden. Sie dürfen n i c h t erst längere Zeit g e ä t z t werden.

Spez. bei U r e t h r a c a r c i n o m ensteht keine Incontinenz, so lange der Sphincter intact bleibt.

Bei Inoperabilität ist für möglichst schnelle Entfernung des sich zersetzenden Urins und Desinfection des Blaseninnern zu sorgen.

Bei Blasenkrebs (Taf. 57,3) trägt man, wenn es sich um einen circumscripten Zottentumor handelt, die betreffende Wandbasis ab; bei diffuser flacher Knötchenbildung Excochleation mit scharfem Löffel. Ausspülung mit Salicylsäurelösung; bei Blutungen Eiswasserausspülung, Eisblase und Scheidentamponade. In den nächsten Tagen mit dickem Katheter die Coagula entleeren.

§ 37. Maligne Tumoren des Uterus.
I. Uterus-Carcinom.

Die einzelnen Arten von Gebärmutterkrebs vgl. auf:
1) Taf. 45, 2; 50, 2; 54, 1; 57, 1—4; 59, 2 = cancroider Papillartumor der Portio vaginalis;
2) Taf. 52, 1 = flachverlaufendes Cancroid der Portio und des Fornix vaginae;
3) Taf. 45, 3; 51; 54, 2; 55; 58 = cancroides Cervixulcus;
4) „ 52, 2 nodulöses Cancroid der Cervix;
5) „ 58, 3 u. 4 oberflächliches Epitheliom des Corpus uteri;
6) Taf. 7, 3; 53, 1 = Drüsenkrebs, malignes Adenom des Corpus uteri.

Symptome: Von ungemeinster Wichtigkeit ist es, diese bösartigen Tumoren so früh als möglich zu finden, weil nur dann, wenn im Beginne sich noch keine lymphatischen Metastasen gebildet haben, die Gewährleistung sicherer Elimination ohne Recidiv gegeben ist.

Die Initialsymptome sind in fast allen Fällen Blutungen, Ausfluss (erst glasig-schleimig, dann eitrig, dann blutig-eitrig mit oder ohne bröckelige Gewebspartikel), Schmerzen (zuweilen Pruritus) — endlich nehmen die abgehenden flüssigen und festen Bestandteile jauchigen Charakter an.

Schwächere Blutungen und Schmerzen sprechen zunächst für Körperkrebs.

Die Unregelmässigkeit der Blutungen in dieser Lebenszeit, der Menopause, täuscht leicht die Pat. und den Arzt. Um so sorgfältiger muss controllirt werden!

Der Schmerz strahlt reissend und bohrend (lancinirend) in das Kreuz und die Oberschenkel aus; er ist nicht constant. Bei Körpercarcinom tritt er in Paroxysmen kolikartig mit der Entleerung fester Bröckel aus dem Cavum uteri auf. Andere Ursachen sind Druck auf die Nerven, Neuritiden, Anätzung der noch unversehrten Weichteile durch den jauchigen Krebssaft, die Fistelbildung, der Blasencatarrh, der weiterhin entsteht.

Alle Arten Blasenbeschwerden treten auf; durch Druck auf die Ureteren (nach v. Winckel) sehr frühzeitig — als urämisch zu erklärendes — Erbrechen und Kopfweh: der Urin ist stets vermindert!

Späterhin nehmen mit der Affection der Blasenwandungen, — meist im Trigon. Lieutaudii mit Verschluss der Ureteren durch starre Infiltration, — die urämischen Symptome unverkennbar typischen Charakter an: gleichzeitig mit fast völliger Anurie ist die Pat. benommen, hat Convulsionen und bekommt Oedeme. Diese Oedeme werden vermehrt durch Compressionsthrombosen in den Beckenvenen, welche durch die derbe Infiltration des parametranen Bindegewebes entstehen. Allmählich engen diese auch das Rectum ein: Faecalstase, Haemorrhoiden, Tenesmus.

Das allgemeine Befinden leidet, kachektisches Aussehen: reflektorische und Ekeldyspepsie. Tod an Entkräftung oder Urämie oder Peritonitis.

Diagnose: Einstellung der Portio vaginalis im Speculum (vgl. die betr. oben angeführten Tafeln). Die Tumoren bluten auffallend leicht und lassen eingesetzte Häkchen ausreissen.

Betr. Cervixulcus ist zu bemerken, dass der

Mm. ganz intact und geschlossen ist, während der Cervicalkanal in eine dilatirte jauchige Höhle umgewandelt ist. Die Sonde überzeugt hiervon; ebenso von dem durch Zerfall der Wandungen erweiterten Cavum uteri. Die Geschwüre sind scharf ausgeschnitten, speckig belegt, mit geröteten, geschwollenen Rändern, leicht blutend. Solche Geschwüre befinden sich besonders im Scheidengewölbe, wohin sie von der Portio aus übergegangen sind.

Die sichere Diagnose liefert die mikr. Untersuchung der abgegangenen Bröckel, bzw. ausgeschabten Wandpartikel (vgl. betr. Drüsenkrebs Taf. 7 Fig. 2 u. 3).

Um Irrtümer in der Diagnose zu vermeiden muss stets eine genaue Anamnese erhoben werden. Auf diese Weise taucht schon von vornherein bei verjauchtem Abort oder Placentarretention keine falsche Vorstellung auf; die mikr. Untersuchung würde ohnedem Chorionzotten und Deciduagewebe ergeben (vgl. Atl. II, Figg. 58, 59). Ein verjauchtes Fibromyom (vgl. § 34, Diff. Diagn.) ist kenntlich an der derben Resistenz beim Abtragen von Probepartikeln und an der faserigen histologischen Structur. Zu denken ist ferner an die seltenen multiplen Condylome der Portio, welche nicht gelb wie das Cancroid, sondern bläulichrot und desselben Ursprunges sind wie die der Vulva.

Zu erwähnen ist noch, dass hartnäckige, mikroskopisch als fungös diagnosticirte Endometritiden im klimakterischen Alter oft nichts anderes sind als Anfänge des Drüsenkrebses, bzw. bei langem Bestehen die Praedisposition dazu abgeben; ebenso die papilloide Erosion und Lacerationsnarben zum cancroiden Papillartumor.

Therapie: sofortige blutige Entfernung der suspecten Massen, u. zw. tief im gesunden Gewebe! Mindestens 1—2 cm von der Tumorgrenze.

Prophylaktisch: gründliche Beseitigung von Endometritiden, Erosionen, Lacerationsnarben und Ektropien.

Ist ein cancroider Papillartumor mit Sicherheit nur auf die Portio beschränkt (vgl. Taf. 49—51; 57, 2; 59), so entfernt man die eine oder beide Lippen, ev. die betr. mitergriffenen Teile des Scheidengewölbes (vgl. Taf. 49,1; 52,2; 54,1; 57,1).

Haben wir es dagegen mit einem Cervicalulcus zu thun, so erscheint mir als der einzig sichere Weg die Totalexstirpation der Gebärmutter. Die frühere Schröder'sche supravaginale Amputatio colli per vaginam hinterlässt, selbst wenn das Ulcus noch nicht bis zum inneren Mm. reicht, die Furcht vor Recidiven, welche in dem in situ belassenen Uteruskörper oder von hier aus metastastisch entstehen können. Es braucht sich hier auch gar nicht um Metastasen in unmittelbarem Anschluss an die Grenze des Tumors zu handeln; wir haben ja Präparate, welche uns zeigen, dass schon ziemlich früh carcinomatöse Entartung gleichzeitig im Corpus, ja Fundus uteri und im Collum bestehen kann.

Die **Totalexstirpation** kann ausgeführt werden 1) von der Scheide aus (Langenbeck-Czerny) = Kolpohysterotomie, 2) als Koeliohysterotomie nach Eröffnung der Bauchdecken (Freund), 3) nach sacralem (Hochenegg-Herzfeld-Hegar) oder parasacralem Eingehen (Wölfler).

Die Vorbereitung besteht — ausser dem Vollbade, der gehörigen Entleerung des Darmes mittelst Klystier und Laxantien, sowie unmittelbar vor der Operation Entleerung der Blase — darin, Scheide und Cavum uteri mehrmals antiseptisch auszuspülen und auszuwischen!

1) Die **vaginale Exstirpation**.

Die Portio wird mittelst Simon'scher Rinnenspecula (ein hinteres, ein vorderes und zwei Seitenhebel) zugänglich gemacht und durch Anschlingung herabgezogen; ist das parametrane Gewebe infiltrirt, so ist der Uterus wenig oder gar nicht zu bewegen; alsdann ist an eine Entfernung alles Kranken nicht mehr zu denken. Durch jene Anschlingung wird gleichzeitig der äussere Mm. verschlossen und so der Austritt infectiöser Massen bei intrauterinem Carcinom inhibirt. Beim Portiopapillom wird vor der Eröffnung des Scheidengewölbes thunlichst viel krebsiges Gewebe mit Messer, Scheere und scharfem Löffel entfernt und der blutende Rest mit Paquelin und ätzender Carbolsäure möglichst unschädlich gemacht. Hierauf hat noch einmal eine antiseptische Auswischung des Genitalkanales zu erfolgen.

Die Portio wird nunmehr circumcidirt und stumpf von der Blase losgelöst, der Douglas-Raum eröffnet (Czerny), oder nach v. Winckel in Spiraltouren vorgegangen, bis man irgendwo auf das Peritoneum stösst. Der Gebärmutterkörper wird flectirt und mit dem Fundus durch die Oeffnung gezogen. Die Vasa uterina et spermatica werden dadurch unterbunden, dass mindestens 3 Ligaturen beiderseits durch die breiten Mutterbänder gelegt werden (I. Tube — Lig. ovarii, II. Lig. ov. — Lig. rotund., III. Lig. rotund. — Scheidengewölbe); gelingt es die Adnexa soweit herunter zu ziehen, dass die Ovarien entfernbar werden, so ist dies vorzuziehen.

Olshausen zieht den Uterus in situ ohne Flexion herab; P. Müller spaltete, wenn das Organ zu stark ausgedehnt war, den Uterus mitten durch und entfernte ihn so in 2 Längshälften. Fritsch schneidet seitlich zuerst ein, unterbindet die Artt. uterinae, verbindet circulär durch vorderen und hinteren Gewölbschnitt, legt eine Gummiligatur, eröffnet die Serosa vorn und stülpt hier die Gebärmutter vor.

Das Hauptaugenmerk ist darauf zu richten, dass der Operateur nicht zu weit gegen die Blase oder den Mastdarm vordringt und dadurch das Bauchfell verfehlt.

Ist die Scheide eng, so werden seitliche Incisionen in die Mm. Constrictores cunni gemacht oder der ganze Damm mit dem Septum recto-vaginale gespalten. Zuckerkandl empfahl desshalb auch theoretisch, ganz vom Perineum aus durch das Septum bis zum Douglas-Raum vorzugehen.

Die Wunde im Scheidengewölbe wird nach Abtragung des Uterus von den ligirten Adnexen mit Jodoformgaze drainirt, verkleinert durch einige Nähte. 2—3 Wochen Bettruhe.

2) Die **Totalexstirpation per Koeliotomiam.**

Die von Freund angegebene Op. ist noch heute indicirt bei sehr grossen derben, ev. mit Fibromyom complicirten Tumoren, die nicht per vaginam entfernbar sind. Am besten die Bardenheuer'sche Modification: zuerst von der Vagina aus circumcidiren; dann die Ligg. nach Eröffnung der Bauchhöhle je 3-fach ligiren, Uterus abtragen, die Wunde vernähen.

3) Die **sacrale und die parasacrale Methode**
kann ausgeführt werden bei Adhäsionen und parametranen Krebsknoten oder zu grossem Uterus (auch puerperalem). In linksseitiger Sims'scher Lage (vgl. Atl. II. Fig. 32b) Hautschnitt von rechter Sp. il. post. inf. über die Crista sacralis bis nahe dem Anus, bis auf das Kreuzbein durch; Abtragung des Os coccygeum mittelst Knochenscheere: Lösung des Lig. tuberososacrum. Nach Spaltung der Fascia praevertebralis rechts vom Mastdarm zur bläulich durchschimmernden Scheide, deren Gewölbe der Assistent in die Wunde drängt; Douglas-Raum jetzt eingeschnitten und Uterus herausgezogen. Unterbindung der Ligamente wie oben und Abschneidung der Gebärmutter beiderseits, worauf auch die vordere Bauchfellfalte gegen die Blase hin eingeschnitten wird. Hierauf Vernähung der Douglas- und der Blasenserosa über Uterus und Scheide, so dass diese mit den Ligament-Stümpfen jetzt extraperitoneal liegen. Abtragung und Vernähung der Scheide. Jodoformgazedraina ge ev. auch durch die Scheide (Schauta).

Die **symptomatische Behandlung** erstreckt sich auf die inoperabelen Fälle.

1) Gegen die Jauchung: Abtragung der carcinomatösen Massen mittelst Messer, Scheere, Curette und Thermokauter. Da eine verschorfte und späterhin nur maligne granulirende Fläche zurückbleibt, so ist es angezeigt, soweit irgend thunlich, durch Anlegung von Nähten die Wunde zu schliessen und somit die Granulationen einem Drucke auszusetzen, der der allzu starken und schnellen Wucherung einen Damm setzt. Zu vermeiden ist es, durch das Excochleiren Fisteln nach der Blase oder dem Rectum zu schaffen.

Von Aetzmitteln möchte ich, zumal in nicht cürettirbaren Fällen, nur der conc. Carbolsäure das Wort reden. Schröder applicirte 20% Bromalkohol 5 Min. lang mittelst Wattetampons, denen in NaCl-Solution getauchte Tampons untergelegt waren. Langsamer — in 12—60 Stunden — wirkt 30% Plumb. nitr. pur. pulv. (c. Lycop.)

Gegen den foetiden Geruch Kali hypermang. in starken Lösungen (dunkelrotbraun), oder 1% Creolin, — tgl. mehrmals einzuspülen. Als Pulver tgl. aufzustreuen: Chinojodin, Aristol.

2) Gegen die Blutungen wirkt diese Therapie palliativ; im gegebenen Falle: adstringirende Lösungen einspülen oder Globuli einlegen, Essig, Alaun, Eisenchlorid — oder die Jodoformgazetamponade (Fritsch.)

Die allgemeine Ernährung ist sorgsam zu regeln! Bevorzugung leicht verdaulicher vegetabilischer und piquanterer Kost mit Stomachicis (Tr. Chin. comp.), Haematogen, Haemalbumin, Eisenpeptonweine u. dgl. — Laxantien und hohe Klystiere, ev. mit Sennainfus.

3) Gegen die lancinirenden Schmerzen ist ergiebiger, aber nicht zu frühzeitiger Gebrauch von Narkoticis in aufsteigender Reihenfolge zu machen: Sulfonal, Trional, Urethan, Chloralamid per os; Antipyrin, Extr. Hyoscyami u. Belladonnae, Chloralhydrat, Tr. thebaica, als Klystiere, z. t. später per os, endlich Morphium subcutan in allmählich steigenden Dosen.

4) Gegen das Erbrechen: Stomachika, worunter das Condurangodecoct, Eispillen, kalte Milch (Buttermilch), in Eis gekühlter Champagner.

5) Gegen das Kopfweh: kühle Umschläge, Antipyrin.

Gegen die beiden letzteren Symptome auch warme Vollbäder und Schwitzen, da sie urämischer Natur sind.

II. Uterus-Sarkom.

Anatomie vgl. Taf. 47, 3.

Diese Tumoren sind fast noch bösartiger als die Carcinome. Sie kommen primär oder secundär bei Ovarialsarkomen im Uteruskörper vor (vgl. Taf. 53), und zwar oft schon im jugendlichen Alter. Sie bestehen meist in Rundzellenwucherung, zuweilen in einem Tumor gepaart mit Spindelzellencharakter (vgl. Taf. 47). Sie wachsen zottig-polypös und dilatiren den Mm. Metastasen treten auf venösem Wege auf, endlich als Lungenembolie. **Endotheliome** kommen, und zwar an der Portio, sehr selten vor.

Symptome: stark schleimige, weniger blutige, erst spät und gegenüber dem Carcinom wenig übelriechende Ausflüsse. Schmerzen treten erst mit der Erweiterung des Mm.'s auf. Atembeschwerden mit Eintreten der Lungenmetastasen; alsdann cyanotisches Aussehen. Bestehen starke Blutungen, so tritt Anämie ein.

Diagnose: Vergrösserung der Gebärmutter (vgl. Taf. 53) mit oder ohne Erweiterung des Mm.'s. Wenn unerweitert, dilatiren und das Cavum uteri abtasten: zottig-polypöse multiple Excrescenzen. Probecurettement: Mikroskop (namentlich bei zweifelhafter fibröser Beschaffenheit auf „Riesenzellen" fahnden, vgl. Taf. 47 Fig. 2). Zu bedenken ist, dass ein Fibromyom sarkomatös degeneriren kann (vgl. Diff. Diagn. § 34).

Therapie: wenn mucös, excochleiren; wenn Uterus vergrössert, Totalexstirpation. Wenn zu weit vorgeschritten, symptomatisch, wie beim Carcinom.

§ 38. Maligne Tumoren der Adnexa, zumal der Ovarien.

I. Carcinom.

Betr. der **Anatomie** vgl. Taf. 43, 4 nebst den Erläuterungen. Die Ovarien disponiren zur krebsigen Entartung schon oft im Pubertätsalter (Olshausen).

Symptome: Ausbleiben der Periode, Ascites und peritonitische Erscheinungen, baldiger Marasmus und Metastasen mit Circulationstörungen in den unteren Extremitäten. Rectumstenose (vgl. Taf. 43, 4).

Diagnose: Vergrössertes, rasch wachsendes Ovarium oder Ascites bei bisher rein glandulärem Kystom. Explorativincision und Nachweis von Knötchen und multiplen diffusen, papillären Excrescenzen in und auf dem Peritoneum.

Therapie: Exstirpation, wenn auf das Ovarium beschränkt, sonst nur Punction bei heftigen Druckbeschwerden.

Drüsen-Carcinome der **Tuben** kommen primär sehr selten vor und sind als solche nicht diagnosticirbar.

II. Sarkom.

Meist Spindelzellentumoren in frühem Alter, combinirt mit Rundzelleneinlagerungen und Degenerationen myxomatöser oder carcinomatöser Art. Sie wachsen langsam und ihre Diagnose und Therapie ist diejenige der Ovarialfibrome (vgl. §§ 33 u. 35). — Ebenso kommen Sarkome an den Ligamenta vor.

Auch Endotheliome (Angiosarkome) können zu bedeutender Grösse mit entschieden bösartigem Charakter heranwachsen. Sie zeigen cavernösen Bau mit meist myxomatösem Gewebe.

In der Gynäkologie gebräuchliche Arzneiverordnungen.

1) **Acid. nitr. fum.:** zum Aetzen bei *Lupus*, *Fisteln*, *Endometritis* (jed. 4.—5. Tag 1 Tropfen auf Watte).
2) **Adstringentia** (vide „Resorbentia"): Alaun, Bleiwasser, Cupr. sulf., Eichenrindendecoct, Glycerin, Tannin.
3) **Aetzmittel:** vide Ac. nitr. fum., Arg. nitr. 2—20%, Carbolsäure 3% — conc., Chromsäure 33%. Chlorzink 5—10 bis 50%, Wiener Aetzpaste, Liqu. Hydrarg. nitr. oxydul. (Bellostii), Kali caust., Extr. Ratanhiae, Sublimat $1^{00}/_{00}$. Bei uterinen Aetzungen hernach mehrmals die Vagina ausspülen.
   Aetzstifte vide „Bacilli", u. a. bei *infantilem Uterus*.
4) **Alaun solut.:** 1—3—6%, z. Inj. od. Tamp. bei *Vaginitis*, *Invers. vag.* Bei *acuter Blennorrhoea Vag.* Jodoformgaze hiermit getränkt, alle 3 Stunden erneuert.
5) **Alaunvaseline** (Lanolin, Mollin): 2—4:50 bei *Pelvitis*, *Vaginitis*, *Invers. vag.*
6) **Alaunbacilli:** 0.3 gr 4 cm long., 0.2—0.4 cm crass., c. Gummi arab. et Glyc., bei *Endometritis*.
7) **Aloës Extr.,** Extr. Rhei comp. āā 3.0, pulv. et succ. Liqu. q. s. f. pil. Nr. 30, 2 P. pr. die: *Laxans*.
8) **Althaeae decoct.:** z. Inj. bei *Vaginitis*, *acut. Endo- und Metritis*.
9) **Antihysterika** et Antineuralgika: vide Asa foetida, Extr. Cann. ind., Antipyrin, Belladonna, Camph. monobromata, Castoreum, Chloralhydrat, Chloroform, Cocain, Hyoscyamus, Kal. bromat., Morphium, Opium.
   Flor. Chamomillae, Fol. Menth. piper., Rad. Valerianae.
10) **Antipyrin:** 0.5—1.0, 1—2 stdl. 1 P. (6 gr pr. die) bei *Molimina menstr.*, *Dysmenorrh.* u. a. *Schmerzen*; — *Fieber*.
11) **Antipyrin:** per rect. 2 gr i. Solut., wie vor.
12) **Antispasmodika:** vide Antipyrin, Chloralhydrat, Chlorof., Morphium, Opium.
13) **Arg. nitr.:** 2% sol. bei *Endometr.*, *Ulcera port. vag.* *Urethritis* einstreichen oder injiciren (je 8 täg.) oder 0.2—0.5 : 1000, tgl. 4—6 mal zu injiciren.

14) **Arg. nitr.:** 2—6 ⁰⁰/₁₀₀ bei *Cystitis*.
15) **Arg. nitr.:** 5—10—20%/₀ od. Stift. bei *Pruritus, Vaginitis, Fisteln.* je 8täg.
16) **Bacilli** c. gummi arab. + Glycerin (4 cm long., 0.2—0.4 crass.); vide Alaun., Bism. subnitr., Jodoform (90%/₀), liqu. ferri sesqu., Tannin, Zinkoxyd, Chlorzink ev. alle mit Jodoform.
17) **Bäder: warme Voll-**, 28—30° R. $^1/_4$—$^1/_2$ Stunden bei *Blasensphinkterlähmung*, *Urämie (Carcinose)* *Oophoritis*, *Endometr. acuta*, *Metritis chron. u. Subinvolutio uteri*.
    Fuss-, mit 1—3 Essl. Salz od. Senfmehl, 30° R., 1—2mal tgl., bei *Oligo-* und *Amenorrhoe, Dysmenorrhoe ex anämia*.
    Sitz-, mit Weizenkleie ($^1/_2$—$^1/_1$ Pfd.), Eichenrindendecoct (7—10%/₀), 26—30° R., $1^1/_2$—2 h., bei *Pruritus, Urethritis*.
    Sitz-, mit Tannin od. Alaun (2%/₀), See- oder Mutterlaugensalz ($^1/_2$ Kilo auf 2 Eimer) wie vor., bei *Dys-* und *Amenorrhoe, Urethritis, Pruritus, Para-* und *Perimetritis* (10—20 Min. Anfangs).
18) **Badeorte: Moor-**, (resorbirend) Teplitz, Franzensbad, Kissingen, Elster und die Mattoni'sche Mischung (5 Lit. auf 1 Vollbad) bei *Metrit., Para-* und *Perimetritis, Oophorit. chron., Haematocele*.
    heisse Sand-, Blasewitz b. Dresden, Köstritz b. Gera, wie vor.
    Sool-, Kreuznach, Tölz, Nauheim, Kösen, Oeynhausen, Hall (Ob.-Oestr.), Heilbronn, oder künstlich durch Zusatz von 10—20 Pfd. Mutterlauge oder Seesalz zum warmen Vollbad; bei *Myomatose, Skrophulose, Vulvitis, Metritis, Para-* und *Perimetritis chron.* ($^1/_2$—$1^1/_2$ Stunde lang, dann 1 Std. ruhen).
    See-, bei *Enuresis noct., Skrophul. (Vulvitis)*.
    Jod-, Kreuznach, Tölz, Hall bei *Skroph.*
    salinisch-purgirend: s. „*Laxantien*" und „*Entfettungskur*".
    für Anämie: Brückenau, Triburg, Elster, Franzensbad, Pyrmont, Schlangenbad, Schwalbach, St. Moritz, Wildbad.
    bei Blasen- und Nierenkrankheiten: Karlsbad, Wildungen (auf $^1/_3$ Lit. $^1/_2$ gr Natr. salicyl. + 0.015 Morph. bei Cystitis), Neuenahr, Assmannshausen, Obersalzbrunn, Vichy, bei *Menorrhagien* durch *Nephritis*.
19) **Belladonnae Extr.:** als Suppositor. od. Globul. 0.02 : 3.0 But. Cac. — bei *Tenesmus vesicae et recti, Dysmenorrhoe, Endo-* und *Metrit., Ut.-* und *Vag.-Neurosen*.
20) **Belladonnae Tinct.:** 3 mal 20 Tr. (+ kal. brom. 1 gr pr. die) bei *Enuresis noct*.
21) **Belladonnavaseline** (Lanolin, Mollin): 1—2 : 50 bei *Pruritus*.
22) **Bismut. subnitr.:** Bacilli 0.2 s. Bacillus bei *Endometritis*.
23) **Bismut. subnitr. ung.** 10%/₀: bei *Eczem, Herpes*.
24) **Bleiwasser** (vgl. Plumb.): bei *Pruritus, Vulvitis, Erysipel, Vaginitis* (z. Inj. 2—5 Essl. : 1 Lit. laues Wasser).
25) **Blutstillungsmittel:** Ferripyrin, Liqu. ferri sesquichlor.;

Jodoformgazetampon; Galvanokauter. Paquelin. Ferr. cand. (so bei *Carcinom-, Myom-Op.*) Bromalkohol *(Carc.)*.

26) **Borwasser:** 3% bei *Cystitis, Urethritis*, Inj. 2—4 mal tgl.
27) **Borvaseline** (5:20): bei *Pruritus*.
28) **Bromalkohol:** 20%. blutstillende Inj. b. *Carcinose*.
29) **Calomel pulv.:** 0.25 (+ Sacch. alb. 0.5) mehrmals tgl. oder 0.5 einmal bei *Peritonitis ac., Parametr., Metr. ac.* als *Laxans*, hinterher 15—20 Tropf. Tr. thebaica.
30) **Camphora monobromata:** 0.1—0.3 + Sacch. alb. 0.5. 3 mal tgl. 1 Pulv. geg. *hyst. Reizzustände*.
31) **Carbolsäure** 3—5%—conc.: z. Auswischen des Cav. ut. od. b. *mult. Polyp.-Recidiven, Fisteln*.
32) **Carbolsäure** 2%: subcutan, ½—2 Prav. bei *Lupus, Erysipel*.
    Carbolsäure ½—2%: bei *Vaginitis, Endometritis*.
    Carbolsäure 2—5%: bei *Vulvitis*.
33) **Carbolsäure** ¼—½%: bei *Cystitis*.
34) **Carbolglycerin:** 2—4% *Endometritis, Metritis*.
    Carbolöl: 2—4%.
    Carbolintoxikation: kl. Dos. Op., Morph., Eis. Milch. schwefels. Salze.
35) **Camph.:** 1.0. Ol. amygd. dulc. 9.0 *subcutan*.
36) **Carlsbader Salz:** 1—3 Theel. auf 1 Glas laues Wasser nüchtern. *Lax*.
37) **Cascarae Sagradae** Extr. fluid. + Aqu. + Syr. Zingib. $\overline{aa}$ 10.0. 2mal tgl. 1 Theel., *Laxans*.
38) **Chinae Tr. comp.:** 20 Tropf. — ½ Theel. 3mal tägl. bei *Anämie, Urämie, Dyspepsie*.
39) **Chinojodin pulv.:** bei *Carcin. Jauchung* zum Aufstreuen.
40) **Chloralhydrat:** per rect. 1—2:15 (ev. + Bromkali) $\overline{aa}$) bei *Tenesmus vesicae et recti, Dysmen., Carcinom*.
41) **Chloralhydrat:** sol. 5:100 (+ Syr. cort. aurant. 25) in 2 Malen zu nehmen wie vor.
    Chloralhydrat Sol. 15 (+ Syr. cort. aur. $\overline{aa}$): 175 Aqu.: 3—4mal tgl. 1 Essl. bei *Enuresis noct.* (ev. + Kal. brom.)
42) **Chloralhydrat Suppos.** od. **Glob.:** 0.5:3.0 But. Cac. bei *Blasen-* u. *Darm-Tenesmus, Dysmen., Ut.-* u. *Vag.-Neurosen; Carcinose*.
43) **Chlori Aqua:** + Aqu. dest. $\overline{aa}$ 50.0 + 1.0 Ac. hydrochlor., 2 stdl. 1 Essl., bei *Meteorismus, peritonit. Diarrhoen*.
44) **Chloroform** + **Ol. Hyoscyami** $\overline{aa}$ 10: z. Einreiben bei *Pruritus*; bei *Carcinom-Schmerzen, Peri-* u. *Parametritis, Oophoritis* auf Tampons.
45) **Chloroform-Narkose** = Chlorof. 3. Aeth. sulf. 1. Alk. abs. 1 (Billroth).
46) **Chlorzink:** 5% Stift s. Bacillus. bei *Endometritis*, darunter Watte. 3 Tage Bettruhe.
47) **Chlorzink** 10 (—50) % Sol.: je Stäg. auspinseln bei *Endometrit*. nach Dilat. der Cervix; 5—10% inj. bei *mult. recidiv. flachen Polypen*.

48) **Chlorzink** $1/2-1/1\%$ Sol.: inj. od. auf Tampons bei *Vaginitis, Invers. vag.*
49) **Cupr. sulfur.-** od. **Zinc. sulfur.-Vaseline:** $2-3-5$ gr. : 50 bis 75 gr. auf Tamp. wie vor.
50) **Cupr. sulfur.:** $1/2-2/1\%$ Inj. od. Tamp. wie vor., $1^{00}/_{00}$ bei *Endometritis.*
51) **Cupr. aluminat.:** $1-5$ gr : 1 Lit. Aqu. wie vor.
52) **Chromsäure** 33%: bei *Fisteln, Endometritis* (je 8täg.)
53) **Cocain. mur.:** $5-10\%$ Solut. od. Salbe, bei *Pruritus*, (alternirend mit $10-20\%$ Arg. nitr. in Narkose) *Vaginismus, Ut.-* u. *Vag.-Neurosen, Dysmenorrhoe, loc.* Anaestheticum. Ebenso **Coc. mur.** $1/1-1/1^{00}/_{00}$: bei *Cystitis* injic.
54) **Coc. mur. Suppos.** od. **Glob.**: 0.1 : 3.0 But. Cac. bei *Darm-* und *Blasentenesmus, Carcinom.*
55) **Coffein. citr.:** 0.1 (+ Sacch. alb. 0.5) gegen *Hemikranie.*
56) **Condurango Dec.:** 12 : 175, bei *carcinom. Dyspepsie.*
57) **Desinfection** der Hände vgl. § 34 sub Therapie. In der **Sprechstunde** müssen die Hände, zumal bei Berührung mit Fluor, mit $1/2^{00}/_{00}$ Subl. od. $2^1/_2\%$ Carbols, und der Bürste gereinigt werden. Besonders sorgfältig müssen Instrumente (Specula, Sonden) nach jedesmaligem Gebrauche desinficirt werden in $3-5\%$ Carbolsäure. Eingefettet werden dieselben mit 10% Carbolvaseline oder 30% Borvaseline.
58) **Diät bei Anämie**, vgl. § 3 sub 7 Ther.
59) **Digitalis fol. Inf.:** 2 : 180, Syr. 20, 2stdl. 1 Essl. (+ Kal. nitr. 10.0) bei *Menorrhagien durch Vit. cord.*
60) **Diuretika:** Kal. nitr. cf. sub Digit. bei *Pelveoperitonitis.* **Diaphoretika:** Sol. Ammon. chlorat. (5 : 200), Liqu. Ammon. acet. (mehrmals 1—2 Theel. in Flieder- od. Kamillenthee).
61) **Douchen, heisse,** vgl. Inj. in Vag.
62) **Eichenrindendecoct:** 10—20 : 250 bei *Inv. Vag., Vaginitis.*
63) **Eispillen** bei *Erbrechen.*
64) **Eisblase** bei *acut. Oophor., Peritonit., Parametr., Metr.; Haematocele; Erysipel; Urämie (Carcinose).*
65) **Emollientia:** Leinsamendecoct. Haferschleim, Dec. Althaeae, Stärke.
66) **Entfettungskuren:** Banting, Oertel, Epstein; zu *starke Entwicklung des pannic. adipos.* Urs. v. *Menorrhagien.*
67) **Ergotin** (vide Sec. corn.) bis depurat.: 2.0 + Aqu. dest. 8.0 + Ac. carbol. fluid. gttm. 1, tgl. $1/1$ Prav. (3—6mal wöch.) = 1.0 gr bei *Menorrhagien, Metrorrhagien, Myomatose.*
68) **Ergotin** 2.5 + Aqu. dest. 15.0 + Ac. salic. 0.05 $1/2-1/1$ Prav. = 0.8—1.5 gr, wie vor.
69) **Frangulae cort.** 1 Essl. i. 3 Tassen Wasser bis auf 2 Tassen einkochen oder
70) **Frang. cort. Dec.** 25.0 : 180.0 + Natr. salic. 5.0 + Natr. sulfur. 20.0 je Morg. u. Abends 1 Weinglas als *Laxans.*

71) **Globuli** per vaginam 2.5—3.0 gr Butyr. Cacao: vgl. Morph. 0.02. Extr. Bellad. 0.02—0.03. Chloralhydr. 0.5. Coc. mur. 0.1. Kal. jod. 0.2. Ac. tannic. 0.4.
72) **Haferschleim**: vgl. Inj. i. d. Blase. d. Scheide. bei *Cystitis*, *Vaginitis*, *Endo-* u. *Metritis acuta*.
73) **Haemostatika** s. Blutstillungsmittel.
74) **Holzessig** = acet. pyrolignos.: 1 : 3 od. conc.: im Specul. (+ 3—4 % Carbols..) je 2—3 täg., wochen- und monatelang bei *Erosionen*, *Cervixkatarrh*.
75) **Hydrargyr. nitr. oxydul. (Liqu. Bellost.)**: ätzend bei *Cervixkatarrh* einzustreichen.
76) **Hydrarg. Ung. ciner.**: 2 stdl. 1 gr. bis 8 gr pro die, 1 Woche lang bei *Peritonitis*.
77) **Hydrastis canad. Extr. fluid.**: 4 mal 15—25 Tropf. bei *Menorrh.*, zumal bei ovariellen monatelang.
78) **Hyoscyami Ol.**: z. Einreib. vide Chlorof.
    Hyoscyami Extr.: 1.5 + Aqu. amygd. am. 150.0. 4 mal tgl. 15 Tr. bei *Ut.-* u. *Vag.-Neurosen*, *Blasen-* u. *Darmtenesmus*, *Dysmenorrhoe*.
79) **Hyoscyami Inj.**: 15 : 1000.0 bei *Vaginitis*, *Dysmenorrhoe*.
80) **Ichthyol**: 10 % Sol. Aqu. od. Glycerin. bei *Vulvitis*, *Pruritus*, *Parametritis*, *Haematocele*.
81) **Ichthyol** = Ammon. sulfoichthyol. Vaseline. (Lanolin, Mollin, Glycerin): 10 % bei *Peri-* und *Para-metritis*, *Oophorit. chron.*, *Vulvitis*, *Haematocele*. 10 % mit Sapon. virid. auf die Beuchdecken bei *peritonit. Exsudat*.
82) **Ichthyol Bacilli** 0.2 gr : bei *Endometritis*.
83) **Jodi Tinct.**: auf Abdomen, Portio, Scheidengewölbe bei *Körper-Carcinom*, *Metr. chron.*, *Para-* u. *Perimetritis*, *Oophorit. chron.*
84) **Jodglycerin**: 10 : 200 auf Tampons wie vor.
85) **Jodoformbacilli** (vgl. „Bacilli"): 90 %, 4 cm. long., 0.2 bis 0.4 cm. crass. (bei Puerper. 6 : 0.4—0.6) bei *Endometrit. ac. puerp. et chron.*: für die kindliche Vagina bei *Vaginitis* und *Vulvitis* 5—8 cm long.
86) **Jodoformgaze 10—20 %**: Tamponade intrauterin 24 h. lang, — der Vagina zuerst 6—8 h., später 12—24 h. bei *Menorrhagien*, *Metrorrhagien*, *Myom-* und *Carcinomblutungen*, zur Cervixdilatation, bei *Endometritis*. (1—3 Wochen lang).
87) **Jodoform pulv.** oder als **Jodoform-Glycerin** — Emulsion 10 %: bei *Körpercarcinom Endometritis*.
    Jodoformvaseline (Lanolin, Mollin): 10—20 % bei *Vulvitis*, *Pruritus*, *Oophorit.*, *Para-*, *Perimetritis* (auf Tampons.)
88) **Ipecacuanha**: 1 gr. alle 10 Min. bis *Erbrechen*. P. Ipec. (opiat. = **P. Doveri**) 0.3 mehrmals tgl.
89) **Injectionen**: in die Blase 22—25° R., 1 Tasse Haferschleim + 15—25 Tropf. Tr. thebaic. bei *Blasenkrampf*;
    in die Blase bei *Cystitis* vgl. sub Kalkwasser, Cocain,

Sublimat. Borwasser. Kochsalzlösung. Arg. nitr.. Tannin. Carbols. $^1/_4-^1/_1$ Lit. 1—3 mal tgl. 26—28 ⁰ R:

in die **Vagina:** heiss = 37—44 ⁰ R. mehrere Liter 2—8 mal tgl. od. alle 2 Stdn. bei *Menorrhagien, Metrorrhagien, Myomatose* (bei Blutungen u. als Resorbens). z. Auflockerung der Cervix (bei Dilatat.). bei *Para-* und *Perimetritis chron. indurata, Ooph. chron., Metr. chron.* auch sub mensibus. *Involutio Uteri, Ut. infantilis.*

in die **Vagina;** 22—25 ⁰ R., mehrmals tgl., Adstringentia oder Antiseptika (Carbols., Salicyls., Sublimat) oder Emollientia: *beginnende Metritis.*

in die **Vagina** mit **Soole:** bei *Metr. chron.* (am besten im Voll- oder Sitzbad. 5—8 Lit. mit 35—38 ⁰ R.)

in den **Uterus:** mittelst der Braun'schen Spritze (tropfenweise) oder des doppelläufigen Katheters oder zur permanenten Irrigation mittelst elastischen Katheters, der durch einen Gummiquerarm in der Uterinhöhle gehalten wird.

per rectum: vgl. Chloralhydrat u. a. Narkotika. Kochsalz. Klysmata.

90) **Kal. bromat. pulv.** à 1.0 od. Sol. 15 : 175. 1—2 Pulv. od. 2—4 Essl. tgl. bei *Enuresis noct., Ut.-Neuralgien, Dysmenorrh., Oophorit., Hysterie, Pruritus.*

91) **Kal. hypermangan.:** dunkelkirschbraunrote Solut. bei *Carcinom-Jauchung,* z. Ausspülen.

92) **Kal. jodat.:** Glob. 0.2—0.5 : 3.0 But. Cac. bei *Para-, Perimetr., Metrit., Invers. ut. et vag., Oophor., Haematocele.*

93) **Kal. jodat. Glycerin:** 10—15 : 200 auf Tampons (ev. + 15—20 Tropf. Tr. thebaic.), wie vor.

94) **Kal. jodat. Vaseline** (Lanolin, Mollin): 3—10 % bei *Pruritus, Vaginismus, Metrit. u. Parametr. ac. puerp.*

95) **Kal. Carbon. sol.:** *Folliculitis Vulvae;* 1 % zum Auskochen der Instrumente.

96) **Kal. caust.:** *Fisteln, Lupus.*

97) **Kal. kaust.:** 1 : 300 Aqu. *Intertrigo* in schlimmen Fällen.

98) **Kalkwasser:** *Cystitis,* rein zum Ausspülen — oder 25 gr zu 500 gr Milch innerlich.

99) **Katheter, Dauer-,** 15 cm lang. 0.6—0.7 cm dick. 3 Tage lang liegen lassen. gut desinficiren!

100) **Katheterisieren:** *Vor jeder Operation,* bei *Blasen-Sphincter-Lähmung, Ischuria paradoxa.*

101) **Klysma:** Oel. Schleim bei *Darm- und Blasentenesmus,* vgl. „Tinct. theb." und „Emollientia."

102) **Klysmata zum Purgiren:** 1—1½ Liter lauer schleimiger, öliger oder Wasser-Einlauf mit oder ohne Seife oder Senna (5 gr. auf 1 Tasse).

103) **Klysma bei Blutverlust:** 0.6 % Na Cl-Solut. 2 Liter u. darüber. warm.

104) **Kochsalz-Infusion:** 0.6 % NaCl-Solut. $^1/_2 - ^1/_1$ Liter, unter Umständen noch mehr. intravenös oder subcutan (Mammae).
105) **Kochsalz-Solution:** 5 % bei *Cystitis*, zumal nach Arg. nitr.-Injection.
106) **Laminaria:** zur Tamponade (ult. rat.) b. *Metrorrhagien*, *Menorrhagien*, zur *Cervixdilatation*. (Vorher 14 Tage lang sehr sorgfältig desinficiren! in 5 % Carbols. od. 10 % Iodoformaether oder 1 % Sublimatalkohol. 24 h. liegen l.)
107) **Laxantien (in progressiver Wirkungsreihe):** Klysmata (s. d.). Sennainfus per rectum; — Magnesia usta ohne oder mit Sulfur, Magnesialimonade. Pulv. liqu. comp. (Kurellae), Magnes. + p. Rhei, p. Rhei rad., Inf. Rhei (+ Natr. sulfur.). Ol. Ric., Dec. cort. frangul., Vin. Sagrad., Calomel, Tamarind. Grillon, Sal. Carol. (factit. + Natr. bicarb.). Tinct. Cascar. sagrad. — Kissingen, Elster, Püllna, Friedrichshall, Ofener Bitterwasser, Tarasp, Eger, Franzensbad, Marienbad, Karsbad, P. Rhei c. Aloë, Inf. fol. Sennae per os. — Ausserdem diaetetisch: Obst (gekocht), Kefir, Molken. Buttermilch, Z. B. spez. bei Peritonit. chron., Dysmen., Metr., Parametr., Ooph. chron.
108) **Lavement** vgl. Inject. u. Klysma.
109) **Lin. sem. Dec.:** bei *Vaginitis*, *Cystitis*, *Endo-* und *Metritis ac.*
110) **Liqu. ferri sesquichlor.:** 20—50 % — concentr., auf der mit Watte armirten Aluminiumsonde intrauterin od. auf Tampon od. injicirt bei *mult. recidiv. flachen Polypen*, bei *Menorrhagien (larv. od. b. Werlhof'scher Krankheit* od. *Myom.*) Sonde kann 2 h. lang liegen bleiben.
111) **Liqu. ferris.:** Sol. 1 : 800 bei *Haematuria* in die Blase injiciren.
112) **Liquir. p. comp.** s. Sulfur.
113) **Magnesia usta:** 1—2 gr., 1—3 mal tgl. als *Laxans*.
114) **Massage:** *Oligomenorrhoe*, *Ut. infantil.*, *Para-* u. *Perimetritis*, *Ooph. adh.*
115) **Morph. hydrochlor.:** Inject. subcut. 0.2 : 10,0 Aqu. dest., $^1/_4 - ^1/_2 - ^1/_1$ Prav. = 0.005—0.01—0.015 gr. Morph. bei *Blasenkrampf*, *Carcinose*.
116) **Morph. hydrochl. pulv.:** 0.01 + Sacch. alb. 0.5. 1 Pulv. b. *Mol. menstr.*, *Dysmenorrhoe*, *Ut.-Neuralg.*, *Blasenkrampf*, als *Hypnotikum bei Carcinom*.
117) **Morph. Suppos. od. Glob.:** 0.02 : 2.5 But. Cac. wie vorige.
118) **Morph. Vaseline:** (Lanolin, Mollin): 1.0 — 2.0 : 50,0 *Pruritus*.
119) **Narkotika (progressive Wirkungsreihe):** Hyoscyamus (+ Chloroform) als Einspülung, Extr. Belladonnae als Suppos. od. Globul., Cocain item, Tinct. thebaica per

rect., Chloralhydrat (+ Bromkali āā) per rect., Antipyrin intern oder per rect., Morphium per os. per rectum, hypodermatisch. Schlafmittel: Sulfonal, Trional, Bromkali, Chloralhydrat, Morphium.

120) **Natr. salicyl.:** + Sacch. āā 0,5. 1—2 stdl. 1 Pulv. bei *Neurosen, Cystitis, Erythemen* oder als Sol. 0,5 : 150,0.
121) **Opium:** Tinct. thebaica 15—25 Tropf. im Klysma oder auf Vaginal-Tampons, bei *Mol. menstr., Dysmenorrhoe, Oophorit., Metritis, Para- u. Perimetrit., Carcinom, Haematocele, Peritonitis.*
  Opium: Extr. 0,2 + Emuls. amygd. dulc. 150,0. 2stdl. 1 Essl. (hält sich nur 1 Tag!) bei *Carcinom, Darmkatarrh, Metr. acuta, Pelveoperitonitis.*
122) **Plumbi acet. liqu.** (Bleiessig): 1 Theel. auf 1 Tasse Wasser = Bleiwasser (s. d.)
123) **Praecipitatsalbe** = Ung. Hydrarg. praecipit. alb.: bei *Pruritus.*
124) **Ratanhiae: Extr.** 4 : 50., auf Vaginaltampons, nicht schmerzhaft adstringirend bei *Vaginitis.*
124) **Resorbentia** (s. Adstringentia): Sapo medicatus Kal. jodat., Tinct jodi, Iodglycerin, Ichthyol., heisse Scheiden-Douchen (z. Inject.), Sool-, Moor-, heisse Sandbäder.
126) **Rhei pulv. rad.:** s. Sulfur. 3 mal tgl. 1 Messerspitze.
127a) **Rhei Inf. rad.:** 5—15 : 180 + Natr. sulfur. 10,0 + Elaeosacch. Menth. piperit. 5,0. 2stdl. 2 Essl. *Laxans.*
127b) **Rhei Tinct. vinosa.** 2—3 mal tägl. 1 Theel.
128) **Ric. Ol.:** 2—3 Kapseln (1 Essl. mehrmals tgl.).
129) **Sagradae vin.:** ½ Theel. *Laxans.*
130) **Salicylsäure Solut.:** 1—5 ⁰⁰/₀₀ bei *Pruritas, Vaginitis, Cystitis.*
  Verschrieben als Ac. salicyl. pulv. 3,0 zu lösen in etwas Spiritus, auf 1 Lit. laues Wasser (Irrigator); nicht ätzend.
131) **Salicylvaseline** (Lanolin, Mollin): 1 : 300 bei *Pruritus.*
132) **Scheiden-Ausspülungen** vgl. sub Inject.
133) **Schröpfköpfe trockene:** bei *Oligo-, Dysmenorrhoe.*
134) **Secale cornut. pulv.:** 0,2—0,6 + Sacch. alb. 0,3. da tal. Dos. Nr. X (in ch. cer.) Mehrmals 1 Pulver bei *Blutungen der Blase, der Gebärmutter.* bei *Metritis chron. (Hyperämie), Reinversion des Uterus.*
135) **Sec. corn. Extr. aqu.:** 15 : 175 + Ac. sulfur. dilut. 2,5, + Tinct. Cinnamom. 15,0, ¼ stdl. 1 Essl. wie vor.
136) **Sec. corn. Extr.:** + Pulv. sec. corn. āā 2,0, F. pilul. Nr. 30, 2—3 stdl. 1 Pille. wie vor.
137) **Sec. corn. Extr. aqu.:** 2—4 : 180 aqu. + Syr. Cinnamom. 30,0, alle 2 Stdn. 1 Essl. wie vor, und bei *Blasensphincterlähmung.*
138) **Sennae fol. Inf.:** ½—¼ Essl. (+ 1 Theel. Fenchel) 1 Tasse Aqu. *Lax.*

139) **Sinapismen** = Senfpflaster u. Analoga: Cantharidenpflaster (resp. 2 Canthar. + Aeth. sulf.: 1 Guttap. sol. in Chlorof. — auf die *Portio* zu pinseln!), Tinct. Jodi (auch f. d. *Portio*), (8—15 Min.) auf Abdomen bei *Dysmenorrhoe*, auf Oberschenkel bei *Amenorrhoe*.
140) **Strychnin**: 0.005—0.0075—0.01 subcut., bei *Paralys. vesicae*.
141) **Styptika**: s. Blutstillungsmittel.
142) **Sublimat**: 1⁰⁰/₀₀ intrauterin injic. bei *multipel recid. Ut. Polypen, Endometr., Cystitis*.
143) **Sublimat**: 1—2 ⁰⁰/₀₀ bei *Vulvitis, Pruritus*.
144) **Sublimat**: ¹/₄—¹/₁ ⁰⁰/₀₀ bei *Vaginitis*.
145) **Sulfur**: 2 Theel. pro die: Sulf. lact., Pulv. rad. Rhei, Pulv. liqu. comp., Elaeosacch. Foenic. āā 7.5. *Laxans*. Die Lassar'sche Schälpaste = Sulf. präc. 50.0 + ƺ. Naphth. 10.0 + Lanolin. Sapon. vir. āā 25.0. leniter terendo fiat pasta. gegen *Acne*, ebenso das Kummerfeld'sche Waschwasser.
146) **Sulfonal**: 1 gr. als Schlafpulver.
147) **Suppositorien** per rectum (2.5—3.0 g. But. Cac.); vgl. Morph. 0.01—0.02, Extr. Bellad. 0.01—0.02. Chloralhydrat 0.5, Coc. mur. 0.1.
148) **Tamarindi Pulp. crud.**: Dec. 8.0—50.0 : 100.0—300.0 Aqu. auf einmal als *Laxans*.
149) **Tampons**: Glycerin (bei Invers. vag.) od. Vaseline od. Lanolin oder Mollin + Tannin, Alaun, Chlorof. + Ol. Hyosc., Kal. jodat., Cupr. sulf., Zinc. chlorat. od. sulf., Tannin und Alaun in Solut., — Jodglycerin.
150) **Tanninsolut**: 0.5—1.0 : 100.0 bei *Cystitis*.
151) **Tannic. acid.**: 0.3 Bacilli bei *Endometritis*. (s. Bacillus).
152) **Tanninsolut**: 2—4 % bei *Vaginitis, Invers. Vag., Vulvitis*.
153) **Tanninvaseline** (Lanolin, Mollin): 2—4 : 50.0 item.
154) **Tannic. acid. Glob.**: 0.4 : 3.0 But. Cac. *Blennorrhoe*.
155) **Tinct. thebaica**: vgl. Opium, Inject. i. d. Blase, Rect., Vagina.
156) **Trional**: 0.5 als Schlafpulver.
157) **Umschläge: Priessnitz'sche** bei *Blasensphincterlähmung, peritonit. Reizung, Endom. corp. ac., Oophorit*.
    Soole-, bei *Myom, Para-, Perimetritis chron., Metrit., Oophorit. chron*.
    Bleiwasser-, s. d.
    heisse, b. *Menorrhag., Dysmenorrhoe*, ev. mit heissem Spiritus.
158) **Waschungen**, kühle bei *Enuresis noct*.
159) **Weir-Mitchell'sche Mastkur** bei *nervös. Anäm*.
160) **Zinc. oxyd. Bacill.**: 0.3 gr bei *Endometr*.
161) **Ung. Zinc. oxyd.**: + Amyl. trit. āā 50.0 + Ac. salic. 3.0 + Vaseline (Lanolin, Mollin) 100.0 — bei *Fruritus, Wunden*.
162) **Zinc. benzoati Ung.** (Wilsonii): bei *Eczem, Herpes*.
163) **Zinc. flor.**: 2 : 40 Amyl. bei Intertrigo.

Register.

Bemerkung: Die Arzneien und Behandlungsmethoden sind am Schlusse des Textes alphabetisch geordnet und desshalb hier nicht aufgezählt.
Vom Tafeltext sind die zusammenfassenden Notizen hier mit aufgeführt.

A.

Abdominal-Gravidität 177.
Abrasio 72.
Abort, verjauchter 192.
Acne 24.
Adnexa d. Uterus, Geschwülste derselben 58. 173. 197.
Adstringentien 71.
Aetzmittel 195.
Amputatio colli 193.
Amenorrhoe 15. 21. 22. 23.
Amputatio uteri supravaginalis 169.
Anteflexion, infantile u. puerile 18.
Anämie 21.
Anteflexio 49.
Anteversionen. path., Aetiologie ders. Text zu Taf. 35.
Antisepsis 181.
Anus praeternaturalis 135.
Ascites 175. 179, Chemismus (vgl. Punction) Text zu Taf. 42.
Ausspülungen, vaginale 71.
Ausspülung, intrauterine 71.
Atresien 6. 128. 129.
Atresia Vulvae, Ani, Urethrae 6. 8.
Atresia Ani vaginalis 7. 10.
    „ cervicalis Uteri 8.
Atresia hym. bei Ut. et Vagina duplex 8.
    „ orificii externi Ut. bicornis 8.
    „ Ani vestibularis 10. 12.

B.

Bauchfelltuberculose 104.
Bartholin'sche Drüse 61. 63.
Bartholinitis 64.
Bauchdecken, fette 179.
Becken-Hochlagerung 181.
Bildungshemmungen 1.
Bindegewebsschrumpfung 102.
Blasenkatarrh 61. 63. 108.
Blasenhypertrophie 110. 112.
    „ atrophie 110.
    „ hals, Ulcera u. Fissuren daselbst 110. 115.
    „ krampf 111. 115.
    „ lähmung 111. 112. 116.
    „ scheiden-Fistel 131.
    „ steine 144.
    „ beschwerden 50.
    „ krebs 189. 190.
Blutungen, vicariirende, 23.
Blutcirculation, Regelung, 23.
Blutungen 27. 156. 190. 196.
Blutstillungsmittel 28.
Blutungen, uterine 92.

Blutungen, parenchymatöse 182.
Bubonen 107.

C.

Cancroid der Portio 167.
Cancroides Ulcus 67.
Castration 98, 169.
Capillardrainage 182.
Carcinom 190.
Carcinomatöse Tumoren des Netzes 178.
Cervicalatresie 11.
Cervicalkanal, normaler 19.
Cervixhypertrophie 41.
Cervixdilatation 71.
Cervixkatarrh 66.
Cervixcancroid 74.
Cervixrisse 127.
Cervicalulcus 193.
Clitoris 31.
Clitoris fissa 7.
Cloaca 6.
Coccygodynie 121.
Collaps, nach Ovariotomie 185.
Collummyome 158.
Condylome der Portio 192.
Condylomata acuminata 61, 64.
Condylome, breite 107.
Curettement 70, 72, 75.
Cystitis 64, 108.
Cystitis, Folgeerscheinungen, 111.
Cystocele 32.

D.

Damm, Anatomie des normalen s. Text zu Taf. 64.
Dammdefecte 39, 112.
Dammrisse 123.
Damm-Centralrupturen 123.
Darmtenesmus 51.
Darmfisteln 134.
Decidua menstrualis 25, 26.
Decidua vera graviditatis 27.
Deciduome 152.
Defäcationsbehinderung 153.
Defecte v. Uterus und Ovarien 1, 2.

Dermoidcysten 147, 174.
„ Anatomie u. Histologie Text zu Taf. 45.
Descensus 31.
Defect des Uterus 2.
Diaphoretika 91.
Diagnose, differentiale d. ante- und retrouterinen Tumoren 186.
Diät nach Ovariotomie 184.
Dilatation d. Cervicalkanales 19, 70, 129.
Dilatatoren aus Metall 154.
Discisionen 19, 129.
Douglas-Tumoren 177.
Dysmenorrhoe 18, 20, 24, 50, 53, 70, 97, 119, 129, 157, 160.
Dysmenorrhoischer Mittelschmerz 97.

E.

Echinokokkusblasen 175, 178.
Eczem, impetiginöses 24.
Einkinder-Ehen 63.
Ektropien 43, 65, 66, 67, 68, 127.
Ektropien, Lacerationsnarben 193.
Elephantiasis Vulvae, Text zu Taf. 3.
Embolien 93, 162.
Endometritis 62, 65, 69, 76, 88, 192. 193.
Endometritis u. maligne Adenome, (Mikr.), Text zu Taf. 7 und 8.
Endometritis, acute 77.
Endometritis corporis uteri 68.
Endometritis exfoliativa 25.
Endometritis fungosa 192.
Endotheliome 188, 198.
Endoskopie 112.
Entzündungen 60.
Enterocele 33.
Enuresis nocturna 113, 116.
Epispadie 7, 11.
Epitheliome 188.

Epitheliome, Entstehung der bösartigen 147.
Erbrechen n. Ovariotomie. 184.
Ergotin 156, 168.
Erosionen 65—68, 193.
Erosio simplex 67.
Erosio papilloides 67, 192.
Erosio follicularis 67.
Erytheme 24.
Evolutio praecox 21
Exantheme 23, 118.
Exsudat 102.
Exsudate, parametrane oder perimetritische 46, 100, 102.
Excision, keilförmig 68, 75.
Excochleation 70, 72.

F.

Fettleibigkeit 21.
Fibromyome 161, 172.
Fibromyome, bedenkl. Folgen dieser Geschw. 161.
Fibrome, ovarielle 177.
Fibromyom, verjauchtes 192.
Fibrocysten 168.
Fibrosarkom 163.
Fisteln 130.
Fisteln der Harnorgane 131.
Fisteln, Darm- 134.
Fisteln, Mastdarm- 139.
Fisteln, congenitale 7.
Fistel, Urin-, 138.
Fistula recto-vaginalis 6.
Fistula recto-hymenalis s. vestibularis 7.
Flexionswinkel, steif gewordener 49.
Fluor albus 66.
Foetider Geruch 195.
Folgezustände der Amenorrhoe 23, der Cystitis 111.
Fremdkörper 143.
Fungöse Endometritis 192.

G.

Gebärmutterhals-Stenose 19.
Gebärmutter, Torsion 58.
Geknickte Ureteren 38.

Gefässgeräusche 176.
Genitaltuberkulose 103.
Geschwülste der Urethra 149.
„ der Uterus-Adnexa 158.
Gonorrhoe 61—65.
Gonorrhoe, latente 62.
Gonorrhoische Mischinfection 99.
Gonorrhoische Peritonitis 101.
Gonokokken 64.
Gravidität 166.
Gravidität, abdominale 177.
Gummata 108.

H.

Haematoma Vulvae 140.
Haematocele retrouterina 141, 177, Anatomie Text zu Taf. 42.
Haematokolpos, -Metra, -Salpinx, 8, 9, 130, 176.
Harnblase, Tumoren 150, 179.
Harnblase, ausgedehnte 180.
Harnorgan-Fisteln 131.
Harndrang 113.
Harnblasenschleimhaut-Tuberculose 104.
Harnröhrenspalte 12.
Harnbeschwerden 53.
Harnverhaltung 112.
Harnröhrenspecula 137.
Haematocele extraperitonealis periuterina 177.
Heisse Scheidenausspülungen 98, 103.
Heisse Sandbäder 98, 103.
Hektisches Fieber 99.
Hernien 30.
Herpes 24.
Hermaphroditismus 4.
Hydrastis 156.
Hydatidenbildung 159.
Hydrosalpinx 93, 175.
Hydronephrose 175, 178.
Hydro- und Pyosalpinx 177.
Hydrometra. 12.
Hydrocolpocele 33.

Hydromeningocele sacralis anterior 178.
Hymen septus 5. 15.
Hymenalatresie 11, 20.
Hymen, derber 20.
Hypertrophie der Blase 115.
Hypertrophien der Mm.'s-Lippen 152.
Hyperinvolution, puerperale 22, 23.
Hypospadie 7. 10.
Hysterie 97. 100. 119.
Hysterischer Symptomencomplex 119.
Hystericus, Singultus 120.
    "   clavus 120.
    "   Globus 120.
Hysterokolpopexis 56.

I.

Jauchung 195.
Incontinentia alvi 124.
    "   paralytica 112.
Intrauterinstift 19.
Intrafoetation 147.
Inversio uteri 35.
    "   vesicae 7.
    "   vaginae 31. Entstehen ders. Text zu Taf. 4.
Inversion 31. 32.
    "   d. hinteren Scheidenwand 34.
Inversion der vorderen Vaginalwand 34.
Inversio, Ut. cum Prolapsu 35.
Ischuria 111, 112.
    "   spastica 111.
    "   paradoxa 113.

K.

Katheter, Dauer-, Fritschscher 115.
Katheterismus 109.
Kauterisationen 140.
Keilförmige Excisionen 68, 75.
Klimax, anticipirte 169.
Koeliomyotomie 169.
Kolpeurynter 37.
Kolporrhaphia 42.

Kolpoperinaeauxesis 43.
Kolpoperinaeoplastik 43.
Kolpitis 77. 80. 88.
Kolpocystotomie 145.
Kolpomyotomie 169.
Kystome, Anat. derselben Text zu Taf. 43.
Kystome, carcinomatöse Text zu Taf. 43.
Kystome, papilläre Text zu Fig. 54 pag. 173.
Kystome, Stiel-Exploration. Text zu Taf. 61. 62.

L.

Lacerationen 127.
Laminaria 154.
Laparosalpingotomie 94.
Laparosalpingektomie 95.
Lig. latum, Cysten des 159.
Lochien foetide 81.
Luës 107.

M.

Mastdarmfisteln 139.
Massage 51, 54, Text zu Taf. 63.
Mastdarmgeschwülste 178.
Mastdarmeinläufe 101, 103.
Masturbation 22, 24.
Menorrhagie 27, 53, 70, 155. 163.
Menstrualblutung 39.
Menstrualkoliken 100.
Menstruation, Anomalien 20.
Menstrualis, Decidua 25.
Menstrualis, Exfoliatio mucosae 25.
Meteorismus 91. 180. 185.
Mercurialkur 91.
Metritis 77, 81, 166.
    "   acute 77. 89.
    "   chron., Uterusinfarct 72.
Metrolymphangitis 83. 90.
Metrophlebothrombose 86, 92.
Metrorrhagien 155.
Mittelschmerz, dysmenorrhoischer 70. 97. 160.

14*

Milztumor 178.
Molimina menstrualia 18.
Morphinismus 21.
Muttermund, Lacerationen desselben 127.
Müller'sche Fäden 9 — 10, Entwicklung derselben, Text zu Figg. 12. 18 auf pag. 9, 12.
Myome 147, Anatomische Einteilung, Text zu Taf. 41.
Myom, Uebergang zum Sarkom 167.
Myomotomie 169.
Myome, intramurale und submucöse 176.
Myome, subseröse 176.
Myome, intraligamentäre 176.
Myxosarkoma 163.

N.

Nachtripper des Mannes 62.
Nachbehandlung nach Ovariotomie 184.
Nähte, Bauch- 183.
Neubildungen 146.
Neuralgie 111, 155.
Neuralgia Uteri 24.
Neuralgie, lumboabdominale 97.
Neuralgische Beschwerden 157.
Neurosen 24. 116.
Nervöse Störungen bei Retroflexio Uteri 53.
Nymphen 31.

O.

Obstipation 50.
Onanie 65.
Oophoritis 78.
Oophoritis, chronische 95.
Ovarien, oligocystische Degeneration 97, 96.
Ovarialfibrome 159, 168, 172 177.
Ovarialcysten 159, 161.
Ovarialkystome 173, Diagnose-Methoden des Tumorstieles, Text zu Taf. 61, 62. Anatomie. d. Kystome, vgl. „Kystome".
Ovarica, Facies 160.

Ovarialatrophie, senile cirrhotische 96.
Ovarien, Defecte 21.
Ovarie 97, 120, 121.
Ovarien, maligne Tumoren d. Adnexa 197.
Ovariocele 33.
Ovariorum, Descensus 48.
Ovariotomie 180. 181.
Ovariotomie, Contraindicationen 180.
Ovula Nabothi 66 6,8,69.
Ovulation 20.

P.

Pancreascysten 178.
Parakolpitis 77.
Parametritis 78, 80, 82, 102, Anatomie Text zu Taf. 43.
Parametritis chron. atroph. 102.
„ acute 90.
Parametraner Tumor, Exsudat 49, 83, 177.
Paraproktitis 77.
Papillome 150.
Parovarialcysten 159, 160, 175, 177.
Periode, Unregelmässigkeiten, 62.
Pelveoperitonitis, 90, 98, 185.
„ indurata, saccata, 99.
Pelvicellulitis 82.
Pericystitis 99, 108.
Perimetritis 76, 78.
Perimetro-Oophoro-Salpingitis 63, 78, 98.
Perimetrosalpingitis 78.
Perityphlitis 179.
Periproktitis 99.
Peritonitis tuberculosa 101.
„ gonorrhoica 101.
„ exsudativa liqu. 177.
„ 76.
„ acuta puerperalis 83.
Peritonitis, partielle 83.
Perforation in die Blase 101.
Perinaeoplastik 126.

Perinaeorrhaphie 126.
Pessare, Anwendbarkeit 56.
„ Text zu Taf. 60.
„ Einführung derselben Text zu Taf. 60.
Pessare, 44. 55. 130.
„ incrustirt 144.
Phlegmasia alba dolens 87.
Placentarretention 192.
Pleuritische Beschwerden 91.
Phlebektasien 116.
Portio, hypertrophische 43.
Polypöse Excrescenzen 67.
Portio. Condylome 192.
Portionis vaginalis, Ulcera 87.
Polypen, fibröse 157.
Prolapsus Vaginae. Uteri 37.
„ Anatomie und Aetiologie Text zu Taf. 22.
Prolapsus Ut. incompl. congen. 40. 41.
Pruritus 117. 190.
Pseudomembranen 99.
Pseudomyxoma peritonei 173.
Punctionen 108, 174. 180.
Psoasabscess 179.
Puerperale Vorgänge u. Schädigungen 39. 52.
Puerperale Fieber 76. 79. 81.
„ Ulcera der Vulva. Vagina und Portio 80.
Puerperale acute Endom. 80.
Putrefaction 93.
Pyämie metastatische 87.
Pyosalpinx 94—78.
„ bimanelle Exploration Text zu Taf. 62.
Pyo-oophoro-salpinx 96.
Pyocolpocele 33.

Q.

Quecksilberkur bei Peritonitis 93.

R.

Raclage 70. 72.
Rectocele 32. 34.
Reposition, manuale 36.

Reposition der prolabirten Organe 45.
Retrodeviationen d. Uterus 42.
Retroflexion congenitale 52.
Resorption 101. 103.
Retroflexio Uteri gravidi 176.

S.

Salpingitis 76. 83. 90. 93.
Salpingostomie 94.
Sanduhrform der Haematometra 11.
Sarkom. Uebergang v. Myom zu — 167.
Sarkom. Uterus- 196. Anatomische Eintheilung. Text zu Taf. 47.
Sarkome 188. 189. 196—198.
Sapraemie 86. 91. 92.
Scarificationen d. Portio 68. 75.
Schanker, weicher und harter 107.
Schamspalte. Klaffen der 34.
Scheidencysten 149.
Schmerzen, lancinirende 196.
Schlaffheit der Scheiden-Muscularis 34.
Schleimhautpolypen 147, 151.
Schrumpfung der Blase 115.
Sectio alta 145.
Senkungsabscess 179.
Sepsis 76.
Septicopyämie 86.
Septicaemie 91.
Septische Infection 65.
Sonde 176.
Specula, Harnröhren- 112. 115. 137.
Sphincterlähmung 116.
Spaltgeschwüre der Portio 127.
Speculumbilder Taf. 9 bis 16. 49 bis 52.
Stenosen 128, 129.
Stenose des Cervicalkanales 18—19.
Stenosis vulvo-vaginalis 20.
Sterilität 18. 28. 39. 50. 58. 63, 70, 129, 160.

Stieldrehung 162—173—180.
Subinvolution des Uterus 40.

T.

Tamponade, Jodoformgaze-, des Douglas-Raumes 106.
Tenesmus 34—114.
Thrombosen 162.
Totalexstirpation per Koeliotomiam 169. 193. 194.
Troicart 176.
Tubarkoliken 97.
Tuberculöse Peritonitis 101.
Tubae Hydrops 94.
Tuberculose, Genital- 103.
Tuberculose der Harnblasenschleimhaut 104.
Tuberculöse Tumoren des Netzes 178.
Tumoren, gutartige 148.
„ Scheiden- 149.
„ intramurale 175.
„ gestielte Uterus- oder Adnex- 176.
Tumoren, Douglas. 186.
„ parametrane 177.
„ der Beckenknochen 177.
Tumoren = Bauchgeschwülste 178.
Tumoren des Netzes 178.
„ der Harnblase 178.
„ vortäuschend 178.
„ Differential-Diagnose der ante- und retrouterinen 186.
Tumoren, maligne 188.
„ maligne des Uterus 190.
Tumoren, maligne der Adnexa, zumal der Ovarien 197.
Typhlitis 179.

U.

Ulcera Vulvae 87.
Ulcus molle 107.
„ durum 107.
Umschläge 157.
Urämie 110, 191.

Urethra, Geschwülste derselben. 149.
Urethritis 64.
Ureteren 38.
Urina spastica 111.
Urinabgang, unwillkürlicher, 136.
Urinfistel 138.
Ureteren geknickt 38.
Urticaria 24.
Uterustuberculose 105.
Uterus, normale Lage, Stellung, Gestalt, Grösse Text zu Taf. 39 u. 40.
Uterus, normale Mucosa, Histologie Text zu Taf. 7.
Uteriner Symptomencomplex = Dysmenorrhoe 119.
Uterus, Inversion 162.
Uterusmyome 166.
„ intraligamentäre 167, 176.
Uterusmyome, subseröse 176.
Uterus, Amputatio supravaginalis 169.
Uterus, maligne Tumoren 190.
„ Sarkom 196.
„ Defect 2.
„ unicornis 4, 5.
„ inaequalis 5.
„ bicornis 10, 13, 15.
„ septus 10, 15, 16.
„ didelphys 13.
„ duplex 13.
„ introrsum arcuatus 10.
„ foetalis 17.
„ puerilis 17.
„ infantilis 17.
„ membranaceus 17, 18.
„ pathologische Positionen 46.
Uterus, Vorfall angeboren 39.
„ infarct., Metritis chronica 72.
Uterus, Positionen, Versionen und Flexionen 46.
Uteruspositionen, Aetiologie und Anatomie, Text zu Taf. 35, 36.

Uterus, die Retroversionen u. Flexionen 49—51 Anatomie Text zu Taf. 36.
Uteruslänge, normale 18.
Uterusweite der Cervix für die Sonde 19.
Uterinum, Asthma 24.
Uterusprolaps 31, 37.
,, ,, Anatomie Text zu Taf. 22.
Uterusinversion 38.
Uteri, Impressio Fundi 35.
,, Descensus 37.
,, Prolapsus incompletus congenitalis 40.
Uteri Elevatio 45.
Uterinblutungen 92.

V.

Vaginalatresie 11.
Vagina septa 14, 15, 16.
,, infantilis 20.
,, Inversion 31, Anatomie Text zu Taf. 4.
Vagina, Prolaps 37.
Vaginafixation 42, 56.
Vaginalinjection 75.

Vaginitis 62, 76.
Vagina, Phlegmone 77.
Vaginae, Ulcera 87.
Vaginismus 111, 118.
Vagina, Fibromyome 149, 163.
,, maligne Tumoren, 188, 189.
Vagina, Cancroid 189.
Verband bei Koeliotomie 183.
Venerische Erkrankungen 107.
Ventrifixation 56.
Vulva, Vergrösserungen oder Verdoppelungen 31.
Vulva, Phlegmone 77.
,, Ulcera 87.
,, Lupus 105.
,, Verletzungen 122.
,, Elephantiasis, Anat. Text zu Taf 3.
Vulva, Incontinenz 122.
,, Garrulitas 125.
,, maligne Tumoren 188.
,, Sarkom 188.
,, Cancroid 188.
,, Histologie Text zu Taf. 5.
Vulvitis 76, 117.

Correktur:
pag. 30 soll es heissen Atl. II. Fig. 95 statt 35.

www.ingramcontent.com/pod-product-compliance
Lightning Source LLC
Chambersburg PA
CBHW022109290426
44112CB00008B/608